This Books Belongs to:

_____

IF YOU FOUND THE BOOK, PLEASE CONTACT:

_____

Table of Content:

Sections: Day:

Single and Double Digits (00's to 20's) 1-9

Triple Digits (10's to 99's) 10-50

Four Digits (100's to 999's) 51-100

Multi Digits (1000's to 9999's) 100-179

(Answer Key in Back - 180 Onwards)

Division 01 to 999

Name: _____ Date: _____

Start Time: _____ End Time: _____

Score: _____ / 60

#		#		#		#		#		#	
1	71 ÷ 1	2	9 ÷ 1	3	72 ÷ 1	4	78 ÷ 1	5	61 ÷ 1	6	25 ÷ 1
7	68 ÷ 1	8	11 ÷ 1	9	17 ÷ 1	10	4 ÷ 1	11	84 ÷ 1	12	10 ÷ 1
13	32 ÷ 1	14	50 ÷ 1	15	52 ÷ 1	16	49 ÷ 1	17	53 ÷ 1	18	26 ÷ 1
19	36 ÷ 1	20	56 ÷ 1	21	63 ÷ 1	22	99 ÷ 1	23	60 ÷ 1	24	38 ÷ 1
25	24 ÷ 1	26	42 ÷ 1	27	19 ÷ 1	28	47 ÷ 1	29	22 ÷ 1	30	7 ÷ 1
31	96 ÷ 1	32	62 ÷ 1	33	41 ÷ 1	34	3 ÷ 1	35	97 ÷ 1	36	5 ÷ 1
37	12 ÷ 1	38	55 ÷ 1	39	6 ÷ 1	40	88 ÷ 1	41	82 ÷ 1	42	57 ÷ 1
43	89 ÷ 1	44	33 ÷ 1	45	30 ÷ 1	46	34 ÷ 1	47	40 ÷ 1	48	95 ÷ 1
49	39 ÷ 1	50	1 ÷ 1	51	54 ÷ 1	52	91 ÷ 1	53	35 ÷ 1	54	98 ÷ 1
55	75 ÷ 1	56	2 ÷ 1	57	16 ÷ 1	58	86 ÷ 1	59	92 ÷ 1	60	83 ÷ 1

Division 01 to 999

Name: _____ Date: _____

Start Time: _____ End Time: _____

Score: _____

60

#		#		#		#		#		#	
1	$40 \div 2$	2	$20 \div 2$	3	$34 \div 2$	4	$96 \div 2$	5	$38 \div 2$	6	$46 \div 2$
7	$10 \div 2$	8	$74 \div 2$	9	$80 \div 2$	10	$28 \div 2$	11	$36 \div 2$	12	$56 \div 2$
13	$92 \div 2$	14	$14 \div 2$	15	$50 \div 2$	16	$22 \div 2$	17	$84 \div 2$	18	$48 \div 2$
19	$16 \div 2$	20	$24 \div 2$	21	$62 \div 2$	22	$60 \div 2$	23	$94 \div 2$	24	$90 \div 2$
25	$4 \div 2$	26	$44 \div 2$	27	$86 \div 2$	28	$72 \div 2$	29	$70 \div 2$	30	$78 \div 2$
31	$58 \div 2$	32	$26 \div 2$	33	$18 \div 2$	34	$98 \div 2$	35	$64 \div 2$	36	$6 \div 2$
37	$54 \div 2$	38	$82 \div 2$	39	$76 \div 2$	40	$52 \div 2$	41	$42 \div 2$	42	$8 \div 2$
43	$12 \div 2$	44	$32 \div 2$	45	$66 \div 2$	46	$68 \div 2$	47	$2 \div 2$	48	$88 \div 2$
49	$30 \div 2$	50	$4 \div 2$	51	$24 \div 2$	52	$36 \div 2$	53	$56 \div 2$	54	$62 \div 2$
55	$68 \div 2$	56	$98 \div 2$	57	$2 \div 2$	58	$8 \div 2$	59	$12 \div 2$	60	$16 \div 2$

Division 01 to 999

Name: _____ Date: _____

Start Time: _____ End Time: _____

Score: _____

60

#		#		#		#		#		#	
1	48 ÷ 3	2	12 ÷ 3	3	57 ÷ 3	4	90 ÷ 3	5	9 ÷ 3	6	3 ÷ 3
7	24 ÷ 3	8	66 ÷ 3	9	51 ÷ 3	10	18 ÷ 3	11	87 ÷ 3	12	36 ÷ 3
13	21 ÷ 3	14	6 ÷ 3	15	30 ÷ 3	16	93 ÷ 3	17	33 ÷ 3	18	60 ÷ 3
19	72 ÷ 3	20	42 ÷ 3	21	39 ÷ 3	22	75 ÷ 3	23	54 ÷ 3	24	27 ÷ 3
25	15 ÷ 3	26	45 ÷ 3	27	96 ÷ 3	28	69 ÷ 3	29	78 ÷ 3	30	84 ÷ 3
31	69 ÷ 3	32	78 ÷ 3	33	84 ÷ 3	34	81 ÷ 3	35	99 ÷ 3	36	63 ÷ 3
37	90 ÷ 3	38	9 ÷ 3	39	3 ÷ 3	40	24 ÷ 3	41	66 ÷ 3	42	51 ÷ 3
43	18 ÷ 3	44	87 ÷ 3	45	36 ÷ 3	46	21 ÷ 3	47	6 ÷ 3	48	30 ÷ 3
49	93 ÷ 3	50	33 ÷ 3	51	60 ÷ 3	52	72 ÷ 3	53	42 ÷ 3	54	39 ÷ 3
55	75 ÷ 3	56	54 ÷ 3	57	27 ÷ 3	58	15 ÷ 3	59	45 ÷ 3	60	96 ÷ 3

Division 01 to 999

Name: _____ Date: _____

Start Time: _____ End Time: _____

Score: _____

60

1. 96 ÷ 4	2. 16 ÷ 4	3. 36 ÷ 4	4. 20 ÷ 4	5. 76 ÷ 4	6. 4 ÷ 4
7. 28 ÷ 4	8. 84 ÷ 4	9. 40 ÷ 4	10. 88 ÷ 4	11. 60 ÷ 4	12. 68 ÷ 4
13. 8 ÷ 4	14. 64 ÷ 4	15. 44 ÷ 4	16. 48 ÷ 4	17. 92 ÷ 4	18. 52 ÷ 4
19. 72 ÷ 4	20. 24 ÷ 4	21. 32 ÷ 4	22. 12 ÷ 4	23. 56 ÷ 4	24. 80 ÷ 4
25. 16 ÷ 4	26. 4 ÷ 4	27. 56 ÷ 4	28. 28 ÷ 4	29. 48 ÷ 4	30. 52 ÷ 4
31. 92 ÷ 4	32. 80 ÷ 4	33. 96 ÷ 4	34. 36 ÷ 4	35. 60 ÷ 4	36. 20 ÷ 4
37. 44 ÷ 4	38. 88 ÷ 4	39. 64 ÷ 4	40. 76 ÷ 4	41. 12 ÷ 4	42. 84 ÷ 4
43. 40 ÷ 4	44. 72 ÷ 4	45. 68 ÷ 4	46. 24 ÷ 4	47. 8 ÷ 4	48. 32 ÷ 4
49. 48 ÷ 4	50. 32 ÷ 4	51. 76 ÷ 4	52. 80 ÷ 4	53. 96 ÷ 4	54. 84 ÷ 4
55. 52 ÷ 4	56. 40 ÷ 4	57. 64 ÷ 4	58. 28 ÷ 4	59. 4 ÷ 4	60. 8 ÷ 4

Division 01 to 999

Name: _____ Date: _____

Start Time: _____ End Time: _____

Score: _____

60

1	2	3	4	5	6
55 ÷ 5	5 ÷ 5	75 ÷ 5	70 ÷ 5	85 ÷ 5	45 ÷ 5

7	8	9	10	11	12
15 ÷ 5	40 ÷ 5	10 ÷ 5	20 ÷ 5	60 ÷ 5	35 ÷ 5

13	14	15	16	17	18
80 ÷ 5	90 ÷ 5	50 ÷ 5	25 ÷ 5	30 ÷ 5	95 ÷ 5

19	20	21	22	23	24
65 ÷ 5	80 ÷ 5	75 ÷ 5	70 ÷ 5	45 ÷ 5	25 ÷ 5

25	26	27	28	29	30
60 ÷ 5	30 ÷ 5	15 ÷ 5	55 ÷ 5	35 ÷ 5	95 ÷ 5

31	32	33	34	35	36
10 ÷ 5	90 ÷ 5	50 ÷ 5	65 ÷ 5	20 ÷ 5	85 ÷ 5

37	38	39	40	41	42
40 ÷ 5	5 ÷ 5	80 ÷ 5	75 ÷ 5	70 ÷ 5	45 ÷ 5

43	44	45	46	47	48
25 ÷ 5	60 ÷ 5	30 ÷ 5	15 ÷ 5	55 ÷ 5	35 ÷ 5

49	50	51	52	53	54
95 ÷ 5	10 ÷ 5	90 ÷ 5	50 ÷ 5	65 ÷ 5	20 ÷ 5

55	56	57	58	59	60
85 ÷ 5	40 ÷ 5	5 ÷ 5	95 ÷ 5	5 ÷ 5	75 ÷ 5

Divison 01 to 999

Name: _____ **Date:** _____

Start Time: _____ **End Time:** _____

Score: _____ / 60

1. 90 ÷ 6	2. 30 ÷ 6	3. 60 ÷ 6	4. 72 ÷ 6	5. 84 ÷ 6	6. 48 ÷ 6
7. 24 ÷ 6	8. 78 ÷ 6	9. 6 ÷ 6	10. 54 ÷ 6	11. 12 ÷ 6	12. 66 ÷ 6
13. 36 ÷ 6	14. 18 ÷ 6	15. 96 ÷ 6	16. 42 ÷ 6	17. 12 ÷ 6	18. 96 ÷ 6
19. 84 ÷ 6	20. 42 ÷ 6	21. 72 ÷ 6	22. 24 ÷ 6	23. 90 ÷ 6	24. 60 ÷ 6
25. 6 ÷ 6	26. 30 ÷ 6	27. 36 ÷ 6	28. 18 ÷ 6	29. 48 ÷ 6	30. 54 ÷ 6
31. 78 ÷ 6	32. 66 ÷ 6	33. 78 ÷ 6	34. 6 ÷ 6	35. 12 ÷ 6	36. 48 ÷ 6
37. 18 ÷ 6	38. 84 ÷ 6	39. 54 ÷ 6	40. 60 ÷ 6	41. 30 ÷ 6	42. 96 ÷ 6
43. 72 ÷ 6	44. 36 ÷ 6	45. 42 ÷ 6	46. 90 ÷ 6	47. 24 ÷ 6	48. 66 ÷ 6
49. 54 ÷ 6	50. 30 ÷ 6	51. 24 ÷ 6	52. 18 ÷ 6	53. 66 ÷ 6	54. 60 ÷ 6
55. 36 ÷ 6	56. 96 ÷ 6	57. 12 ÷ 6	58. 48 ÷ 6	59. 78 ÷ 6	60. 42 ÷ 6

Division 01 to 999

Name: _____ Date: _____

Start Time: _____ End Time: _____

Score: _____

60

#	Problem	#	Problem	#	Problem	#	Problem	#	Problem	#	Problem
1	28 ÷ 7	2	42 ÷ 7	3	7 ÷ 7	4	98 ÷ 7	5	21 ÷ 7	6	91 ÷ 7
7	77 ÷ 7	8	84 ÷ 7	9	35 ÷ 7	10	14 ÷ 7	11	49 ÷ 7	12	70 ÷ 7
13	56 ÷ 7	14	63 ÷ 7	15	42 ÷ 7	16	91 ÷ 7	17	7 ÷ 7	18	84 ÷ 7
19	63 ÷ 7	20	14 ÷ 7	21	28 ÷ 7	22	56 ÷ 7	23	49 ÷ 7	24	21 ÷ 7
25	70 ÷ 7	26	77 ÷ 7	27	98 ÷ 7	28	35 ÷ 7	29	70 ÷ 7	30	49 ÷ 7
31	63 ÷ 7	32	7 ÷ 7	33	42 ÷ 7	34	56 ÷ 7	35	98 ÷ 7	36	77 ÷ 7
37	14 ÷ 7	38	35 ÷ 7	39	28 ÷ 7	40	84 ÷ 7	41	91 ÷ 7	42	21 ÷ 7
43	77 ÷ 7	44	35 ÷ 7	45	98 ÷ 7	46	63 ÷ 7	47	56 ÷ 7	48	49 ÷ 7
49	28 ÷ 7	50	7 ÷ 7	51	91 ÷ 7	52	42 ÷ 7	53	14 ÷ 7	54	84 ÷ 7
55	70 ÷ 7	56	84 ÷ 7	57	70 ÷ 7	58	98 ÷ 7	59	21 ÷ 7	60	14 ÷ 7

Division 01 to 999

Name: _____ Date: _____ Score: _____

Start Time: _____ End Time: _____   60

1. 24 ÷ 8	2. 56 ÷ 8	3. 72 ÷ 8	4. 8 ÷ 8	5. 80 ÷ 8	6. 96 ÷ 8
7. 48 ÷ 8	8. 16 ÷ 8	9. 88 ÷ 8	10. 32 ÷ 8	11. 64 ÷ 8	12. 40 ÷ 8
13. 8 ÷ 8	14. 16 ÷ 8	15. 40 ÷ 8	16. 32 ÷ 8	17. 48 ÷ 8	18. 80 ÷ 8
19. 64 ÷ 8	20. 96 ÷ 8	21. 88 ÷ 8	22. 24 ÷ 8	23. 72 ÷ 8	24. 56 ÷ 8
25. 24 ÷ 8	26. 96 ÷ 8	27. 64 ÷ 8	28. 40 ÷ 8	29. 56 ÷ 8	30. 8 ÷ 8
31. 48 ÷ 8	32. 72 ÷ 8	33. 80 ÷ 8	34. 32 ÷ 8	35. 16 ÷ 8	36. 88 ÷ 8
37. 96 ÷ 8	38. 48 ÷ 8	39. 88 ÷ 8	40. 8 ÷ 8	41. 80 ÷ 8	42. 32 ÷ 8
43. 16 ÷ 8	44. 64 ÷ 8	45. 72 ÷ 8	46. 56 ÷ 8	47. 24 ÷ 8	48. 40 ÷ 8
49. 24 ÷ 8	50. 40 ÷ 8	51. 72 ÷ 8	52. 96 ÷ 8	53. 16 ÷ 8	54. 48 ÷ 8
55. 88 ÷ 8	56. 80 ÷ 8	57. 56 ÷ 8	58. 32 ÷ 8	59. 8 ÷ 8	60. 64 ÷ 8

Division 01 to 999

Name: _____ Date: _____

Start Time: _____ End Time: _____

Score: _____

60

#	Problem	#	Problem	#	Problem	#	Problem	#	Problem	#	Problem
1	9 ÷ 9	2	63 ÷ 9	3	72 ÷ 9	4	18 ÷ 9	5	90 ÷ 9	6	99 ÷ 9
7	81 ÷ 9	8	36 ÷ 9	9	54 ÷ 9	10	27 ÷ 9	11	45 ÷ 9	12	72 ÷ 9
13	54 ÷ 9	14	99 ÷ 9	15	9 ÷ 9	16	90 ÷ 9	17	36 ÷ 9	18	63 ÷ 9
19	27 ÷ 9	20	45 ÷ 9	21	81 ÷ 9	22	18 ÷ 9	23	72 ÷ 9	24	54 ÷ 9
25	99 ÷ 9	26	9 ÷ 9	27	90 ÷ 9	28	36 ÷ 9	29	63 ÷ 9	30	27 ÷ 9
31	45 ÷ 9	32	81 ÷ 9	33	18 ÷ 9	34	27 ÷ 9	35	90 ÷ 9	36	54 ÷ 9
37	72 ÷ 9	38	81 ÷ 9	39	99 ÷ 9	40	45 ÷ 9	41	9 ÷ 9	42	36 ÷ 9
43	63 ÷ 9	44	18 ÷ 9	45	36 ÷ 9	46	54 ÷ 9	47	9 ÷ 9	48	99 ÷ 9
49	72 ÷ 9	50	81 ÷ 9	51	45 ÷ 9	52	18 ÷ 9	53	27 ÷ 9	54	63 ÷ 9
55	90 ÷ 9	56	18 ÷ 9	57	27 ÷ 9	58	90 ÷ 9	59	9 ÷ 9	60	18 ÷ 9

Division 01 to 999

Name: _____ Date: _____

Start Time: _____ End Time: _____

Score: _____

60

1 550 ÷ 10	2 980 ÷ 10	3 760 ÷ 10	4 710 ÷ 10	5 430 ÷ 10	6 670 ÷ 10
7 790 ÷ 10	8 100 ÷ 10	9 410 ÷ 10	10 570 ÷ 10	11 700 ÷ 10	12 290 ÷ 10
13 560 ÷ 10	14 890 ÷ 10	15 460 ÷ 10	16 390 ÷ 10	17 300 ÷ 10	18 830 ÷ 10
19 380 ÷ 10	20 970 ÷ 10	21 540 ÷ 10	22 940 ÷ 10	23 510 ÷ 10	24 990 ÷ 10
25 280 ÷ 10	26 730 ÷ 10	27 650 ÷ 10	28 210 ÷ 10	29 270 ÷ 10	30 140 ÷ 10
31 420 ÷ 10	32 340 ÷ 10	33 120 ÷ 10	34 220 ÷ 10	35 930 ÷ 10	36 530 ÷ 10
37 230 ÷ 10	38 580 ÷ 10	39 860 ÷ 10	40 780 ÷ 10	41 480 ÷ 10	42 850 ÷ 10
43 660 ÷ 10	44 440 ÷ 10	45 740 ÷ 10	46 240 ÷ 10	47 360 ÷ 10	48 450 ÷ 10
49 470 ÷ 10	50 600 ÷ 10	51 900 ÷ 10	52 330 ÷ 10	53 350 ÷ 10	54 920 ÷ 10
55 160 ÷ 10	56 750 ÷ 10	57 150 ÷ 10	58 310 ÷ 10	59 250 ÷ 10	60 300 ÷ 10

Division 01 to 999

Name: _____ Date: _____ Score: _____

Start Time: _____ End Time: _____ 60

1. 121 ÷ 11	2. 649 ÷ 11	3. 517 ÷ 11	4. 759 ÷ 11	5. 66 ÷ 11	6. 165 ÷ 11
7. 550 ÷ 11	8. 748 ÷ 11	9. 605 ÷ 11	10. 869 ÷ 11	11. 583 ÷ 11	12. 638 ÷ 11
13. 858 ÷ 11	14. 110 ÷ 11	15. 990 ÷ 11	16. 407 ÷ 11	17. 451 ÷ 11	18. 253 ÷ 11
19. 77 ÷ 11	20. 781 ÷ 11	21. 319 ÷ 11	22. 847 ÷ 11	23. 737 ÷ 11	24. 814 ÷ 11
25. 682 ÷ 11	26. 209 ÷ 11	27. 836 ÷ 11	28. 946 ÷ 11	29. 572 ÷ 11	30. 660 ÷ 11
31. 528 ÷ 11	32. 704 ÷ 11	33. 506 ÷ 11	34. 88 ÷ 11	35. 11 ÷ 11	36. 495 ÷ 11
37. 11 ÷ 11	38. 825 ÷ 11	39. 462 ÷ 11	40. 561 ÷ 11	41. 22 ÷ 11	42. 143 ÷ 11
43. 264 ÷ 11	44. 968 ÷ 11	45. 770 ÷ 11	46. 275 ÷ 11	47. 220 ÷ 11	48. 803 ÷ 11
49. 231 ÷ 11	50. 374 ÷ 11	51. 539 ÷ 11	52. 352 ÷ 11	53. 176 ÷ 11	54. 99 ÷ 11
55. 979 ÷ 11	56. 330 ÷ 11	57. 473 ÷ 11	58. 880 ÷ 11	59. 902 ÷ 11	60. 110 ÷ 11

Division 01 to 999

Name: _____ Date: _____

Start Time: _____ End Time: _____

Score: _____

60

1	2	3	4	5	6
168 ÷ 12	420 ÷ 12	588 ÷ 12	792 ÷ 12	468 ÷ 12	660 ÷ 12

7	8	9	10	11	12
780 ÷ 12	564 ÷ 12	888 ÷ 12	396 ÷ 12	120 ÷ 12	312 ÷ 12

13	14	15	16	17	18
960 ÷ 12	360 ÷ 12	684 ÷ 12	144 ÷ 12	408 ÷ 12	948 ÷ 12

19	20	21	22	23	24
816 ÷ 12	228 ÷ 12	204 ÷ 12	180 ÷ 12	852 ÷ 12	492 ÷ 12

25	26	27	28	29	30
876 ÷ 12	480 ÷ 12	252 ÷ 12	528 ÷ 12	432 ÷ 12	348 ÷ 12

31	32	33	34	35	36
336 ÷ 12	108 ÷ 12	828 ÷ 12	936 ÷ 12	372 ÷ 12	264 ÷ 12

37	38	39	40	41	42
600 ÷ 12	516 ÷ 12	804 ÷ 12	384 ÷ 12	192 ÷ 12	636 ÷ 12

43	44	45	46	47	48
300 ÷ 12	696 ÷ 12	996 ÷ 12	456 ÷ 12	504 ÷ 12	744 ÷ 12

49	50	51	52	53	54
720 ÷ 12	900 ÷ 12	924 ÷ 12	732 ÷ 12	240 ÷ 12	672 ÷ 12

55	56	57	58	59	60
324 ÷ 12	648 ÷ 12	288 ÷ 12	864 ÷ 12	444 ÷ 12	144 ÷ 12

Division 01 to 999

Name: _____ Date: _____ Score: _____

Start Time: _____ End Time: _____   60

1	2	3	4	5	6
429 ÷ 13	793 ÷ 13	741 ÷ 13	689 ÷ 13	676 ÷ 13	559 ÷ 13

7	8	9	10	11	12
403 ÷ 13	806 ÷ 13	988 ÷ 13	143 ÷ 13	494 ÷ 13	845 ÷ 13

13	14	15	16	17	18
767 ÷ 13	624 ÷ 13	754 ÷ 13	611 ÷ 13	325 ÷ 13	923 ÷ 13

19	20	21	22	23	24
221 ÷ 13	312 ÷ 13	156 ÷ 13	637 ÷ 13	234 ÷ 13	819 ÷ 13

25	26	27	28	29	30
338 ÷ 13	247 ÷ 13	273 ÷ 13	585 ÷ 13	884 ÷ 13	780 ÷ 13

31	32	33	34	35	36
572 ÷ 13	728 ÷ 13	130 ÷ 13	117 ÷ 13	182 ÷ 13	650 ÷ 13

37	38	39	40	41	42
260 ÷ 13	975 ÷ 13	533 ÷ 13	442 ÷ 13	702 ÷ 13	663 ÷ 13

43	44	45	46	47	48
390 ÷ 13	455 ÷ 13	520 ÷ 13	364 ÷ 13	949 ÷ 13	169 ÷ 13

49	50	51	52	53	54
962 ÷ 13	936 ÷ 13	897 ÷ 13	416 ÷ 13	299 ÷ 13	832 ÷ 13

55	56	57	58	59	60
286 ÷ 13	507 ÷ 13	377 ÷ 13	858 ÷ 13	871 ÷ 13	910 ÷ 14

Divison 01 to 999

Name: _____ Date: _____

Score: _____

Start Time: _____ End Time: _____

60

1. 896 ÷ 14	2. 714 ÷ 14	3. 770 ÷ 14	4. 868 ÷ 14	5. 980 ÷ 14	6. 644 ÷ 14
7. 210 ÷ 14	8. 280 ÷ 14	9. 952 ÷ 14	10. 378 ÷ 14	11. 462 ÷ 14	12. 686 ÷ 14
13. 336 ÷ 14	14. 588 ÷ 14	15. 126 ÷ 14	16. 420 ÷ 14	17. 700 ÷ 14	18. 504 ÷ 14
19. 994 ÷ 14	20. 672 ÷ 14	21. 448 ÷ 14	22. 224 ÷ 14	23. 392 ÷ 14	24. 756 ÷ 14
25. 938 ÷ 14	26. 882 ÷ 14	27. 840 ÷ 14	28. 630 ÷ 14	29. 196 ÷ 14	30. 518 ÷ 14
31. 798 ÷ 14	32. 812 ÷ 14	33. 560 ÷ 14	34. 728 ÷ 14	35. 168 ÷ 14	36. 322 ÷ 14
37. 294 ÷ 14	38. 140 ÷ 14	39. 238 ÷ 14	40. 252 ÷ 14	41. 966 ÷ 14	42. 364 ÷ 14
43. 546 ÷ 14	44. 924 ÷ 14	45. 826 ÷ 14	46. 476 ÷ 14	47. 602 ÷ 14	48. 784 ÷ 14
49. 658 ÷ 14	50. 742 ÷ 14	51. 182 ÷ 14	52. 532 ÷ 14	53. 308 ÷ 14	54. 490 ÷ 14
55. 854 ÷ 14	56. 616 ÷ 14	57. 266 ÷ 14	58. 350 ÷ 14	59. 434 ÷ 14	60. 615 ÷ 15

Division
01 to 999

Name: _____ Date: _____ Score: _____

Start Time: _____ End Time: _____ 60

#	Problem	#	Problem	#	Problem	#	Problem	#	Problem	#	Problem
1	465 ÷ 15	2	450 ÷ 15	3	765 ÷ 15	4	105 ÷ 15	5	960 ÷ 15	6	795 ÷ 15
7	840 ÷ 15	8	885 ÷ 15	9	900 ÷ 15	10	525 ÷ 15	11	270 ÷ 15	12	225 ÷ 15
13	570 ÷ 15	14	510 ÷ 15	15	540 ÷ 15	16	705 ÷ 15	17	720 ÷ 15	18	915 ÷ 15
19	945 ÷ 15	20	975 ÷ 15	21	930 ÷ 15	22	780 ÷ 15	23	330 ÷ 15	24	345 ÷ 15
25	390 ÷ 15	26	855 ÷ 15	27	135 ÷ 15	28	375 ÷ 15	29	645 ÷ 15	30	810 ÷ 15
31	600 ÷ 15	32	630 ÷ 15	33	360 ÷ 15	34	150 ÷ 15	35	315 ÷ 15	36	675 ÷ 15
37	420 ÷ 15	38	690 ÷ 15	39	405 ÷ 15	40	300 ÷ 15	41	210 ÷ 15	42	495 ÷ 15
43	240 ÷ 15	44	285 ÷ 15	45	750 ÷ 15	46	180 ÷ 15	47	660 ÷ 15	48	165 ÷ 15
49	555 ÷ 15	50	735 ÷ 15	51	195 ÷ 15	52	990 ÷ 15	53	480 ÷ 15	54	435 ÷ 15
55	870 ÷ 15	56	825 ÷ 15	57	120 ÷ 15	58	255 ÷ 15	59	585 ÷ 15	60	128 ÷ 16

Division 01 to 999

Name: _____ Date: _____

Score: _____

Start Time: _____ End Time: _____

60

1. 896 ÷ 16	2. 880 ÷ 16	3. 384 ÷ 16	4. 576 ÷ 16	5. 224 ÷ 16	6. 432 ÷ 16
7. 240 ÷ 16	8. 208 ÷ 16	9. 176 ÷ 16	10. 768 ÷ 16	11. 496 ÷ 16	12. 592 ÷ 16
13. 944 ÷ 16	14. 928 ÷ 16	15. 736 ÷ 16	16. 400 ÷ 16	17. 832 ÷ 16	18. 512 ÷ 16
19. 720 ÷ 16	20. 448 ÷ 16	21. 816 ÷ 16	22. 544 ÷ 16	23. 656 ÷ 16	24. 608 ÷ 16
25. 304 ÷ 16	26. 480 ÷ 16	27. 912 ÷ 16	28. 416 ÷ 16	29. 464 ÷ 16	30. 960 ÷ 16
31. 256 ÷ 16	32. 272 ÷ 16	33. 976 ÷ 16	34. 704 ÷ 16	35. 640 ÷ 16	36. 352 ÷ 16
37. 160 ÷ 16	38. 672 ÷ 16	39. 112 ÷ 16	40. 560 ÷ 16	41. 288 ÷ 16	42. 752 ÷ 16
43. 784 ÷ 16	44. 688 ÷ 16	45. 144 ÷ 16	46. 800 ÷ 16	47. 528 ÷ 16	48. 864 ÷ 16
49. 320 ÷ 16	50. 848 ÷ 16	51. 336 ÷ 16	52. 992 ÷ 16	53. 368 ÷ 16	54. 192 ÷ 16
55. 624 ÷ 16	56. 560 ÷ 16	57. 288 ÷ 16	58. 752 ÷ 16	59. 688 ÷ 16	60. 629 ÷ 17

Division
01 to 999

Name: _____ Date: _____ Score: _____

Start Time: _____ End Time: _____

60

1	2	3	4	5	6
187 ÷ 17	119 ÷ 17	680 ÷ 17	986 ÷ 17	170 ÷ 17	833 ÷ 17
7	8	9	10	11	12
646 ÷ 17	850 ÷ 17	952 ÷ 17	425 ÷ 17	867 ÷ 17	714 ÷ 17
13	14	15	16	17	18
459 ÷ 17	306 ÷ 17	153 ÷ 17	969 ÷ 17	357 ÷ 17	816 ÷ 17
19	20	21	22	23	24
340 ÷ 17	799 ÷ 17	493 ÷ 17	102 ÷ 17	612 ÷ 17	663 ÷ 17
25	26	27	28	29	30
527 ÷ 17	136 ÷ 17	476 ÷ 17	578 ÷ 17	697 ÷ 17	884 ÷ 17
31	32	33	34	35	36
408 ÷ 17	561 ÷ 17	204 ÷ 17	255 ÷ 17	731 ÷ 17	442 ÷ 17
37	38	39	40	41	42
935 ÷ 17	391 ÷ 17	544 ÷ 17	748 ÷ 17	901 ÷ 17	918 ÷ 17
43	44	45	46	47	48
510 ÷ 17	782 ÷ 17	238 ÷ 17	765 ÷ 17	595 ÷ 17	272 ÷ 17
49	50	51	52	53	54
323 ÷ 17	221 ÷ 17	374 ÷ 17	289 ÷ 17	136 ÷ 17	476 ÷ 17
55	56	57	58	59	60
578 ÷ 17	357 ÷ 17	816 ÷ 17	493 ÷ 17	102 ÷ 17	720 ÷ 18

Division 01 to 999

Name: _____ Date: _____

Start Time: _____ End Time: _____

Score: _____ / 60

1. 558 ÷ 18	2. 828 ÷ 18	3. 612 ÷ 18	4. 882 ÷ 18	5. 900 ÷ 18	6. 792 ÷ 18
7. 306 ÷ 18	8. 576 ÷ 18	9. 450 ÷ 18	10. 522 ÷ 18	11. 756 ÷ 18	12. 162 ÷ 18
13. 486 ÷ 18	14. 144 ÷ 18	15. 990 ÷ 18	16. 270 ÷ 18	17. 684 ÷ 18	18. 702 ÷ 18
19. 288 ÷ 18	20. 630 ÷ 18	21. 216 ÷ 18	22. 198 ÷ 18	23. 180 ÷ 18	24. 234 ÷ 18
25. 378 ÷ 18	26. 864 ÷ 18	27. 414 ÷ 18	28. 342 ÷ 18	29. 936 ÷ 18	30. 648 ÷ 18
31. 126 ÷ 18	32. 324 ÷ 18	33. 846 ÷ 18	34. 594 ÷ 18	35. 954 ÷ 18	36. 432 ÷ 18
37. 666 ÷ 18	38. 108 ÷ 18	39. 468 ÷ 18	40. 360 ÷ 18	41. 738 ÷ 18	42. 918 ÷ 18
43. 972 ÷ 18	44. 810 ÷ 18	45. 774 ÷ 18	46. 504 ÷ 18	47. 396 ÷ 18	48. 540 ÷ 18
49. 252 ÷ 18	50. 180 ÷ 18	51. 234 ÷ 18	52. 378 ÷ 18	53. 864 ÷ 18	54. 414 ÷ 18
55. 342 ÷ 18	56. 936 ÷ 18	57. 918 ÷ 18	58. 972 ÷ 18	59. 216 ÷ 18	60. 456 ÷ 19

Division
01 to 999

Name: _____ Date: _____

Score: _____

Start Time: _____ End Time: _____

60

1	2	3	4	5	6
133 ÷ 19	836 ÷ 19	304 ÷ 19	323 ÷ 19	874 ÷ 19	627 ÷ 19

7	8	9	10	11	12
855 ÷ 19	912 ÷ 19	760 ÷ 19	665 ÷ 19	779 ÷ 19	399 ÷ 19

13	14	15	16	17	18
589 ÷ 19	285 ÷ 19	798 ÷ 19	817 ÷ 19	418 ÷ 19	209 ÷ 19

19	20	21	22	23	24
703 ÷ 19	228 ÷ 19	722 ÷ 19	532 ÷ 19	513 ÷ 19	342 ÷ 19

25	26	27	28	29	30
893 ÷ 19	171 ÷ 19	380 ÷ 19	114 ÷ 19	741 ÷ 19	988 ÷ 19

31	32	33	34	35	36
361 ÷ 19	266 ÷ 19	931 ÷ 19	551 ÷ 19	437 ÷ 19	494 ÷ 19

37	38	39	40	41	42
190 ÷ 19	646 ÷ 19	570 ÷ 19	969 ÷ 19	475 ÷ 19	152 ÷ 19

43	44	45	46	47	48
247 ÷ 19	684 ÷ 19	608 ÷ 19	950 ÷ 19	627 ÷ 19	855 ÷ 19

49	50	51	52	53	54
912 ÷ 19	760 ÷ 19	665 ÷ 19	779 ÷ 19	399 ÷ 19	589 ÷ 19

55	56	57	58	59	60
285 ÷ 19	798 ÷ 19	817 ÷ 19	532 ÷ 19	513 ÷ 19	920 ÷ 20

Division 01 to 999

Name: _____ Date: _____ Score: _____

Start Time: _____ End Time: _____   60

1. 420 ÷ 20	2. 620 ÷ 20	3. 560 ÷ 20	4. 960 ÷ 20	5. 280 ÷ 20	6. 700 ÷ 20
7. 840 ÷ 20	8. 860 ÷ 20	9. 580 ÷ 20	10. 320 ÷ 20	11. 160 ÷ 20	12. 920 ÷ 20
13. 800 ÷ 20	14. 140 ÷ 20	15. 180 ÷ 20	16. 900 ÷ 20	17. 660 ÷ 20	18. 360 ÷ 20
19. 340 ÷ 20	20. 680 ÷ 20	21. 200 ÷ 20	22. 740 ÷ 20	23. 220 ÷ 20	24. 100 ÷ 20
25. 760 ÷ 20	26. 780 ÷ 20	27. 240 ÷ 20	28. 540 ÷ 20	29. 380 ÷ 20	30. 460 ÷ 20
31. 980 ÷ 20	32. 520 ÷ 20	33. 480 ÷ 20	34. 880 ÷ 20	35. 940 ÷ 20	36. 120 ÷ 20
37. 600 ÷ 20	38. 500 ÷ 20	39. 820 ÷ 20	40. 720 ÷ 20	41. 400 ÷ 20	42. 300 ÷ 20
43. 260 ÷ 20	44. 640 ÷ 20	45. 280 ÷ 20	46. 700 ÷ 20	47. 840 ÷ 20	48. 860 ÷ 20
49. 580 ÷ 20	50. 320 ÷ 20	51. 160 ÷ 20	52. 920 ÷ 20	53. 800 ÷ 20	54. 680 ÷ 20
55. 200 ÷ 20	56. 740 ÷ 20	57. 220 ÷ 20	58. 100 ÷ 20	59. 760 ÷ 20	60. 315 ÷ 21

Divison 01 to 999

Name: _____ Date: _____

Score: _____

Start Time: _____ End Time: _____

60

1	2	3	4	5	6
798 ÷ 21	630 ÷ 21	147 ÷ 21	777 ÷ 21	273 ÷ 21	231 ÷ 21

7	8	9	10	11	12
252 ÷ 21	126 ÷ 21	945 ÷ 21	441 ÷ 21	378 ÷ 21	462 ÷ 21

13	14	15	16	17	18
861 ÷ 21	693 ÷ 21	315 ÷ 21	504 ÷ 21	756 ÷ 21	840 ÷ 21

19	20	21	22	23	24
189 ÷ 21	819 ÷ 21	651 ÷ 21	966 ÷ 21	210 ÷ 21	546 ÷ 21

25	26	27	28	29	30
903 ÷ 21	336 ÷ 21	735 ÷ 21	420 ÷ 21	399 ÷ 21	567 ÷ 21

31	32	33	34	35	36
672 ÷ 21	357 ÷ 21	168 ÷ 21	483 ÷ 21	924 ÷ 21	294 ÷ 21

37	38	39	40	41	42
987 ÷ 21	714 ÷ 21	525 ÷ 21	882 ÷ 21	609 ÷ 21	105 ÷ 21

43	44	45	46	47	48
714 ÷ 21	735 ÷ 21	630 ÷ 21	378 ÷ 21	609 ÷ 21	441 ÷ 21

49	50	51	52	53	54
861 ÷ 21	483 ÷ 21	945 ÷ 21	882 ÷ 21	252 ÷ 21	273 ÷ 21

55	56	57	58	59	60
924 ÷ 21	987 ÷ 21	315 ÷ 21	231 ÷ 21	525 ÷ 21	506 ÷ 22

Division 01 to 999

Name: _____ Date: _____

Score: _____

Start Time: _____ End Time: _____

60

1. 418 ÷ 22	2. 176 ÷ 22	3. 946 ÷ 22	4. 440 ÷ 22	5. 220 ÷ 22	6. 748 ÷ 22
7. 572 ÷ 22	8. 814 ÷ 22	9. 616 ÷ 22	10. 726 ÷ 22	11. 902 ÷ 22	12. 110 ÷ 22
13. 352 ÷ 22	14. 836 ÷ 22	15. 132 ÷ 22	16. 462 ÷ 22	17. 704 ÷ 22	18. 924 ÷ 22
19. 418 ÷ 22	20. 484 ÷ 22	21. 770 ÷ 22	22. 264 ÷ 22	23. 968 ÷ 22	24. 858 ÷ 22
25. 242 ÷ 22	26. 308 ÷ 22	27. 550 ÷ 22	28. 660 ÷ 22	29. 154 ÷ 22	30. 396 ÷ 22
31. 792 ÷ 22	32. 374 ÷ 22	33. 594 ÷ 22	34. 286 ÷ 22	35. 330 ÷ 22	36. 990 ÷ 22
37. 198 ÷ 22	38. 682 ÷ 22	39. 528 ÷ 22	40. 880 ÷ 22	41. 374 ÷ 22	42. 682 ÷ 22
43. 220 ÷ 22	44. 396 ÷ 22	45. 792 ÷ 22	46. 924 ÷ 22	47. 726 ÷ 22	48. 748 ÷ 22
49. 308 ÷ 22	50. 440 ÷ 22	51. 418 ÷ 22	52. 506 ÷ 22	53. 616 ÷ 22	54. 858 ÷ 22
55. 770 ÷ 22	56. 264 ÷ 22	57. 242 ÷ 22	58. 704 ÷ 22	59. 154 ÷ 22	60. 851 ÷ 23

Division
01 to 999

Name: _____ Date: _____

Start Time: _____ End Time: _____

Score: _____

60

1	2	3	4	5	6
989 ÷ 23	322 ÷ 23	138 ÷ 23	506 ÷ 23	345 ÷ 23	115 ÷ 23

7	8	9	10	11	12
368 ÷ 23	161 ÷ 23	805 ÷ 23	690 ÷ 23	943 ÷ 23	621 ÷ 23

13	14	15	16	17	18
276 ÷ 23	391 ÷ 23	483 ÷ 23	805 ÷ 23	299 ÷ 23	736 ÷ 23

19	20	21	22	23	24
529 ÷ 23	575 ÷ 23	966 ÷ 23	552 ÷ 23	414 ÷ 23	253 ÷ 23

25	26	27	28	29	30
460 ÷ 23	184 ÷ 23	207 ÷ 23	437 ÷ 23	874 ÷ 23	598 ÷ 23

31	32	33	34	35	36
782 ÷ 23	920 ÷ 23	828 ÷ 23	897 ÷ 23	644 ÷ 23	759 ÷ 23

37	38	39	40	41	42
713 ÷ 23	667 ÷ 23	276 ÷ 23	920 ÷ 23	299 ÷ 23	644 ÷ 23

43	44	45	46	47	48
552 ÷ 23	391 ÷ 23	460 ÷ 23	782 ÷ 23	874 ÷ 23	437 ÷ 23

49	50	51	52	53	54
253 ÷ 23	207 ÷ 23	138 ÷ 23	966 ÷ 23	368 ÷ 23	184 ÷ 23

55	56	57	58	59	60
483 ÷ 23	690 ÷ 23	161 ÷ 23	989 ÷ 23	598 ÷ 23	504 ÷ 24

Division 01 to 999

Name: _____ Date: _____

Start Time: _____ End Time: _____

Score: _____

60

1. 888 ÷ 24	2. 144 ÷ 24	3. 768 ÷ 24	4. 720 ÷ 24	5. 792 ÷ 24	6. 744 ÷ 24
7. 984 ÷ 24	8. 120 ÷ 24	9. 456 ÷ 24	10. 192 ÷ 24	11. 840 ÷ 24	12. 264 ÷ 24
13. 696 ÷ 24	14. 672 ÷ 24	15. 552 ÷ 24	16. 480 ÷ 24	17. 336 ÷ 24	18. 408 ÷ 24
19. 864 ÷ 24	20. 624 ÷ 24	21. 576 ÷ 24	22. 936 ÷ 24	23. 216 ÷ 24	24. 984 ÷ 24
25. 288 ÷ 24	26. 168 ÷ 24	27. 432 ÷ 24	28. 240 ÷ 24	29. 360 ÷ 24	30. 312 ÷ 24
31. 912 ÷ 24	32. 528 ÷ 24	33. 384 ÷ 24	34. 600 ÷ 24	35. 816 ÷ 24	36. 960 ÷ 24
37. 552 ÷ 24	38. 312 ÷ 24	39. 792 ÷ 24	40. 288 ÷ 24	41. 864 ÷ 24	42. 432 ÷ 24
43. 408 ÷ 24	44. 912 ÷ 24	45. 744 ÷ 24	46. 384 ÷ 24	47. 168 ÷ 24	48. 624 ÷ 24
49. 720 ÷ 24	50. 528 ÷ 24	51. 504 ÷ 24	52. 456 ÷ 24	53. 144 ÷ 24	54. 696 ÷ 24
55. 216 ÷ 24	56. 480 ÷ 24	57. 960 ÷ 24	58. 336 ÷ 24	59. 264 ÷ 24	60. 125 ÷ 25

Division 01 to 999

Name: _____ Date: _____

Score: _____

Start Time: _____ End Time: _____

60

1. 450 ÷ 25	2. 225 ÷ 25	3. 725 ÷ 25	4. 875 ÷ 25	5. 550 ÷ 25	6. 375 ÷ 25
7. 800 ÷ 25	8. 400 ÷ 25	9. 300 ÷ 25	10. 850 ÷ 25	11. 425 ÷ 25	12. 550 ÷ 25
13. 900 ÷ 25	14. 175 ÷ 25	15. 825 ÷ 25	16. 350 ÷ 25	17. 625 ÷ 25	18. 675 ÷ 25
19. 925 ÷ 25	20. 525 ÷ 25	21. 750 ÷ 25	22. 275 ÷ 25	23. 500 ÷ 25	24. 150 ÷ 25
25. 250 ÷ 25	26. 950 ÷ 25	27. 975 ÷ 25	28. 650 ÷ 25	29. 600 ÷ 25	30. 700 ÷ 25
31. 100 ÷ 25	32. 475 ÷ 25	33. 575 ÷ 25	34. 200 ÷ 25	35. 775 ÷ 25	36. 375 ÷ 25
37. 500 ÷ 25	38. 350 ÷ 25	39. 950 ÷ 25	40. 300 ÷ 25	41. 475 ÷ 25	42. 775 ÷ 25
43. 875 ÷ 25	44. 175 ÷ 25	45. 200 ÷ 25	46. 675 ÷ 25	47. 975 ÷ 25	48. 575 ÷ 25
49. 100 ÷ 25	50. 850 ÷ 25	51. 725 ÷ 25	52. 250 ÷ 25	53. 325 ÷ 25	54. 900 ÷ 25
55. 625 ÷ 25	56. 425 ÷ 25	57. 750 ÷ 25	58. 600 ÷ 25	59. 650 ÷ 25	60. 182 ÷ 26

Divison 01 to 999

Name: _____ Date: _____

Score: _____

Start Time: _____ End Time: _____

60

1	2	3	4	5	6
520 ÷ 26	338 ÷ 26	780 ÷ 26	728 ÷ 26	858 ÷ 26	130 ÷ 26
7	8	9	10	11	12
572 ÷ 26	494 ÷ 26	286 ÷ 26	208 ÷ 26	416 ÷ 26	364 ÷ 26
13	14	15	16	17	18
962 ÷ 26	234 ÷ 26	468 ÷ 26	156 ÷ 26	546 ÷ 26	598 ÷ 26
19	20	21	22	23	24
676 ÷ 26	650 ÷ 26	624 ÷ 26	936 ÷ 26	988 ÷ 26	104 ÷ 26
25	26	27	28	29	30
884 ÷ 26	754 ÷ 26	806 ÷ 26	260 ÷ 26	442 ÷ 26	702 ÷ 26
31	32	33	34	35	36
832 ÷ 26	234 ÷ 26	312 ÷ 26	910 ÷ 26	572 ÷ 26	988 ÷ 26
37	38	39	40	41	42
468 ÷ 26	676 ÷ 26	416 ÷ 26	442 ÷ 26	624 ÷ 26	936 ÷ 26
43	44	45	46	47	48
858 ÷ 26	910 ÷ 26	390 ÷ 26	156 ÷ 26	130 ÷ 26	702 ÷ 26
49	50	51	52	53	54
338 ÷ 26	546 ÷ 26	312 ÷ 26	598 ÷ 26	962 ÷ 26	520 ÷ 26
55	56	57	58	59	60
650 ÷ 26	728 ÷ 26	182 ÷ 26	364 ÷ 26	104 ÷ 26	945 ÷ 27

Divison 01 to 999

Name: _____ Date: _____

Start Time: _____ End Time: _____

Score: _____

60

#		#		#		#		#		#	
1	999 ÷ 27	2	648 ÷ 27	3	783 ÷ 27	4	594 ÷ 27	5	189 ÷ 27	6	513 ÷ 27
7	243 ÷ 27	8	459 ÷ 27	9	891 ÷ 27	10	729 ÷ 27	11	810 ÷ 27	12	351 ÷ 27
13	405 ÷ 27	14	216 ÷ 27	15	972 ÷ 27	16	567 ÷ 27	17	918 ÷ 27	18	675 ÷ 27
19	135 ÷ 27	20	702 ÷ 27	21	621 ÷ 27	22	432 ÷ 27	23	162 ÷ 27	24	324 ÷ 27
25	270 ÷ 27	26	540 ÷ 27	27	864 ÷ 27	28	297 ÷ 27	29	486 ÷ 27	30	108 ÷ 27
31	378 ÷ 27	32	918 ÷ 27	33	756 ÷ 27	34	918 ÷ 27	35	567 ÷ 27	36	189 ÷ 27
37	270 ÷ 27	38	729 ÷ 27	39	783 ÷ 27	40	162 ÷ 27	41	756 ÷ 27	42	945 ÷ 27
43	486 ÷ 27	44	621 ÷ 27	45	216 ÷ 27	46	108 ÷ 27	47	432 ÷ 27	48	999 ÷ 27
49	594 ÷ 27	50	810 ÷ 27	51	324 ÷ 27	52	459 ÷ 27	53	513 ÷ 27	54	675 ÷ 27
55	891 ÷ 27	56	405 ÷ 27	57	297 ÷ 27	58	837 ÷ 27	59	351 ÷ 27	60	448 ÷ 28

Division 01 to 999

Name: _____ Date: _____

Start Time: _____ End Time: _____

Score: _____

60

1	2	3	4	5	6
588 ÷ 28	308 ÷ 28	140 ÷ 28	980 ÷ 28	616 ÷ 28	252 ÷ 28
7	8	9	10	11	12
364 ÷ 28	728 ÷ 28	196 ÷ 28	392 ÷ 28	224 ÷ 28	112 ÷ 28
13	14	15	16	17	18
952 ÷ 28	784 ÷ 28	700 ÷ 28	168 ÷ 28	336 ÷ 28	532 ÷ 28
19	20	21	22	23	24
924 ÷ 28	756 ÷ 28	420 ÷ 28	672 ÷ 28	280 ÷ 28	476 ÷ 28
25	26	27	28	29	30
560 ÷ 28	644 ÷ 28	924 ÷ 28	840 ÷ 28	896 ÷ 28	868 ÷ 28
31	32	33	34	35	36
812 ÷ 28	700 ÷ 28	364 ÷ 28	112 ÷ 28	924 ÷ 28	476 ÷ 28
37	38	39	40	41	42
420 ÷ 28	980 ÷ 28	560 ÷ 28	588 ÷ 28	308 ÷ 28	392 ÷ 28
43	44	45	46	47	48
616 ÷ 28	336 ÷ 28	840 ÷ 28	952 ÷ 28	784 ÷ 28	868 ÷ 28
49	50	51	52	53	54
168 ÷ 28	280 ÷ 28	644 ÷ 28	504 ÷ 28	140 ÷ 28	196 ÷ 28
55	56	57	58	59	60
448 ÷ 28	672 ÷ 28	532 ÷ 28	728 ÷ 28	812 ÷ 28	754 ÷ 29

Division 01 to 999

Name: _____ Date: _____

Score: _____

Start Time: _____ End Time: _____

60

1. 348 ÷ 29	2. 551 ÷ 29	3. 116 ÷ 29	4. 174 ÷ 29	5. 812 ÷ 29	6. 319 ÷ 29
7. 580 ÷ 29	8. 377 ÷ 29	9. 493 ÷ 29	10. 696 ÷ 29	11. 986 ÷ 29	12. 783 ÷ 29
13. 435 ÷ 29	14. 928 ÷ 29	15. 870 ÷ 29	16. 841 ÷ 29	17. 957 ÷ 29	18. 638 ÷ 29
19. 261 ÷ 29	20. 290 ÷ 29	21. 464 ÷ 29	22. 522 ÷ 29	23. 609 ÷ 29	24. 493 ÷ 29
25. 667 ÷ 29	26. 899 ÷ 29	27. 203 ÷ 29	28. 145 ÷ 29	29. 232 ÷ 29	30. 406 ÷ 29
31. 899 ÷ 29	32. 145 ÷ 29	33. 174 ÷ 29	34. 464 ÷ 29	35. 522 ÷ 29	36. 116 ÷ 29
37. 986 ÷ 29	38. 232 ÷ 29	39. 348 ÷ 29	40. 319 ÷ 29	41. 754 ÷ 29	42. 928 ÷ 29
43. 812 ÷ 29	44. 725 ÷ 29	45. 261 ÷ 29	46. 638 ÷ 29	47. 435 ÷ 29	48. 957 ÷ 29
49. 290 ÷ 29	50. 406 ÷ 29	51. 493 ÷ 29	52. 696 ÷ 29	53. 609 ÷ 29	54. 667 ÷ 29
55. 203 ÷ 29	56. 870 ÷ 29	57. 580 ÷ 29	58. 377 ÷ 29	59. 841 ÷ 29	60. 150 ÷ 30

Division 01 to 999

Name: _____ Date: _____

Start Time: _____ End Time: _____

Score: _____
60

1. 450 ÷ 30	2. 510 ÷ 30	3. 240 ÷ 30	4. 360 ÷ 30	5. 810 ÷ 30	6. 900 ÷ 30
7. 270 ÷ 30	8. 960 ÷ 30	9. 720 ÷ 30	10. 300 ÷ 30	11. 570 ÷ 30	12. 750 ÷ 30
13. 210 ÷ 30	14. 930 ÷ 30	15. 870 ÷ 30	16. 540 ÷ 30	17. 990 ÷ 30	18. 630 ÷ 30
19. 180 ÷ 30	20. 120 ÷ 30	21. 330 ÷ 30	22. 780 ÷ 30	23. 690 ÷ 30	24. 600 ÷ 30
25. 390 ÷ 30	26. 660 ÷ 30	27. 840 ÷ 30	28. 570 ÷ 30	29. 420 ÷ 30	30. 540 ÷ 30
31. 360 ÷ 30	32. 240 ÷ 30	33. 300 ÷ 30	34. 840 ÷ 30	35. 990 ÷ 30	36. 150 ÷ 30
37. 600 ÷ 30	38. 420 ÷ 30	39. 450 ÷ 30	40. 870 ÷ 30	41. 330 ÷ 30	42. 900 ÷ 30
43. 720 ÷ 30	44. 180 ÷ 30	45. 570 ÷ 30	46. 960 ÷ 30	47. 630 ÷ 30	48. 510 ÷ 30
49. 750 ÷ 30	50. 120 ÷ 30	51. 780 ÷ 30	52. 270 ÷ 30	53. 390 ÷ 30	54. 690 ÷ 30
55. 810 ÷ 30	56. 660 ÷ 30	57. 480 ÷ 30	58. 930 ÷ 30	59. 210 ÷ 30	60. 620 ÷ 31

Name: _____ **Date:** _____ **Score:** _____

Division 01 to 999

Start Time: _____ **End Time:** _____   60

1. 403 ÷ 31	2. 527 ÷ 31	3. 868 ÷ 31	4. 589 ÷ 31	5. 124 ÷ 31	6. 775 ÷ 31
7. 496 ÷ 31	8. 217 ÷ 31	9. 372 ÷ 31	10. 930 ÷ 31	11. 651 ÷ 31	12. 899 ÷ 31
13. 310 ÷ 31	14. 248 ÷ 31	15. 682 ÷ 31	16. 155 ÷ 31	17. 341 ÷ 31	18. 806 ÷ 31
19. 186 ÷ 31	20. 558 ÷ 31	21. 713 ÷ 31	22. 992 ÷ 31	23. 961 ÷ 31	24. 837 ÷ 31
25. 465 ÷ 31	26. 279 ÷ 31	27. 434 ÷ 31	28. 403 ÷ 31	29. 744 ÷ 31	30. 310 ÷ 31
31. 682 ÷ 31	32. 434 ÷ 31	33. 868 ÷ 31	34. 341 ÷ 31	35. 713 ÷ 31	36. 899 ÷ 31
37. 372 ÷ 31	38. 775 ÷ 31	39. 930 ÷ 31	40. 124 ÷ 31	41. 837 ÷ 31	42. 589 ÷ 31
43. 558 ÷ 31	44. 806 ÷ 31	45. 620 ÷ 31	46. 651 ÷ 31	47. 961 ÷ 31	48. 496 ÷ 31
49. 186 ÷ 31	50. 992 ÷ 31	51. 248 ÷ 31	52. 217 ÷ 31	53. 682 ÷ 31	54. 465 ÷ 31
55. 279 ÷ 31	56. 155 ÷ 31	57. 527 ÷ 31	58. 186 ÷ 31	59. 992 ÷ 31	60. 960 ÷ 32

Name: _____ **Date:** _____

Score: _____

Start Time: _____ **End Time:** _____

60

1 576 ÷ 32	2 832 ÷ 32	3 192 ÷ 32	4 480 ÷ 32	5 288 ÷ 32	6 864 ÷ 32
7 416 ÷ 32	8 320 ÷ 32	9 640 ÷ 32	10 544 ÷ 32	11 384 ÷ 32	12 608 ÷ 32
13 896 ÷ 32	14 160 ÷ 32	15 352 ÷ 32	16 224 ÷ 32	17 128 ÷ 32	18 256 ÷ 32
19 928 ÷ 32	20 736 ÷ 32	21 992 ÷ 32	22 768 ÷ 32	23 512 ÷ 32	24 288 ÷ 32
25 800 ÷ 32	26 704 ÷ 32	27 448 ÷ 32	28 160 ÷ 32	29 672 ÷ 32	30 832 ÷ 32
31 992 ÷ 32	32 640 ÷ 32	33 352 ÷ 32	34 896 ÷ 32	35 512 ÷ 32	36 256 ÷ 32
37 416 ÷ 32	38 768 ÷ 32	39 608 ÷ 32	40 704 ÷ 32	41 288 ÷ 32	42 544 ÷ 32
43 960 ÷ 32	44 320 ÷ 32	45 576 ÷ 32	46 928 ÷ 32	47 448 ÷ 32	48 192 ÷ 32
49 480 ÷ 32	50 736 ÷ 32	51 800 ÷ 32	52 224 ÷ 32	53 384 ÷ 32	54 864 ÷ 32
55 128 ÷ 32	56 928 ÷ 32	57 448 ÷ 32	58 192 ÷ 32	59 928 ÷ 32	60 462 ÷ 33

Divison 01 to 999

Name: _____ Date: _____ Score: _____

Start Time: _____ End Time: _____

60

1	2	3	4	5	6
231 ÷ 33	924 ÷ 33	198 ÷ 33	759 ÷ 33	726 ÷ 33	330 ÷ 33

7	8	9	10	11	12
396 ÷ 33	693 ÷ 33	627 ÷ 33	660 ÷ 33	594 ÷ 33	264 ÷ 33

13	14	15	16	17	18
495 ÷ 33	792 ÷ 33	891 ÷ 33	297 ÷ 33	528 ÷ 33	825 ÷ 33

19	20	21	22	23	24
363 ÷ 33	825 ÷ 33	858 ÷ 33	132 ÷ 33	99 ÷ 33	561 ÷ 33

25	26	27	28	29	30
165 ÷ 33	429 ÷ 33	990 ÷ 33	198 ÷ 33	495 ÷ 33	891 ÷ 33

31	32	33	34	35	36
132 ÷ 33	660 ÷ 33	396 ÷ 33	759 ÷ 33	858 ÷ 33	165 ÷ 33

37	38	39	40	41	42
825 ÷ 33	726 ÷ 33	462 ÷ 33	99 ÷ 33	957 ÷ 33	792 ÷ 33

43	44	45	46	47	48
429 ÷ 33	231 ÷ 33	264 ÷ 33	528 ÷ 33	330 ÷ 33	924 ÷ 33

49	50	51	52	53	54
627 ÷ 33	363 ÷ 33	561 ÷ 33	693 ÷ 33	990 ÷ 33	594 ÷ 33

55	56	57	58	59	60
297 ÷ 33	792 ÷ 33	429 ÷ 33	231 ÷ 33	264 ÷ 33	136 ÷ 34

Name: _____ **Date:** _____ **Score:** _____

Start Time: _____ **End Time:** _____

60

1. 680 ÷ 34	2. 816 ÷ 34	3. 204 ÷ 34	4. 850 ÷ 34	5. 782 ÷ 34	6. 646 ÷ 34
7. 884 ÷ 34	8. 408 ÷ 34	9. 952 ÷ 34	10. 578 ÷ 34	11. 442 ÷ 34	12. 170 ÷ 34
13. 102 ÷ 34	14. 918 ÷ 34	15. 476 ÷ 34	16. 714 ÷ 34	17. 544 ÷ 34	18. 612 ÷ 34
19. 986 ÷ 34	20. 306 ÷ 34	21. 374 ÷ 34	22. 272 ÷ 34	23. 748 ÷ 34	24. 340 ÷ 34
25. 238 ÷ 34	26. 510 ÷ 34	27. 340 ÷ 34	28. 816 ÷ 34	29. 918 ÷ 34	30. 238 ÷ 34
31. 306 ÷ 34	32. 136 ÷ 34	33. 612 ÷ 34	34. 442 ÷ 34	35. 782 ÷ 34	36. 680 ÷ 34
37. 408 ÷ 34	38. 952 ÷ 34	39. 884 ÷ 34	40. 476 ÷ 34	41. 714 ÷ 34	42. 748 ÷ 34
43. 102 ÷ 34	44. 578 ÷ 34	45. 306 ÷ 34	46. 204 ÷ 34	47. 646 ÷ 34	48. 374 ÷ 34
49. 544 ÷ 34	50. 850 ÷ 34	51. 272 ÷ 34	52. 986 ÷ 34	53. 170 ÷ 34	54. 442 ÷ 34
55. 306 ÷ 34	56. 204 ÷ 34	57. 850 ÷ 34	58. 714 ÷ 34	59. 680 ÷ 34	60. 315 ÷ 35

Division 01 to 999

Name: _____ Date: _____ Score: _____

Start Time: _____ End Time: _____   60

#		#		#		#		#		#	
1	385 ÷ 35	2	280 ÷ 35	3	875 ÷ 35	4	350 ÷ 35	5	630 ÷ 35	6	910 ÷ 35
7	140 ÷ 35	8	595 ÷ 35	9	420 ÷ 35	10	665 ÷ 35	11	105 ÷ 35	12	455 ÷ 35
13	805 ÷ 35	14	945 ÷ 35	15	945 ÷ 35	16	980 ÷ 35	17	245 ÷ 35	18	490 ÷ 35
19	700 ÷ 35	20	525 ÷ 35	21	770 ÷ 35	22	840 ÷ 35	23	735 ÷ 35	24	210 ÷ 35
25	175 ÷ 35	26	140 ÷ 35	27	770 ÷ 35	28	245 ÷ 35	29	175 ÷ 35	30	525 ÷ 35
31	210 ÷ 35	32	490 ÷ 35	33	910 ÷ 35	34	875 ÷ 35	35	665 ÷ 35	36	420 ÷ 35
37	945 ÷ 35	38	105 ÷ 35	39	735 ÷ 35	40	455 ÷ 35	41	385 ÷ 35	42	700 ÷ 35
43	595 ÷ 35	44	315 ÷ 35	45	350 ÷ 35	46	280 ÷ 35	47	980 ÷ 35	48	630 ÷ 35
49	805 ÷ 35	50	840 ÷ 35	51	560 ÷ 35	52	805 ÷ 35	53	875 ÷ 35	54	420 ÷ 35
55	700 ÷ 35	56	315 ÷ 35	57	455 ÷ 35	58	945 ÷ 35	59	210 ÷ 35	60	180 ÷ 36

Divison 01 to 999

Name: _____ Date: _____ Score: _____

Start Time: _____ End Time: _____ 60

1. 972 ÷ 36	2. 720 ÷ 36	3. 756 ÷ 36	4. 252 ÷ 36	5. 216 ÷ 36	6. 864 ÷ 36
7. 288 ÷ 36	8. 468 ÷ 36	9. 936 ÷ 36	10. 792 ÷ 36	11. 396 ÷ 36	12. 648 ÷ 36
13. 144 ÷ 36	14. 360 ÷ 36	15. 900 ÷ 36	16. 108 ÷ 36	17. 972 ÷ 36	18. 828 ÷ 36
19. 324 ÷ 36	20. 504 ÷ 36	21. 684 ÷ 36	22. 540 ÷ 36	23. 432 ÷ 36	24. 576 ÷ 36
25. 576 ÷ 36	26. 252 ÷ 36	27. 684 ÷ 36	28. 540 ÷ 36	29. 216 ÷ 36	30. 468 ÷ 36
31. 504 ÷ 36	32. 936 ÷ 36	33. 324 ÷ 36	34. 792 ÷ 36	35. 972 ÷ 36	36. 612 ÷ 36
37. 108 ÷ 36	38. 288 ÷ 36	39. 864 ÷ 36	40. 360 ÷ 36	41. 900 ÷ 36	42. 828 ÷ 36
43. 756 ÷ 36	44. 180 ÷ 36	45. 648 ÷ 36	46. 720 ÷ 36	47. 396 ÷ 36	48. 144 ÷ 36
49. 432 ÷ 36	50. 936 ÷ 36	51. 684 ÷ 36	52. 612 ÷ 36	53. 972 ÷ 36	54. 144 ÷ 36
55. 864 ÷ 36	56. 432 ÷ 36	57. 288 ÷ 36	58. 648 ÷ 36	59. 252 ÷ 36	60. 407 ÷ 37

Division
01 to 999

Name: _____ Date: _____ Score: _____

Start Time: _____ End Time: _____   60

1. 333 ÷ 37	2. 148 ÷ 37	3. 888 ÷ 37	4. 777 ÷ 37	5. 592 ÷ 37	6. 703 ÷ 37
7. 185 ÷ 37	8. 555 ÷ 37	9. 444 ÷ 37	10. 814 ÷ 37	11. 296 ÷ 37	12. 259 ÷ 37
13. 629 ÷ 37	14. 481 ÷ 37	15. 999 ÷ 37	16. 851 ÷ 37	17. 925 ÷ 37	18. 666 ÷ 37
19. 925 ÷ 37	20. 962 ÷ 37	21. 222 ÷ 37	22. 518 ÷ 37	23. 111 ÷ 37	24. 740 ÷ 37
25. 259 ÷ 37	26. 592 ÷ 37	27. 666 ÷ 37	28. 296 ÷ 37	29. 555 ÷ 37	30. 518 ÷ 37
31. 925 ÷ 37	32. 777 ÷ 37	33. 851 ÷ 37	34. 222 ÷ 37	35. 407 ÷ 37	36. 814 ÷ 37
37. 370 ÷ 37	38. 185 ÷ 37	39. 888 ÷ 37	40. 703 ÷ 37	41. 111 ÷ 37	42. 999 ÷ 37
43. 740 ÷ 37	44. 962 ÷ 37	45. 148 ÷ 37	46. 629 ÷ 37	47. 444 ÷ 37	48. 333 ÷ 37
49. 481 ÷ 37	50. 333 ÷ 37	51. 592 ÷ 37	52. 259 ÷ 37	53. 851 ÷ 37	54. 814 ÷ 37
55. 777 ÷ 37	56. 888 ÷ 37	57. 925 ÷ 37	58. 999 ÷ 37	59. 962 ÷ 37	60. 380 ÷ 38

Name: _____ **Date:** _____

Start Time: _____ **End Time:** _____

Score: _____

60

1. 266 ÷ 38	2. 456 ÷ 38	3. 798 ÷ 38	4. 418 ÷ 38	5. 684 ÷ 38	6. 722 ÷ 38
7. 304 ÷ 38	8. 342 ÷ 38	9. 950 ÷ 38	10. 152 ÷ 38	11. 494 ÷ 38	12. 988 ÷ 38
13. 228 ÷ 38	14. 874 ÷ 38	15. 912 ÷ 38	16. 114 ÷ 38	17. 532 ÷ 38	18. 836 ÷ 38
19. 190 ÷ 38	20. 570 ÷ 38	21. 760 ÷ 38	22. 152 ÷ 38	23. 608 ÷ 38	24. 912 ÷ 38
25. 190 ÷ 38	26. 798 ÷ 38	27. 570 ÷ 38	28. 266 ÷ 38	29. 988 ÷ 38	30. 646 ÷ 38
31. 456 ÷ 38	32. 342 ÷ 38	33. 836 ÷ 38	34. 532 ÷ 38	35. 874 ÷ 38	36. 950 ÷ 38
37. 760 ÷ 38	38. 722 ÷ 38	39. 304 ÷ 38	40. 494 ÷ 38	41. 380 ÷ 38	42. 684 ÷ 38
43. 114 ÷ 38	44. 152 ÷ 38	45. 608 ÷ 38	46. 228 ÷ 38	47. 418 ÷ 38	48. 950 ÷ 38
49. 874 ÷ 38	50. 836 ÷ 38	51. 418 ÷ 38	52. 228 ÷ 38	53. 532 ÷ 38	54. 988 ÷ 38
55. 304 ÷ 38	56. 798 ÷ 38	57. 380 ÷ 38	58. 456 ÷ 38	59. 266 ÷ 38	60. 351 ÷ 39

Division 01 to 999

Name: _____ Date: _____ Score: _____

Start Time: _____ End Time: _____

60

1	2	3	4	5	6
858 ÷ 39	702 ÷ 39	546 ÷ 39	507 ÷ 39	234 ÷ 39	429 ÷ 39

7	8	9	10	11	12
468 ÷ 39	819 ÷ 39	585 ÷ 39	741 ÷ 39	312 ÷ 39	936 ÷ 39

13	14	15	16	17	18
663 ÷ 39	117 ÷ 39	897 ÷ 39	780 ÷ 39	390 ÷ 39	624 ÷ 39

19	20	21	22	23	24
195 ÷ 39	156 ÷ 39	273 ÷ 39	975 ÷ 39	312 ÷ 39	585 ÷ 39

25	26	27	28	29	30
624 ÷ 39	195 ÷ 39	975 ÷ 39	390 ÷ 39	897 ÷ 39	273 ÷ 39

31	32	33	34	35	36
468 ÷ 39	546 ÷ 39	819 ÷ 39	351 ÷ 39	117 ÷ 39	234 ÷ 39

37	38	39	40	41	42
741 ÷ 39	663 ÷ 39	780 ÷ 39	702 ÷ 39	429 ÷ 39	156 ÷ 39

43	44	45	46	47	48
858 ÷ 39	936 ÷ 39	507 ÷ 39	273 ÷ 39	468 ÷ 39	117 ÷ 39

49	50	51	52	53	54
663 ÷ 39	585 ÷ 39	624 ÷ 39	819 ÷ 39	156 ÷ 39	429 ÷ 39

55	56	57	58	59	60
312 ÷ 39	351 ÷ 39	390 ÷ 39	936 ÷ 39	546 ÷ 39	880 ÷ 40

Division
01 to 999

Name: _____ Date: _____ Score: _____

Start Time: _____ End Time: _____   60

#		#		#		#		#		#	
1	200 ÷ 40	2	240 ÷ 40	3	440 ÷ 40	4	560 ÷ 40	5	480 ÷ 40	6	720 ÷ 40
7	680 ÷ 40	8	600 ÷ 40	9	160 ÷ 40	10	840 ÷ 40	11	400 ÷ 40	12	960 ÷ 40
13	760 ÷ 40	14	800 ÷ 40	15	920 ÷ 40	16	520 ÷ 40	17	320 ÷ 40	18	640 ÷ 40
19	800 ÷ 40	20	360 ÷ 40	21	120 ÷ 40	22	600 ÷ 40	23	480 ÷ 40	24	840 ÷ 40
25	640 ÷ 40	26	360 ÷ 40	27	680 ÷ 40	28	160 ÷ 40	29	200 ÷ 40	30	920 ÷ 40
31	800 ÷ 40	32	880 ÷ 40	33	280 ÷ 40	34	520 ÷ 40	35	400 ÷ 40	36	560 ÷ 40
37	320 ÷ 40	38	760 ÷ 40	39	240 ÷ 40	40	440 ÷ 40	41	720 ÷ 40	42	120 ÷ 40
43	960 ÷ 40	44	920 ÷ 40	45	160 ÷ 40	46	440 ÷ 40	47	520 ÷ 40	48	120 ÷ 40
49	840 ÷ 40	50	240 ÷ 40	51	560 ÷ 40	52	760 ÷ 40	53	960 ÷ 40	54	600 ÷ 40
55	720 ÷ 40	56	200 ÷ 40	57	480 ÷ 40	58	320 ÷ 40	59	400 ÷ 40	60	738 ÷ 41

Division 01 to 999

Name: _____ Date: _____ Score: _____

Start Time: _____ End Time: _____ 60

#		#		#		#		#		#	
1	123 ÷ 41	2	287 ÷ 41	3	697 ÷ 41	4	369 ÷ 41	5	246 ÷ 41	6	205 ÷ 41
7	943 ÷ 41	8	328 ÷ 41	9	410 ÷ 41	10	574 ÷ 41	11	574 ÷ 41	12	492 ÷ 41
13	615 ÷ 41	14	902 ÷ 41	15	820 ÷ 41	16	861 ÷ 41	17	984 ÷ 41	18	533 ÷ 41
19	779 ÷ 41	20	656 ÷ 41	21	451 ÷ 41	22	574 ÷ 41	23	861 ÷ 41	24	123 ÷ 41
25	492 ÷ 41	26	943 ÷ 41	27	697 ÷ 41	28	656 ÷ 41	29	246 ÷ 41	30	615 ÷ 41
31	328 ÷ 41	32	451 ÷ 41	33	533 ÷ 41	34	369 ÷ 41	35	287 ÷ 41	36	984 ÷ 41
37	410 ÷ 41	38	164 ÷ 41	39	902 ÷ 41	40	738 ÷ 41	41	205 ÷ 41	42	779 ÷ 41
43	820 ÷ 41	44	164 ÷ 41	45	615 ÷ 41	46	205 ÷ 41	47	943 ÷ 41	48	246 ÷ 41
49	328 ÷ 41	50	410 ÷ 41	51	656 ÷ 41	52	902 ÷ 41	53	738 ÷ 41	54	123 ÷ 41
55	861 ÷ 41	56	492 ÷ 41	57	820 ÷ 41	58	697 ÷ 41	59	451 ÷ 41	60	672 ÷ 42

Name: _____ **Date:** _____

Start Time: _____ **End Time:** _____

Score: _____ / 60

Division 01 to 999

#		#		#		#		#		#	
1	336 ÷ 42	2	126 ÷ 42	3	966 ÷ 42	4	504 ÷ 42	5	630 ÷ 42	6	168 ÷ 42
7	462 ÷ 42	8	714 ÷ 42	9	420 ÷ 42	10	294 ÷ 42	11	378 ÷ 42	12	210 ÷ 42
13	756 ÷ 42	14	798 ÷ 42	15	546 ÷ 42	16	882 ÷ 42	17	924 ÷ 42	18	252 ÷ 42
19	378 ÷ 42	20	840 ÷ 42	21	714 ÷ 42	22	294 ÷ 42	23	126 ÷ 42	24	378 ÷ 42
25	798 ÷ 42	26	756 ÷ 42	27	504 ÷ 42	28	924 ÷ 42	29	588 ÷ 42	30	168 ÷ 42
31	420 ÷ 42	32	966 ÷ 42	33	336 ÷ 42	34	462 ÷ 42	35	672 ÷ 42	36	630 ÷ 42
37	546 ÷ 42	38	252 ÷ 42	39	840 ÷ 42	40	210 ÷ 42	41	882 ÷ 42	42	588 ÷ 42
43	924 ÷ 42	44	336 ÷ 42	45	294 ÷ 42	46	378 ÷ 42	47	798 ÷ 42	48	504 ÷ 42
49	210 ÷ 42	50	546 ÷ 42	51	168 ÷ 42	52	462 ÷ 42	53	714 ÷ 42	54	756 ÷ 42
55	126 ÷ 42	56	672 ÷ 42	57	882 ÷ 42	58	630 ÷ 42	59	420 ÷ 42	60	860 ÷ 43

Division 01 to 999

Name: _____ Date: _____ Score: _____

Start Time: _____ End Time: _____   60

1. 817 ÷ 43	2. 473 ÷ 43	3. 559 ÷ 43	4. 602 ÷ 43	5. 774 ÷ 43	6. 430 ÷ 43
7. 516 ÷ 43	8. 731 ÷ 43	9. 645 ÷ 43	10. 989 ÷ 43	11. 387 ÷ 43	12. 215 ÷ 43
13. 172 ÷ 43	14. 688 ÷ 43	15. 989 ÷ 43	16. 258 ÷ 43	17. 301 ÷ 43	18. 344 ÷ 43
19. 946 ÷ 43	20. 129 ÷ 43	21. 387 ÷ 43	22. 903 ÷ 43	23. 301 ÷ 43	24. 473 ÷ 43
25. 989 ÷ 43	26. 430 ÷ 43	27. 215 ÷ 43	28. 559 ÷ 43	29. 258 ÷ 43	30. 645 ÷ 43
31. 602 ÷ 43	32. 172 ÷ 43	33. 688 ÷ 43	34. 731 ÷ 43	35. 860 ÷ 43	36. 129 ÷ 43
37. 344 ÷ 43	38. 946 ÷ 43	39. 516 ÷ 43	40. 817 ÷ 43	41. 774 ÷ 43	42. 430 ÷ 43
43. 946 ÷ 43	44. 645 ÷ 43	45. 688 ÷ 43	46. 344 ÷ 43	47. 258 ÷ 43	48. 301 ÷ 43
49. 559 ÷ 43	50. 817 ÷ 43	51. 989 ÷ 43	52. 731 ÷ 43	53. 774 ÷ 43	54. 129 ÷ 43
55. 903 ÷ 43	56. 172 ÷ 43	57. 516 ÷ 43	58. 602 ÷ 43	59. 387 ÷ 43	60. 616 ÷ 44

Divison 01 to 999

Name: _____ Date: _____

Score: _____

Start Time: _____ End Time: _____

60

1	2	3	4	5	6
836 ÷ 44	968 ÷ 44	176 ÷ 44	440 ÷ 44	352 ÷ 44	924 ÷ 44
7	8	9	10	11	12
264 ÷ 44	748 ÷ 44	308 ÷ 44	968 ÷ 44	792 ÷ 44	132 ÷ 44
13	14	15	16	17	18
220 ÷ 44	528 ÷ 44	572 ÷ 44	396 ÷ 44	880 ÷ 44	660 ÷ 44
19	20	21	22	23	24
704 ÷ 44	572 ÷ 44	264 ÷ 44	968 ÷ 44	176 ÷ 44	396 ÷ 44
25	26	27	28	29	30
220 ÷ 44	616 ÷ 44	660 ÷ 44	748 ÷ 44	132 ÷ 44	440 ÷ 44
31	32	33	34	35	36
836 ÷ 44	484 ÷ 44	792 ÷ 44	704 ÷ 44	528 ÷ 44	924 ÷ 44
37	38	39	40	41	42
880 ÷ 44	352 ÷ 44	308 ÷ 44	528 ÷ 44	880 ÷ 44	220 ÷ 44
43	44	45	46	47	48
616 ÷ 44	440 ÷ 44	748 ÷ 44	396 ÷ 44	836 ÷ 44	792 ÷ 44
49	50	51	52	53	54
572 ÷ 44	132 ÷ 44	924 ÷ 44	704 ÷ 44	264 ÷ 44	176 ÷ 44
55	56	57	58	59	60
484 ÷ 44	968 ÷ 44	660 ÷ 44	352 ÷ 44	308 ÷ 44	225 ÷ 45

Division 01 to 999

Name: _____ Date: _____ Score: _____

Start Time: _____ End Time: _____   60

1. 855 ÷ 45	2. 315 ÷ 45	3. 765 ÷ 45	4. 360 ÷ 45	5. 180 ÷ 45	6. 720 ÷ 45
7. 810 ÷ 45	8. 630 ÷ 45	9. 450 ÷ 45	10. 900 ÷ 45	11. 675 ÷ 45	12. 495 ÷ 45
13. 405 ÷ 45	14. 945 ÷ 45	15. 180 ÷ 45	16. 585 ÷ 45	17. 270 ÷ 45	18. 990 ÷ 45
19. 135 ÷ 45	20. 540 ÷ 45	21. 225 ÷ 45	22. 765 ÷ 45	23. 495 ÷ 45	24. 450 ÷ 45
25. 990 ÷ 45	26. 855 ÷ 45	27. 810 ÷ 45	28. 135 ÷ 45	29. 180 ÷ 45	30. 720 ÷ 45
31. 585 ÷ 45	32. 675 ÷ 45	33. 270 ÷ 45	34. 315 ÷ 45	35. 900 ÷ 45	36. 630 ÷ 45
37. 405 ÷ 45	38. 360 ÷ 45	39. 945 ÷ 45	40. 315 ÷ 45	41. 135 ÷ 45	42. 810 ÷ 45
43. 630 ÷ 45	44. 720 ÷ 45	45. 450 ÷ 45	46. 270 ÷ 45	47. 405 ÷ 45	48. 945 ÷ 45
49. 180 ÷ 45	50. 990 ÷ 45	51. 855 ÷ 45	52. 225 ÷ 45	53. 585 ÷ 45	54. 495 ÷ 45
55. 675 ÷ 45	56. 765 ÷ 45	57. 540 ÷ 45	58. 900 ÷ 45	59. 360 ÷ 45	60. 598 ÷ 46

Division 01 to 999

Name: _____ Date: _____

Start Time: _____ End Time: _____

Score: _____

60

1	2	3	4	5	6
920 ÷ 46	690 ÷ 46	644 ÷ 46	138 ÷ 46	782 ÷ 46	368 ÷ 46
7	8	9	10	11	12
966 ÷ 46	506 ÷ 46	230 ÷ 46	460 ÷ 46	184 ÷ 46	874 ÷ 46
13	14	15	16	17	18
276 ÷ 46	828 ÷ 46	736 ÷ 46	276 ÷ 46	414 ÷ 46	552 ÷ 46
19	20	21	22	23	24
230 ÷ 46	966 ÷ 46	690 ÷ 46	322 ÷ 46	644 ÷ 46	414 ÷ 46
25	26	27	28	29	30
460 ÷ 46	506 ÷ 46	184 ÷ 46	782 ÷ 46	276 ÷ 46	138 ÷ 46
31	32	33	34	35	36
828 ÷ 46	368 ÷ 46	552 ÷ 46	874 ÷ 46	598 ÷ 46	920 ÷ 46
37	38	39	40	41	42
736 ÷ 46	460 ÷ 46	138 ÷ 46	736 ÷ 46	276 ÷ 46	782 ÷ 46
43	44	45	46	47	48
874 ÷ 46	598 ÷ 46	828 ÷ 46	368 ÷ 46	552 ÷ 46	184 ÷ 46
49	50	51	52	53	54
644 ÷ 46	322 ÷ 46	920 ÷ 46	506 ÷ 46	230 ÷ 46	414 ÷ 46
55	56	57	58	59	60
690 ÷ 46	966 ÷ 46	874 ÷ 46	598 ÷ 46	828 ÷ 46	893 ÷ 47

Division 01 to 999

Name: _____ Date: _____

Start Time: _____ End Time: _____

Score: _____

60

#		#		#		#		#		#	
1	141 ÷ 47	2	282 ÷ 47	3	376 ÷ 47	4	564 ÷ 47	5	987 ÷ 47	6	235 ÷ 47
7	329 ÷ 47	8	188 ÷ 47	9	752 ÷ 47	10	846 ÷ 47	11	705 ÷ 47	12	470 ÷ 47
13	517 ÷ 47	14	658 ÷ 47	15	940 ÷ 47	16	423 ÷ 47	17	799 ÷ 47	18	188 ÷ 47
19	893 ÷ 47	20	611 ÷ 47	21	658 ÷ 47	22	940 ÷ 47	23	423 ÷ 47	24	987 ÷ 47
25	376 ÷ 47	26	564 ÷ 47	27	705 ÷ 47	28	846 ÷ 47	29	799 ÷ 47	30	517 ÷ 47
31	470 ÷ 47	32	282 ÷ 47	33	329 ÷ 47	34	752 ÷ 47	35	799 ÷ 47	36	235 ÷ 47
37	141 ÷ 47	38	423 ÷ 47	39	517 ÷ 47	40	188 ÷ 47	41	658 ÷ 47	42	940 ÷ 47
43	423 ÷ 47	44	987 ÷ 47	45	376 ÷ 47	46	564 ÷ 47	47	705 ÷ 47	48	705 ÷ 47
49	564 ÷ 47	50	141 ÷ 47	51	846 ÷ 47	52	893 ÷ 47	53	846 ÷ 47	54	799 ÷ 47
55	235 ÷ 47	56	141 ÷ 47	57	423 ÷ 47	58	470 ÷ 47	59	611 ÷ 47	60	576 ÷ 48

Divison 01 to 999

Name: _____ **Date:** _____ **Score:** _____

Start Time: _____ **End Time:** _____

60

1. 144 ÷ 48	2. 960 ÷ 48	3. 864 ÷ 48	4. 672 ÷ 48	5. 720 ÷ 48	6. 192 ÷ 48
7. 384 ÷ 48	8. 816 ÷ 48	9. 240 ÷ 48	10. 480 ÷ 48	11. 960 ÷ 48	12. 528 ÷ 48
13. 768 ÷ 48	14. 912 ÷ 48	15. 624 ÷ 48	16. 336 ÷ 48	17. 432 ÷ 48	18. 192 ÷ 48
19. 384 ÷ 48	20. 576 ÷ 48	21. 432 ÷ 48	22. 816 ÷ 48	23. 912 ÷ 48	24. 768 ÷ 48
25. 528 ÷ 48	26. 240 ÷ 48	27. 288 ÷ 48	28. 144 ÷ 48	29. 336 ÷ 48	30. 480 ÷ 48
31. 672 ÷ 48	32. 960 ÷ 48	33. 864 ÷ 48	34. 720 ÷ 48	35. 624 ÷ 48	36. 864 ÷ 48
37. 336 ÷ 48	38. 960 ÷ 48	39. 912 ÷ 48	40. 624 ÷ 48	41. 192 ÷ 48	42. 240 ÷ 48
43. 768 ÷ 48	44. 480 ÷ 48	45. 672 ÷ 48	46. 288 ÷ 48	47. 576 ÷ 48	48. 144 ÷ 48
49. 432 ÷ 48	50. 384 ÷ 48	51. 720 ÷ 48	52. 528 ÷ 48	53. 816 ÷ 48	54. 768 ÷ 48
55. 480 ÷ 48	56. 672 ÷ 48	57. 240 ÷ 48	58. 624 ÷ 48	59. 192 ÷ 48	60. 196 ÷ 49

Pg. 48

Division 01 to 999

Name: _____ Date: _____ Score: _____

Start Time: _____ End Time: _____   60

1. 294 ÷ 49	2. 637 ÷ 49	3. 245 ÷ 49	4. 882 ÷ 49	5. 392 ÷ 49	6. 833 ÷ 49
7. 980 ÷ 49	8. 147 ÷ 49	9. 343 ÷ 49	10. 931 ÷ 49	11. 441 ÷ 49	12. 539 ÷ 49
13. 735 ÷ 49	14. 686 ÷ 49	15. 784 ÷ 49	16. 588 ÷ 49	17. 392 ÷ 49	18. 343 ÷ 49
19. 735 ÷ 49	20. 245 ÷ 49	21. 882 ÷ 49	22. 833 ÷ 49	23. 147 ÷ 49	24. 931 ÷ 49
25. 588 ÷ 49	26. 294 ÷ 49	27. 637 ÷ 49	28. 784 ÷ 49	29. 441 ÷ 49	30. 686 ÷ 49
31. 539 ÷ 49	32. 490 ÷ 49	33. 980 ÷ 49	34. 196 ÷ 49	35. 588 ÷ 49	36. 980 ÷ 49
37. 147 ÷ 49	38. 539 ÷ 49	39. 784 ÷ 49	40. 931 ÷ 49	41. 245 ÷ 49	42. 833 ÷ 49
43. 392 ÷ 49	44. 735 ÷ 49	45. 294 ÷ 49	46. 490 ÷ 49	47. 196 ÷ 49	48. 882 ÷ 49
49. 441 ÷ 49	50. 343 ÷ 49	51. 588 ÷ 49	52. 686 ÷ 49	53. 637 ÷ 49	54. 294 ÷ 49
55. 490 ÷ 49	56. 588 ÷ 49	57. 245 ÷ 49	58. 343 ÷ 49	59. 980 ÷ 49	60. 550 ÷ 50

Divison 01 to 999

Name: _____ **Date:** _____

Score: _____

Start Time: _____ **End Time:** _____

60

1 400 ÷ 50	2 600 ÷ 50	3 350 ÷ 50	4 750 ÷ 50	5 100 ÷ 50	6 850 ÷ 50
7 150 ÷ 50	8 900 ÷ 50	9 200 ÷ 50	10 700 ÷ 50	11 800 ÷ 50	12 100 ÷ 50
13 550 ÷ 50	14 300 ÷ 50	15 450 ÷ 50	16 250 ÷ 50	17 950 ÷ 50	18 500 ÷ 50
19 650 ÷ 50	20 200 ÷ 50	21 850 ÷ 50	22 150 ÷ 50	23 100 ÷ 50	24 950 ÷ 50
25 350 ÷ 50	26 750 ÷ 50	27 700 ÷ 50	28 600 ÷ 50	29 450 ÷ 50	30 400 ÷ 50
31 300 ÷ 50	32 900 ÷ 50	33 250 ÷ 50	34 800 ÷ 50	35 550 ÷ 50	36 500 ÷ 50
37 550 ÷ 50	38 150 ÷ 50	39 950 ÷ 50	40 900 ÷ 50	41 350 ÷ 50	42 100 ÷ 50
43 850 ÷ 50	44 600 ÷ 50	45 450 ÷ 50	46 800 ÷ 50	47 750 ÷ 50	48 650 ÷ 50
49 850 ÷ 50	50 100 ÷ 50	51 150 ÷ 50	52 250 ÷ 50	53 600 ÷ 50	54 900 ÷ 50
55 750 ÷ 50	56 400 ÷ 50	57 350 ÷ 50	58 650 ÷ 50	59 200 ÷ 50	60 550 ÷ 50

Division 01 to 999

Name: _____ Date: _____

Start Time: _____ End Time: _____

Score: _____

60

1. 9435 ÷ 51	2. 5865 ÷ 51	3. 6885 ÷ 51	4. 3621 ÷ 51	5. 7446 ÷ 51	6. 7038 ÷ 51
7. 1632 ÷ 51	8. 1836 ÷ 51	9. 2550 ÷ 51	10. 1989 ÷ 51	11. 6120 ÷ 51	12. 9180 ÷ 51
13. 7854 ÷ 51	14. 8262 ÷ 51	15. 2907 ÷ 51	16. 3366 ÷ 51	17. 6222 ÷ 51	18. 7803 ÷ 51
19. 4488 ÷ 51	20. 8415 ÷ 51	21. 4437 ÷ 51	22. 5559 ÷ 51	23. 3162 ÷ 51	24. 1275 ÷ 51
25. 3111 ÷ 51	26. 9996 ÷ 51	27. 7701 ÷ 51	28. 8721 ÷ 51	29. 1224 ÷ 51	30. 9384 ÷ 51
31. 8568 ÷ 51	32. 2397 ÷ 51	33. 1020 ÷ 51	34. 8925 ÷ 51	35. 6732 ÷ 51	36. 8058 ÷ 51
37. 1887 ÷ 51	38. 1938 ÷ 51	39. 2958 ÷ 51	40. 2346 ÷ 51	41. 4896 ÷ 51	42. 1377 ÷ 51
43. 4080 ÷ 51	44. 7344 ÷ 51	45. 1122 ÷ 51	46. 5814 ÷ 51	47. 3825 ÷ 51	48. 9588 ÷ 51
49. 3213 ÷ 51	50. 6987 ÷ 51	51. 1683 ÷ 51	52. 5916 ÷ 51	53. 9129 ÷ 51	54. 5967 ÷ 51
55. 3417 ÷ 51	56. 1071 ÷ 51	57. 8772 ÷ 51	58. 4386 ÷ 51	59. 6528 ÷ 51	60. 7191 ÷ 51

Divison 01 to 999

Name: _____ Date: _____

Start Time: _____ End Time: _____

Score: _____

60

1. 9360 ÷ 52	2. 9724 ÷ 52	3. 7852 ÷ 52	4. 2652 ÷ 52	5. 6136 ÷ 52	6. 2964 ÷ 52
7. 7228 ÷ 52	8. 4992 ÷ 52	9. 5148 ÷ 52	10. 7956 ÷ 52	11. 1144 ÷ 52	12. 4264 ÷ 52
13. 8060 ÷ 52	14. 1508 ÷ 52	15. 4888 ÷ 52	16. 1248 ÷ 52	17. 9308 ÷ 52	18. 6032 ÷ 52
19. 7124 ÷ 52	20. 1976 ÷ 52	21. 2808 ÷ 52	22. 1716 ÷ 52	23. 3536 ÷ 52	24. 9620 ÷ 52
25. 4472 ÷ 52	26. 8996 ÷ 52	27. 2288 ÷ 52	28. 6760 ÷ 52	29. 5772 ÷ 52	30. 9516 ÷ 52
31. 6240 ÷ 52	32. 1560 ÷ 52	33. 9932 ÷ 52	34. 3848 ÷ 52	35. 5668 ÷ 52	36. 5408 ÷ 52
37. 7800 ÷ 52	38. 3172 ÷ 52	39. 8216 ÷ 52	40. 5044 ÷ 52	41. 8892 ÷ 52	42. 4628 ÷ 52
43. 1300 ÷ 52	44. 6968 ÷ 52	45. 7488 ÷ 52	46. 6604 ÷ 52	47. 6500 ÷ 52	48. 3900 ÷ 52
49. 4004 ÷ 52	50. 5304 ÷ 52	51. 3224 ÷ 52	52. 9464 ÷ 52	53. 2600 ÷ 52	54. 4732 ÷ 52
55. 2444 ÷ 52	56. 8164 ÷ 52	57. 9984 ÷ 52	58. 1092 ÷ 52	59. 9204 ÷ 52	60. 8944 ÷ 52

Division 01 to 999

Name: _____ Date: _____

Start Time: _____ End Time: _____

Score: _____

60

#		#		#		#		#		#	
1	1802 ÷ 53	2	6413 ÷ 53	3	4452 ÷ 53	4	8056 ÷ 53	5	6572 ÷ 53	6	6360 ÷ 53
7	6466 ÷ 53	8	7155 ÷ 53	9	8692 ÷ 53	10	3074 ÷ 53	11	5406 ÷ 53	12	4876 ÷ 53
13	2703 ÷ 53	14	4717 ÷ 53	15	6731 ÷ 53	16	5777 ÷ 53	17	5459 ÷ 53	18	8268 ÷ 53
19	2862 ÷ 53	20	9222 ÷ 53	21	8480 ÷ 53	22	1908 ÷ 53	23	3763 ÷ 53	24	7897 ÷ 53
25	3233 ÷ 53	26	5671 ÷ 53	27	7102 ÷ 53	28	6519 ÷ 53	29	5247 ÷ 53	30	6625 ÷ 53
31	3339 ÷ 53	32	2650 ÷ 53	33	4346 ÷ 53	34	2915 ÷ 53	35	2067 ÷ 53	36	3657 ÷ 53
37	9699 ÷ 53	38	8798 ÷ 53	39	3922 ÷ 53	40	8215 ÷ 53	41	7367 ÷ 53	42	2385 ÷ 53
43	9275 ÷ 53	44	2014 ÷ 53	45	8533 ÷ 53	46	1378 ÷ 53	47	9063 ÷ 53	48	4240 ÷ 53
49	3445 ÷ 53	50	4611 ÷ 53	51	4134 ÷ 53	52	6095 ÷ 53	53	7261 ÷ 53	54	2438 ÷ 53
55	9964 ÷ 53	56	6042 ÷ 53	57	4929 ÷ 53	58	2332 ÷ 53	59	4770 ÷ 53	60	4664 ÷ 53

Division 01 to 999

Name: _____ Date: _____ Score: _____

Start Time: _____ End Time: _____

60

1	2	3	4	5	6
5616 ÷ 54	9288 ÷ 54	6642 ÷ 54	8586 ÷ 54	1674 ÷ 54	5022 ÷ 54

7	8	9	10	11	12
7074 ÷ 54	3348 ÷ 54	7560 ÷ 54	6372 ÷ 54	8910 ÷ 54	6534 ÷ 54

13	14	15	16	17	18
1566 ÷ 54	5994 ÷ 54	6696 ÷ 54	3402 ÷ 54	7830 ÷ 54	1188 ÷ 54

19	20	21	22	23	24
5076 ÷ 54	5184 ÷ 54	6210 ÷ 54	5886 ÷ 54	6480 ÷ 54	8046 ÷ 54

25	26	27	28	29	30
8802 ÷ 54	5292 ÷ 54	1890 ÷ 54	9936 ÷ 54	9990 ÷ 54	8640 ÷ 54

31	32	33	34	35	36
3564 ÷ 54	4482 ÷ 54	3888 ÷ 54	1620 ÷ 54	9720 ÷ 54	4536 ÷ 54

37	38	39	40	41	42
9504 ÷ 54	7506 ÷ 54	1350 ÷ 54	3456 ÷ 54	3996 ÷ 54	7290 ÷ 54

43	44	45	46	47	48
6102 ÷ 54	2916 ÷ 54	5940 ÷ 54	7776 ÷ 54	5778 ÷ 54	2430 ÷ 54

49	50	51	52	53	54
1134 ÷ 54	4860 ÷ 54	4158 ÷ 54	3132 ÷ 54	4644 ÷ 54	2862 ÷ 54

55	56	57	58	59	60
6156 ÷ 54	8856 ÷ 54	6858 ÷ 54	4104 ÷ 54	6750 ÷ 54	2376 ÷ 54

Division 01 to 999

Name: _____ Date: _____ Score: _____

Start Time: _____ End Time: _____   60

1. 9295 ÷ 55	2. 3960 ÷ 55	3. 8745 ÷ 55	4. 3135 ÷ 55	5. 7425 ÷ 55	6. 2255 ÷ 55
7. 6490 ÷ 55	8. 5225 ÷ 55	9. 2585 ÷ 55	10. 1210 ÷ 55	11. 3740 ÷ 55	12. 5500 ÷ 55
13. 4785 ÷ 55	14. 8250 ÷ 55	15. 7920 ÷ 55	16. 5280 ÷ 55	17. 8800 ÷ 55	18. 4950 ÷ 55
19. 4180 ÷ 55	20. 7755 ÷ 55	21. 8195 ÷ 55	22. 4015 ÷ 55	23. 5885 ÷ 55	24. 5390 ÷ 55
25. 9185 ÷ 55	26. 5170 ÷ 55	27. 4565 ÷ 55	28. 3190 ÷ 55	29. 4620 ÷ 55	30. 2310 ÷ 55
31. 5335 ÷ 55	32. 1100 ÷ 55	33. 9240 ÷ 55	34. 6655 ÷ 55	35. 9020 ÷ 55	36. 3905 ÷ 55
37. 3685 ÷ 55	38. 5555 ÷ 55	39. 7315 ÷ 55	40. 7040 ÷ 55	41. 3300 ÷ 55	42. 6050 ÷ 55
43. 8690 ÷ 55	44. 8635 ÷ 55	45. 3850 ÷ 55	46. 1430 ÷ 55	47. 4400 ÷ 55	48. 4235 ÷ 55
49. 4290 ÷ 55	50. 3795 ÷ 55	51. 6215 ÷ 55	52. 5940 ÷ 55	53. 4840 ÷ 55	54. 3630 ÷ 55
55. 8085 ÷ 55	56. 2805 ÷ 55	57. 2530 ÷ 55	58. 2915 ÷ 55	59. 6875 ÷ 55	60. 5995 ÷ 55

Divison 01 to 999

Name: _____ Date: _____

Score: _____

Start Time: _____ End Time: _____

60

1	2	3	4	5	6
4872 ÷ 56	4760 ÷ 56	4032 ÷ 56	5040 ÷ 56	1736 ÷ 56	4144 ÷ 56
7	8	9	10	11	12
7840 ÷ 56	4536 ÷ 56	9856 ÷ 56	2016 ÷ 56	9912 ÷ 56	2072 ÷ 56
13	14	15	16	17	18
5768 ÷ 56	2128 ÷ 56	4312 ÷ 56	8960 ÷ 56	4368 ÷ 56	2408 ÷ 56
19	20	21	22	23	24
5096 ÷ 56	1680 ÷ 56	3976 ÷ 56	8344 ÷ 56	4704 ÷ 56	7672 ÷ 56
25	26	27	28	29	30
2352 ÷ 56	5152 ÷ 56	8232 ÷ 56	4648 ÷ 56	3304 ÷ 56	8680 ÷ 56
31	32	33	34	35	36
2856 ÷ 56	8848 ÷ 56	9800 ÷ 56	3080 ÷ 56	4424 ÷ 56	2744 ÷ 56
37	38	39	40	41	42
7952 ÷ 56	1568 ÷ 56	6160 ÷ 56	3472 ÷ 56	4088 ÷ 56	8288 ÷ 56
43	44	45	46	47	48
6496 ÷ 56	3640 ÷ 56	3752 ÷ 56	1512 ÷ 56	2912 ÷ 56	9744 ÷ 56
49	50	51	52	53	54
7168 ÷ 56	8512 ÷ 56	7112 ÷ 56	7448 ÷ 56	1232 ÷ 56	5488 ÷ 56
55	56	57	58	59	60
2240 ÷ 56	1848 ÷ 56	9240 ÷ 56	8456 ÷ 56	6440 ÷ 56	9296 ÷ 56

Division 01 to 999

Name: _____ Date: _____ Score: _____

Start Time: _____ End Time: _____ 60

1. 3876 ÷ 57	2. 3762 ÷ 57	3. 6897 ÷ 57	4. 5928 ÷ 57	5. 8550 ÷ 57	6. 2280 ÷ 57
7. 3249 ÷ 57	8. 9918 ÷ 57	9. 5073 ÷ 57	10. 1881 ÷ 57	11. 1824 ÷ 57	12. 6555 ÷ 57
13. 1995 ÷ 57	14. 2394 ÷ 57	15. 9975 ÷ 57	16. 9177 ÷ 57	17. 9576 ÷ 57	18. 5301 ÷ 57
19. 3990 ÷ 57	20. 4104 ÷ 57	21. 4503 ÷ 57	22. 3363 ÷ 57	23. 5130 ÷ 57	24. 8151 ÷ 57
25. 6783 ÷ 57	26. 5643 ÷ 57	27. 6213 ÷ 57	28. 2052 ÷ 57	29. 4161 ÷ 57	30. 1197 ÷ 57
31. 8322 ÷ 57	32. 1539 ÷ 57	33. 9348 ÷ 57	34. 6498 ÷ 57	35. 4218 ÷ 57	36. 2109 ÷ 57
37. 5814 ÷ 57	38. 3192 ÷ 57	39. 3933 ÷ 57	40. 7752 ÷ 57	41. 9804 ÷ 57	42. 7467 ÷ 57
43. 9633 ÷ 57	44. 6327 ÷ 57	45. 5700 ÷ 57	46. 1938 ÷ 57	47. 3705 ÷ 57	48. 8949 ÷ 57
49. 5415 ÷ 57	50. 4959 ÷ 57	51. 1254 ÷ 57	52. 4674 ÷ 57	53. 8094 ÷ 57	54. 4446 ÷ 57
55. 6042 ÷ 57	56. 2451 ÷ 57	57. 6384 ÷ 57	58. 4845 ÷ 57	59. 2223 ÷ 57	60. 7581 ÷ 57

Name: _____ **Date:** _____

Start Time: _____ **End Time:** _____

Score: _____

60

Divison 01 to 999

1 6206 ÷ 58	2 8758 ÷ 58	3 8294 ÷ 58	4 6902 ÷ 58	5 9454 ÷ 58	6 6728 ÷ 58
7 2842 ÷ 58	8 3654 ÷ 58	9 9164 ÷ 58	10 3422 ÷ 58	11 7482 ÷ 58	12 4524 ÷ 58
13 8932 ÷ 58	14 2494 ÷ 58	15 8236 ÷ 58	16 3248 ÷ 58	17 5684 ÷ 58	18 8004 ÷ 58
19 2262 ÷ 58	20 8410 ÷ 58	21 5858 ÷ 58	22 7830 ÷ 58	23 9918 ÷ 58	24 1972 ÷ 58
25 1566 ÷ 58	26 1914 ÷ 58	27 2958 ÷ 58	28 1740 ÷ 58	29 3712 ÷ 58	30 7598 ÷ 58
31 5800 ÷ 58	32 8874 ÷ 58	33 1334 ÷ 58	34 5104 ÷ 58	35 3480 ÷ 58	36 8468 ÷ 58
37 6032 ÷ 58	38 3190 ÷ 58	39 6496 ÷ 58	40 3828 ÷ 58	41 2146 ÷ 58	42 7308 ÷ 58
43 6380 ÷ 58	44 4176 ÷ 58	45 9860 ÷ 58	46 9396 ÷ 58	47 4814 ÷ 58	48 1450 ÷ 58
49 4408 ÷ 58	50 2436 ÷ 58	51 7424 ÷ 58	52 9222 ÷ 58	53 5162 ÷ 58	54 9048 ÷ 58
55 3770 ÷ 58	56 4582 ÷ 58	57 2726 ÷ 58	58 2900 ÷ 58	59 6670 ÷ 58	60 9628 ÷ 58

Division 01 to 999

Name: _____ Date: _____ Score: _____

Start Time: _____ End Time: _____ 60

1. 8260 ÷ 59	2. 5074 ÷ 59	3. 1829 ÷ 59	4. 4543 ÷ 59	5. 5251 ÷ 59	6. 4779 ÷ 59
7. 2714 ÷ 59	8. 3422 ÷ 59	9. 2950 ÷ 59	10. 3717 ÷ 59	11. 6844 ÷ 59	12. 6549 ÷ 59
13. 8673 ÷ 59	14. 2065 ÷ 59	15. 8201 ÷ 59	16. 5782 ÷ 59	17. 5900 ÷ 59	18. 2478 ÷ 59
19. 7257 ÷ 59	20. 8319 ÷ 59	21. 2242 ÷ 59	22. 2183 ÷ 59	23. 4307 ÷ 59	24. 5841 ÷ 59
25. 9381 ÷ 59	26. 4425 ÷ 59	27. 2773 ÷ 59	28. 2537 ÷ 59	29. 9676 ÷ 59	30. 9086 ÷ 59
31. 6962 ÷ 59	32. 2832 ÷ 59	33. 4956 ÷ 59	34. 3658 ÷ 59	35. 7493 ÷ 59	36. 8083 ÷ 59
37. 9204 ÷ 59	38. 7552 ÷ 59	39. 4838 ÷ 59	40. 1770 ÷ 59	41. 9027 ÷ 59	42. 3776 ÷ 59
43. 8437 ÷ 59	44. 1534 ÷ 59	45. 6667 ÷ 59	46. 1357 ÷ 59	47. 5015 ÷ 59	48. 6726 ÷ 59
49. 3009 ÷ 59	50. 3245 ÷ 59	51. 9145 ÷ 59	52. 8909 ÷ 59	53. 1947 ÷ 59	54. 6195 ÷ 59
55. 2891 ÷ 59	56. 1652 ÷ 59	57. 5664 ÷ 59	58. 3127 ÷ 59	59. 6490 ÷ 59	60. 5487 ÷ 59

Division
01 to 999

Name: _____ Date: _____ Score: _____

Start Time: _____ End Time: _____   60

1. 5340 ÷ 60	2. 3540 ÷ 60	3. 1320 ÷ 60	4. 8760 ÷ 60	5. 9840 ÷ 60	6. 6180 ÷ 60
7. 1380 ÷ 60	8. 1440 ÷ 60	9. 2400 ÷ 60	10. 6900 ÷ 60	11. 4680 ÷ 60	12. 6960 ÷ 60
13. 9180 ÷ 60	14. 8460 ÷ 60	15. 2700 ÷ 60	16. 1200 ÷ 60	17. 4740 ÷ 60	18. 7020 ÷ 60
19. 4560 ÷ 60	20. 1080 ÷ 60	21. 7260 ÷ 60	22. 7140 ÷ 60	23. 8220 ÷ 60	24. 6660 ÷ 60
25. 2940 ÷ 60	26. 2040 ÷ 60	27. 6060 ÷ 60	28. 6780 ÷ 60	29. 9120 ÷ 60	30. 1620 ÷ 60
31. 6540 ÷ 60	32. 6300 ÷ 60	33. 1020 ÷ 60	34. 3120 ÷ 60	35. 1740 ÷ 60	36. 7440 ÷ 60
37. 4260 ÷ 60	38. 2280 ÷ 60	39. 9480 ÷ 60	40. 1860 ÷ 60	41. 3000 ÷ 60	42. 4320 ÷ 60
43. 4020 ÷ 60	44. 9900 ÷ 60	45. 9060 ÷ 60	46. 9780 ÷ 60	47. 7320 ÷ 60	48. 6720 ÷ 60
49. 4920 ÷ 60	50. 9600 ÷ 60	51. 7680 ÷ 60	52. 7080 ÷ 60	53. 9240 ÷ 60	54. 5940 ÷ 60
55. 8820 ÷ 60	56. 2880 ÷ 60	57. 5460 ÷ 60	58. 7860 ÷ 60	59. 2640 ÷ 60	60. 6840 ÷ 60

Division 01 to 999

Name: _____ Date: _____ Score: _____

Start Time: _____ End Time: _____   60

1. 9150 ÷ 61	2. 1525 ÷ 61	3. 1769 ÷ 61	4. 7320 ÷ 61	5. 6954 ÷ 61	6. 9821 ÷ 61
7. 7076 ÷ 61	8. 9028 ÷ 61	9. 9943 ÷ 61	10. 9394 ÷ 61	11. 4514 ÷ 61	12. 6527 ÷ 61
13. 1586 ÷ 61	14. 3965 ÷ 61	15. 1830 ÷ 61	16. 9638 ÷ 61	17. 5002 ÷ 61	18. 6039 ÷ 61
19. 4636 ÷ 61	20. 5551 ÷ 61	21. 6100 ÷ 61	22. 2867 ÷ 61	23. 8601 ÷ 61	24. 4453 ÷ 61
25. 8845 ÷ 61	26. 8967 ÷ 61	27. 8052 ÷ 61	28. 6161 ÷ 61	29. 1281 ÷ 61	30. 9333 ÷ 61
31. 3294 ÷ 61	32. 3660 ÷ 61	33. 9699 ÷ 61	34. 3782 ÷ 61	35. 6832 ÷ 61	36. 9211 ÷ 61
37. 8296 ÷ 61	38. 8418 ÷ 61	39. 7198 ÷ 61	40. 9882 ÷ 61	41. 9272 ÷ 61	42. 5246 ÷ 61
43. 3416 ÷ 61	44. 8113 ÷ 61	45. 1159 ÷ 61	46. 5429 ÷ 61	47. 2379 ÷ 61	48. 3721 ÷ 61
49. 3477 ÷ 61	50. 8235 ÷ 61	51. 9455 ÷ 61	52. 3111 ÷ 61	53. 7747 ÷ 61	54. 8784 ÷ 61
55. 7259 ÷ 61	56. 3050 ÷ 61	57. 4941 ÷ 61	58. 1403 ÷ 61	59. 2257 ÷ 61	60. 1952 ÷ 61

Name: _____ **Date:** _____

Start Time: _____ **End Time:** _____

Score: _____ / 60

Division 01 to 999

1. 2418 ÷ 62	2. 6634 ÷ 62	3. 1426 ÷ 62	4. 8184 ÷ 62	5. 5952 ÷ 62	6. 6882 ÷ 62
7. 2294 ÷ 62	8. 9796 ÷ 62	9. 7192 ÷ 62	10. 4774 ÷ 62	11. 7130 ÷ 62	12. 7626 ÷ 62
13. 4278 ÷ 62	14. 3100 ÷ 62	15. 7688 ÷ 62	16. 1922 ÷ 62	17. 6076 ÷ 62	18. 3038 ÷ 62
19. 5704 ÷ 62	20. 3410 ÷ 62	21. 1798 ÷ 62	22. 2170 ÷ 62	23. 7068 ÷ 62	24. 2480 ÷ 62
25. 6200 ÷ 62	26. 6262 ÷ 62	27. 1860 ÷ 62	28. 4030 ÷ 62	29. 3596 ÷ 62	30. 3348 ÷ 62
31. 3906 ÷ 62	32. 2976 ÷ 62	33. 1736 ÷ 62	34. 4092 ÷ 62	35. 9486 ÷ 62	36. 3224 ÷ 62
37. 7998 ÷ 62	38. 5270 ÷ 62	39. 8866 ÷ 62	40. 9362 ÷ 62	41. 9858 ÷ 62	42. 8556 ÷ 62
43. 9734 ÷ 62	44. 5518 ÷ 62	45. 4402 ÷ 62	46. 1488 ÷ 62	47. 4960 ÷ 62	48. 1054 ÷ 62
49. 2728 ÷ 62	50. 8122 ÷ 62	51. 8990 ÷ 62	52. 8742 ÷ 62	53. 8370 ÷ 62	54. 8680 ÷ 62
55. 2914 ÷ 62	56. 6324 ÷ 62	57. 9548 ÷ 62	58. 9114 ÷ 62	59. 7254 ÷ 62	60. 4154 ÷ 62

Division
01 to 999

Name: _____ Date: _____

Start Time: _____ End Time: _____

Score: _____

60

#		#		#		#		#		#	
1	1512 ÷ 63	2	6363 ÷ 63	3	2709 ÷ 63	4	2646 ÷ 63	5	2583 ÷ 63	6	8064 ÷ 63
7	3654 ÷ 63	8	5733 ÷ 63	9	5859 ÷ 63	10	4725 ÷ 63	11	6237 ÷ 63	12	6678 ÷ 63
13	2520 ÷ 63	14	9324 ÷ 63	15	9639 ÷ 63	16	4788 ÷ 63	17	4599 ÷ 63	18	4410 ÷ 63
19	8316 ÷ 63	20	5103 ÷ 63	21	4977 ÷ 63	22	9009 ÷ 63	23	6489 ÷ 63	24	2772 ÷ 63
25	3024 ÷ 63	26	3087 ÷ 63	27	9765 ÷ 63	28	2268 ÷ 63	29	3465 ÷ 63	30	8820 ÷ 63
31	2079 ÷ 63	32	3528 ÷ 63	33	4032 ÷ 63	34	8379 ÷ 63	35	8505 ÷ 63	36	8694 ÷ 63
37	5166 ÷ 63	38	9198 ÷ 63	39	7119 ÷ 63	40	7938 ÷ 63	41	4284 ÷ 63	42	9135 ÷ 63
43	9450 ÷ 63	44	4536 ÷ 63	45	4662 ÷ 63	46	4473 ÷ 63	47	3780 ÷ 63	48	6426 ÷ 63
49	6552 ÷ 63	50	2016 ÷ 63	51	9576 ÷ 63	52	6993 ÷ 63	53	6615 ÷ 63	54	7056 ÷ 63
55	4914 ÷ 63	56	1197 ÷ 63	57	8883 ÷ 63	58	6804 ÷ 63	59	7434 ÷ 63	60	1134 ÷ 63

Division 01 to 999

Name: _____ Date: _____

Start Time: _____ End Time: _____

Score: _____

60

1	2	3	4	5	6
1344 ÷ 64	5312 ÷ 64	1856 ÷ 64	2112 ÷ 64	2688 ÷ 64	1280 ÷ 64
7	8	9	10	11	12
3776 ÷ 64	4032 ÷ 64	5376 ÷ 64	7744 ÷ 64	7872 ÷ 64	6336 ÷ 64
13	14	15	16	17	18
4416 ÷ 64	6912 ÷ 64	2880 ÷ 64	8000 ÷ 64	2496 ÷ 64	8576 ÷ 64
19	20	21	22	23	24
1984 ÷ 64	2752 ÷ 64	1792 ÷ 64	5760 ÷ 64	3968 ÷ 64	2240 ÷ 64
25	26	27	28	29	30
8640 ÷ 64	1152 ÷ 64	5504 ÷ 64	4992 ÷ 64	8768 ÷ 64	5184 ÷ 64
31	32	33	34	35	36
3648 ÷ 64	5440 ÷ 64	4800 ÷ 64	9280 ÷ 64	9984 ÷ 64	6592 ÷ 64
37	38	39	40	41	42
7360 ÷ 64	3072 ÷ 64	9344 ÷ 64	5824 ÷ 64	4480 ÷ 64	3392 ÷ 64
43	44	45	46	47	48
2048 ÷ 64	2560 ÷ 64	1536 ÷ 64	2368 ÷ 64	4928 ÷ 64	7680 ÷ 64
49	50	51	52	53	54
8704 ÷ 64	1664 ÷ 64	4672 ÷ 64	3008 ÷ 64	1600 ÷ 64	5696 ÷ 64
55	56	57	58	59	60
3136 ÷ 64	6016 ÷ 64	8320 ÷ 64	5632 ÷ 64	3456 ÷ 64	6080 ÷ 64

Division 01 to 999

Name: _____ Date: _____ Score: _____

Start Time: _____ End Time: _____ 60

1. 1690 ÷ 65	2. 9360 ÷ 65	3. 5005 ÷ 65	4. 8125 ÷ 65	5. 5070 ÷ 65	6. 8905 ÷ 65
7. 8255 ÷ 65	8. 7605 ÷ 65	9. 9490 ÷ 65	10. 9750 ÷ 65	11. 2405 ÷ 65	12. 5785 ÷ 65
13. 7345 ÷ 65	14. 9880 ÷ 65	15. 7800 ÷ 65	16. 1495 ÷ 65	17. 1430 ÷ 65	18. 5265 ÷ 65
19. 6435 ÷ 65	20. 2080 ÷ 65	21. 6955 ÷ 65	22. 7670 ÷ 65	23. 6825 ÷ 65	24. 1950 ÷ 65
25. 7995 ÷ 65	26. 5850 ÷ 65	27. 6305 ÷ 65	28. 5915 ÷ 65	29. 9685 ÷ 65	30. 6110 ÷ 65
31. 7540 ÷ 65	32. 6890 ÷ 65	33. 5590 ÷ 65	34. 7410 ÷ 65	35. 2015 ÷ 65	36. 4745 ÷ 65
37. 1755 ÷ 65	38. 5200 ÷ 65	39. 9620 ÷ 65	40. 4225 ÷ 65	41. 4290 ÷ 65	42. 5720 ÷ 65
43. 2730 ÷ 65	44. 3445 ÷ 65	45. 8970 ÷ 65	46. 6565 ÷ 65	47. 8190 ÷ 65	48. 2535 ÷ 65
49. 4940 ÷ 65	50. 1820 ÷ 65	51. 5395 ÷ 65	52. 7085 ÷ 65	53. 1170 ÷ 65	54. 7215 ÷ 65
55. 1040 ÷ 65	56. 6175 ÷ 65	57. 9815 ÷ 65	58. 1560 ÷ 65	59. 2275 ÷ 65	60. 4420 ÷ 65

Division 01 to 999

Name: _____ Date: _____

Start Time: _____ End Time: _____

Score: _____

60

#		#		#		#		#		#	
1	5676 ÷ 66	2	1056 ÷ 66	3	3960 ÷ 66	4	6204 ÷ 66	5	8844 ÷ 66	6	3762 ÷ 66
7	8580 ÷ 66	8	7590 ÷ 66	9	6930 ÷ 66	10	1914 ÷ 66	11	4224 ÷ 66	12	6072 ÷ 66
13	2376 ÷ 66	14	1122 ÷ 66	15	6798 ÷ 66	16	3564 ÷ 66	17	3630 ÷ 66	18	2838 ÷ 66
19	9108 ÷ 66	20	7392 ÷ 66	21	2244 ÷ 66	22	6270 ÷ 66	23	6138 ÷ 66	24	6600 ÷ 66
25	5544 ÷ 66	26	7260 ÷ 66	27	2640 ÷ 66	28	3036 ÷ 66	29	1716 ÷ 66	30	4884 ÷ 66
31	3894 ÷ 66	32	7062 ÷ 66	33	7920 ÷ 66	34	5874 ÷ 66	35	1386 ÷ 66	36	2178 ÷ 66
37	8382 ÷ 66	38	7854 ÷ 66	39	6006 ÷ 66	40	6468 ÷ 66	41	9174 ÷ 66	42	1584 ÷ 66
43	9438 ÷ 66	44	4290 ÷ 66	45	4818 ÷ 66	46	7788 ÷ 66	47	5478 ÷ 66	48	9900 ÷ 66
49	1320 ÷ 66	50	5082 ÷ 66	51	6996 ÷ 66	52	9966 ÷ 66	53	8448 ÷ 66	54	1848 ÷ 66
55	7128 ÷ 66	56	5610 ÷ 66	57	4686 ÷ 66	58	2574 ÷ 66	59	2970 ÷ 66	60	3168 ÷ 66

Division
01 to 999

Name: _____ **Date:** _____

Start Time: _____ **End Time:** _____

Score: _____

60

1	2	3	4	5	6
5427 ÷ 67	9447 ÷ 67	7839 ÷ 67	3819 ÷ 67	2881 ÷ 67	9179 ÷ 67

7	8	9	10	11	12
1005 ÷ 67	3350 ÷ 67	2144 ÷ 67	2345 ÷ 67	6767 ÷ 67	3752 ÷ 67

13	14	15	16	17	18
8375 ÷ 67	2211 ÷ 67	2077 ÷ 67	5025 ÷ 67	9782 ÷ 67	6432 ÷ 67

19	20	21	22	23	24
7169 ÷ 67	3685 ÷ 67	7705 ÷ 67	1072 ÷ 67	9849 ÷ 67	6566 ÷ 67

25	26	27	28	29	30
5695 ÷ 67	3149 ÷ 67	1273 ÷ 67	9514 ÷ 67	3216 ÷ 67	5628 ÷ 67

31	32	33	34	35	36
4489 ÷ 67	8777 ÷ 67	9246 ÷ 67	8576 ÷ 67	2948 ÷ 67	1742 ÷ 67

37	38	39	40	41	42
5293 ÷ 67	9045 ÷ 67	3484 ÷ 67	2814 ÷ 67	1139 ÷ 67	7035 ÷ 67

43	44	45	46	47	48
9581 ÷ 67	3618 ÷ 67	4623 ÷ 67	2546 ÷ 67	6097 ÷ 67	7973 ÷ 67

49	50	51	52	53	54
2278 ÷ 67	7236 ÷ 67	5226 ÷ 67	5494 ÷ 67	7102 ÷ 67	9983 ÷ 67

55	56	57	58	59	60
4690 ÷ 67	5360 ÷ 67	6365 ÷ 67	1340 ÷ 67	9648 ÷ 67	4221 ÷ 67

Division 01 to 999

Name: _____ Date: _____ Score: _____

Start Time: _____ End Time: _____   60

1. 5712 ÷ 68	2. 1768 ÷ 68	3. 3740 ÷ 68	4. 9248 ÷ 68	5. 4760 ÷ 68	6. 9792 ÷ 68
7. 4556 ÷ 68	8. 9724 ÷ 68	9. 6392 ÷ 68	10. 8908 ÷ 68	11. 7480 ÷ 68	12. 6664 ÷ 68
13. 1496 ÷ 68	14. 2992 ÷ 68	15. 5644 ÷ 68	16. 6732 ÷ 68	17. 8432 ÷ 68	18. 1088 ÷ 68
19. 1156 ÷ 68	20. 3468 ÷ 68	21. 7616 ÷ 68	22. 2924 ÷ 68	23. 5984 ÷ 68	24. 1428 ÷ 68
25. 5916 ÷ 68	26. 4012 ÷ 68	27. 6800 ÷ 68	28. 4284 ÷ 68	29. 3808 ÷ 68	30. 6528 ÷ 68
31. 8364 ÷ 68	32. 2312 ÷ 68	33. 1632 ÷ 68	34. 6324 ÷ 68	35. 3604 ÷ 68	36. 5304 ÷ 68
37. 6120 ÷ 68	38. 2516 ÷ 68	39. 4148 ÷ 68	40. 3332 ÷ 68	41. 5780 ÷ 68	42. 6460 ÷ 68
43. 7956 ÷ 68	44. 1224 ÷ 68	45. 6052 ÷ 68	46. 1904 ÷ 68	47. 1020 ÷ 68	48. 2448 ÷ 68
49. 6868 ÷ 68	50. 2108 ÷ 68	51. 3944 ÷ 68	52. 7888 ÷ 68	53. 4692 ÷ 68	54. 9860 ÷ 68
55. 5440 ÷ 68	56. 8840 ÷ 68	57. 9112 ÷ 68	58. 2788 ÷ 68	59. 9520 ÷ 68	60. 7276 ÷ 68

Division 01 to 999

Name: _____ Date: _____ Score: _____

Start Time: _____ End Time: _____

60

1. 5175 ÷ 69	2. 3450 ÷ 69	3. 6555 ÷ 69	4. 1311 ÷ 69	5. 3657 ÷ 69	6. 3795 ÷ 69
7. 2553 ÷ 69	8. 7245 ÷ 69	9. 9453 ÷ 69	10. 6486 ÷ 69	11. 9522 ÷ 69	12. 1656 ÷ 69
13. 5313 ÷ 69	14. 5727 ÷ 69	15. 2829 ÷ 69	16. 4485 ÷ 69	17. 4209 ÷ 69	18. 9798 ÷ 69
19. 7935 ÷ 69	20. 2415 ÷ 69	21. 3312 ÷ 69	22. 5796 ÷ 69	23. 4278 ÷ 69	24. 1794 ÷ 69
25. 3243 ÷ 69	26. 4968 ÷ 69	27. 6900 ÷ 69	28. 1932 ÷ 69	29. 8625 ÷ 69	30. 8970 ÷ 69
31. 4899 ÷ 69	32. 7452 ÷ 69	33. 4002 ÷ 69	34. 1173 ÷ 69	35. 7866 ÷ 69	36. 9591 ÷ 69
37. 7797 ÷ 69	38. 8487 ÷ 69	39. 6003 ÷ 69	40. 4140 ÷ 69	41. 6762 ÷ 69	42. 8556 ÷ 69
43. 9315 ÷ 69	44. 5520 ÷ 69	45. 9936 ÷ 69	46. 2139 ÷ 69	47. 8073 ÷ 69	48. 7176 ÷ 69
49. 2967 ÷ 69	50. 8004 ÷ 69	51. 6348 ÷ 69	52. 1518 ÷ 69	53. 8832 ÷ 69	54. 5589 ÷ 69
55. 7659 ÷ 69	56. 3933 ÷ 69	57. 3381 ÷ 69	58. 3519 ÷ 69	59. 3036 ÷ 69	60. 3174 ÷ 69

Division 01 to 999

Name: _____ Date: _____

Start Time: _____ End Time: _____

Score: _____ / 60

#		#		#		#		#		#	
1	5180 ÷ 70	2	2590 ÷ 70	3	9450 ÷ 70	4	7770 ÷ 70	5	9310 ÷ 70	6	4270 ÷ 70
7	4620 ÷ 70	8	7350 ÷ 70	9	3570 ÷ 70	10	9240 ÷ 70	11	1400 ÷ 70	12	8260 ÷ 70
13	8680 ÷ 70	14	8540 ÷ 70	15	8190 ÷ 70	16	4830 ÷ 70	17	2870 ÷ 70	18	9380 ÷ 70
19	9520 ÷ 70	20	5880 ÷ 70	21	3920 ÷ 70	22	6160 ÷ 70	23	2100 ÷ 70	24	5600 ÷ 70
25	6580 ÷ 70	26	9940 ÷ 70	27	3710 ÷ 70	28	8610 ÷ 70	29	3150 ÷ 70	30	3990 ÷ 70
31	5040 ÷ 70	32	9800 ÷ 70	33	8120 ÷ 70	34	9170 ÷ 70	35	3080 ÷ 70	36	7000 ÷ 70
37	5530 ÷ 70	38	3780 ÷ 70	39	4410 ÷ 70	40	3640 ÷ 70	41	5950 ÷ 70	42	3430 ÷ 70
43	7980 ÷ 70	44	4760 ÷ 70	45	3010 ÷ 70	46	3500 ÷ 70	47	7280 ÷ 70	48	2030 ÷ 70
49	7630 ÷ 70	50	6790 ÷ 70	51	1050 ÷ 70	52	8470 ÷ 70	53	4130 ÷ 70	54	1890 ÷ 70
55	5740 ÷ 70	56	6300 ÷ 70	57	2730 ÷ 70	58	1540 ÷ 70	59	7840 ÷ 70	60	5390 ÷ 70

Division 01 to 999

Name: _____ Date: _____

Score: _____

Start Time: _____ End Time: _____

60

#		#		#		#		#		#	
1	6106 ÷ 71	2	4473 ÷ 71	3	2982 ÷ 71	4	4899 ÷ 71	5	7881 ÷ 71	6	5325 ÷ 71
7	2059 ÷ 71	8	4757 ÷ 71	9	1278 ÷ 71	10	4118 ÷ 71	11	2840 ÷ 71	12	1846 ÷ 71
13	7242 ÷ 71	14	8378 ÷ 71	15	6603 ÷ 71	16	6248 ÷ 71	17	6035 ÷ 71	18	9230 ÷ 71
19	9443 ÷ 71	20	6816 ÷ 71	21	3195 ÷ 71	22	1065 ÷ 71	23	5183 ÷ 71	24	4544 ÷ 71
25	6745 ÷ 71	26	5751 ÷ 71	27	4047 ÷ 71	28	4402 ÷ 71	29	2556 ÷ 71	30	1491 ÷ 71
31	7952 ÷ 71	32	8662 ÷ 71	33	1562 ÷ 71	34	5822 ÷ 71	35	1420 ÷ 71	36	7810 ÷ 71
37	3621 ÷ 71	38	4189 ÷ 71	39	7313 ÷ 71	40	4615 ÷ 71	41	1704 ÷ 71	42	2130 ÷ 71
43	1136 ÷ 71	44	7100 ÷ 71	45	5467 ÷ 71	46	9301 ÷ 71	47	1917 ÷ 71	48	2698 ÷ 71
49	6887 ÷ 71	50	5680 ÷ 71	51	3337 ÷ 71	52	4331 ÷ 71	53	5893 ÷ 71	54	2343 ÷ 71
55	9372 ÷ 71	56	9017 ÷ 71	57	5964 ÷ 71	58	6674 ÷ 71	59	9088 ÷ 71	60	8094 ÷ 71

Division 01 to 999

Name: _____ Date: _____

Score: _____

Start Time: _____ End Time: _____

60

1	2	3	4	5	6
4176 ÷ 72	6048 ÷ 72	2232 ÷ 72	8712 ÷ 72	9288 ÷ 72	7560 ÷ 72
7	8	9	10	11	12
2880 ÷ 72	6696 ÷ 72	4680 ÷ 72	5112 ÷ 72	7992 ÷ 72	6912 ÷ 72
13	14	15	16	17	18
9864 ÷ 72	7272 ÷ 72	3528 ÷ 72	5616 ÷ 72	4104 ÷ 72	7632 ÷ 72
19	20	21	22	23	24
5976 ÷ 72	7848 ÷ 72	6120 ÷ 72	1224 ÷ 72	1080 ÷ 72	3600 ÷ 72
25	26	27	28	29	30
2016 ÷ 72	3672 ÷ 72	7704 ÷ 72	2304 ÷ 72	7920 ÷ 72	8352 ÷ 72
31	32	33	34	35	36
5688 ÷ 72	9144 ÷ 72	9360 ÷ 72	3888 ÷ 72	3024 ÷ 72	3096 ÷ 72
37	38	39	40	41	42
6336 ÷ 72	5184 ÷ 72	8280 ÷ 72	6552 ÷ 72	9216 ÷ 72	3312 ÷ 72
43	44	45	46	47	48
2808 ÷ 72	4248 ÷ 72	8496 ÷ 72	1872 ÷ 72	6408 ÷ 72	9936 ÷ 72
49	50	51	52	53	54
9000 ÷ 72	1296 ÷ 72	5256 ÷ 72	4464 ÷ 72	9432 ÷ 72	1800 ÷ 72
55	56	57	58	59	60
2088 ÷ 72	3456 ÷ 72	3240 ÷ 72	3168 ÷ 72	5400 ÷ 72	8424 ÷ 72

Name: _____ **Date:** _____ **Score:** _____

Start Time: _____ **End Time:** _____   60

Division 01 to 999

#					
1. 3796 ÷ 73	2. 2263 ÷ 73	3. 6278 ÷ 73	4. 7008 ÷ 73	5. 3650 ÷ 73	6. 2628 ÷ 73
7. 6059 ÷ 73	8. 9417 ÷ 73	9. 6643 ÷ 73	10. 8103 ÷ 73	11. 4234 ÷ 73	12. 7300 ÷ 73
13. 2117 ÷ 73	14. 7738 ÷ 73	15. 8687 ÷ 73	16. 8468 ÷ 73	17. 9344 ÷ 73	18. 4161 ÷ 73
19. 3139 ÷ 73	20. 2701 ÷ 73	21. 5256 ÷ 73	22. 7811 ÷ 73	23. 4964 ÷ 73	24. 9782 ÷ 73
25. 1533 ÷ 73	26. 2774 ÷ 73	27. 1022 ÷ 73	28. 7446 ÷ 73	29. 2482 ÷ 73	30. 3869 ÷ 73
31. 7957 ÷ 73	32. 5110 ÷ 73	33. 4672 ÷ 73	34. 2336 ÷ 73	35. 4818 ÷ 73	36. 6789 ÷ 73
37. 5694 ÷ 73	38. 4891 ÷ 73	39. 6716 ÷ 73	40. 1898 ÷ 73	41. 7227 ÷ 73	42. 5986 ÷ 73
43. 4088 ÷ 73	44. 7592 ÷ 73	45. 1168 ÷ 73	46. 5037 ÷ 73	47. 3212 ÷ 73	48. 7519 ÷ 73
49. 1971 ÷ 73	50. 3285 ÷ 73	51. 4526 ÷ 73	52. 9928 ÷ 73	53. 1241 ÷ 73	54. 3942 ÷ 73
55. 9855 ÷ 73	56. 2190 ÷ 73	57. 1606 ÷ 73	58. 9636 ÷ 73	59. 6497 ÷ 73	60. 4380 ÷ 73

Name: _____ **Date:** _____

Start Time: _____ **End Time:** _____

Score: _____ / 60

Division 01 to 999

1. 9250 ÷ 74	2. 3700 ÷ 74	3. 1110 ÷ 74	4. 7104 ÷ 74	5. 6438 ÷ 74	6. 8066 ÷ 74
7. 4070 ÷ 74	8. 9472 ÷ 74	9. 9398 ÷ 74	10. 3330 ÷ 74	11. 5550 ÷ 74	12. 1480 ÷ 74
13. 9768 ÷ 74	14. 2220 ÷ 74	15. 7400 ÷ 74	16. 8140 ÷ 74	17. 9694 ÷ 74	18. 7474 ÷ 74
19. 3996 ÷ 74	20. 9324 ÷ 74	21. 9176 ÷ 74	22. 6882 ÷ 74	23. 6216 ÷ 74	24. 3626 ÷ 74
25. 9102 ÷ 74	26. 3478 ÷ 74	27. 7696 ÷ 74	28. 1406 ÷ 74	29. 7326 ÷ 74	30. 1628 ÷ 74
31. 8880 ÷ 74	32. 3922 ÷ 74	33. 8288 ÷ 74	34. 4366 ÷ 74	35. 5846 ÷ 74	36. 1554 ÷ 74
37. 2886 ÷ 74	38. 6142 ÷ 74	39. 2146 ÷ 74	40. 4588 ÷ 74	41. 9916 ÷ 74	42. 5180 ÷ 74
43. 9990 ÷ 74	44. 8658 ÷ 74	45. 4292 ÷ 74	46. 3848 ÷ 74	47. 6734 ÷ 74	48. 5402 ÷ 74
49. 3256 ÷ 74	50. 3774 ÷ 74	51. 4514 ÷ 74	52. 1702 ÷ 74	53. 7844 ÷ 74	54. 5328 ÷ 74
55. 1036 ÷ 74	56. 6512 ÷ 74	57. 7030 ÷ 74	58. 2664 ÷ 74	59. 4884 ÷ 74	60. 8954 ÷ 74

Division 01 to 999

Name: _____ Date: _____ Score: _____

Start Time: _____ End Time: _____ 60

1. 6525 ÷ 75	2. 9225 ÷ 75	3. 8550 ÷ 75	4. 9075 ÷ 75	5. 8475 ÷ 75	6. 3300 ÷ 75
7. 7125 ÷ 75	8. 6675 ÷ 75	9. 1800 ÷ 75	10. 2175 ÷ 75	11. 6375 ÷ 75	12. 5475 ÷ 75
13. 2850 ÷ 75	14. 1725 ÷ 75	15. 3675 ÷ 75	16. 9600 ÷ 75	17. 6450 ÷ 75	18. 1350 ÷ 75
19. 5850 ÷ 75	20. 1050 ÷ 75	21. 8250 ÷ 75	22. 2925 ÷ 75	23. 7875 ÷ 75	24. 8925 ÷ 75
25. 4425 ÷ 75	26. 5025 ÷ 75	27. 2625 ÷ 75	28. 7800 ÷ 75	29. 3000 ÷ 75	30. 3900 ÷ 75
31. 2250 ÷ 75	32. 3600 ÷ 75	33. 6150 ÷ 75	34. 5925 ÷ 75	35. 3150 ÷ 75	36. 3075 ÷ 75
37. 9450 ÷ 75	38. 2100 ÷ 75	39. 7200 ÷ 75	40. 4275 ÷ 75	41. 4200 ÷ 75	42. 3225 ÷ 75
43. 6825 ÷ 75	44. 7575 ÷ 75	45. 2700 ÷ 75	46. 6075 ÷ 75	47. 1425 ÷ 75	48. 3450 ÷ 75
49. 1200 ÷ 75	50. 1950 ÷ 75	51. 3975 ÷ 75	52. 4800 ÷ 75	53. 7350 ÷ 75	54. 9375 ÷ 75
55. 7725 ÷ 75	56. 4575 ÷ 75	57. 5400 ÷ 75	58. 5175 ÷ 75	59. 2775 ÷ 75	60. 4650 ÷ 75

Name: _____ **Date:** _____ **Score:** _____

Division 01 to 999

Start Time: _____ **End Time:** _____

60

1. 4940 ÷ 76	2. 2280 ÷ 76	3. 4104 ÷ 76	4. 7372 ÷ 76	5. 3192 ÷ 76	6. 4864 ÷ 76
7. 5624 ÷ 76	8. 4256 ÷ 76	9. 9500 ÷ 76	10. 5852 ÷ 76	11. 8056 ÷ 76	12. 6536 ÷ 76
13. 3420 ÷ 76	14. 4484 ÷ 76	15. 2584 ÷ 76	16. 6840 ÷ 76	17. 7676 ÷ 76	18. 5548 ÷ 76
19. 8360 ÷ 76	20. 1064 ÷ 76	21. 5320 ÷ 76	22. 9576 ÷ 76	23. 3268 ÷ 76	24. 5928 ÷ 76
25. 2204 ÷ 76	26. 5168 ÷ 76	27. 6612 ÷ 76	28. 8512 ÷ 76	29. 2736 ÷ 76	30. 8132 ÷ 76
31. 8588 ÷ 76	32. 6460 ÷ 76	33. 8968 ÷ 76	34. 9652 ÷ 76	35. 1368 ÷ 76	36. 2356 ÷ 76
37. 6992 ÷ 76	38. 3648 ÷ 76	39. 4332 ÷ 76	40. 1596 ÷ 76	41. 5776 ÷ 76	42. 3040 ÷ 76
43. 2964 ÷ 76	44. 5244 ÷ 76	45. 4408 ÷ 76	46. 6308 ÷ 76	47. 5092 ÷ 76	48. 7296 ÷ 76
49. 9348 ÷ 76	50. 3116 ÷ 76	51. 9880 ÷ 76	52. 6764 ÷ 76	53. 1520 ÷ 76	54. 1976 ÷ 76
55. 2812 ÷ 76	56. 7220 ÷ 76	57. 6004 ÷ 76	58. 5016 ÷ 76	59. 3724 ÷ 76	60. 6688 ÷ 76

Division 01 to 999

Name: _____ Date: _____ Score: _____

Start Time: _____ End Time: _____   60

#		#		#		#		#		#	
1	9856 ÷ 77	2	1078 ÷ 77	3	9625 ÷ 77	4	5082 ÷ 77	5	7546 ÷ 77	6	2079 ÷ 77
7	8701 ÷ 77	8	8778 ÷ 77	9	4543 ÷ 77	10	4158 ÷ 77	11	7084 ÷ 77	12	8239 ÷ 77
13	1463 ÷ 77	14	3003 ÷ 77	15	6699 ÷ 77	16	2464 ÷ 77	17	1925 ÷ 77	18	5005 ÷ 77
19	2926 ÷ 77	20	9240 ÷ 77	21	7469 ÷ 77	22	2387 ÷ 77	23	3080 ÷ 77	24	3773 ÷ 77
25	5621 ÷ 77	26	7161 ÷ 77	27	2772 ÷ 77	28	5775 ÷ 77	29	2541 ÷ 77	30	3619 ÷ 77
31	2002 ÷ 77	32	7392 ÷ 77	33	5313 ÷ 77	34	3927 ÷ 77	35	4081 ÷ 77	36	1386 ÷ 77
37	4389 ÷ 77	38	4697 ÷ 77	39	3157 ÷ 77	40	8085 ÷ 77	41	8932 ÷ 77	42	5544 ÷ 77
43	9779 ÷ 77	44	7238 ÷ 77	45	7777 ÷ 77	46	5159 ÷ 77	47	1232 ÷ 77	48	8393 ÷ 77
49	1540 ÷ 77	50	1001 ÷ 77	51	9086 ÷ 77	52	7623 ÷ 77	53	8470 ÷ 77	54	8008 ÷ 77
55	3696 ÷ 77	56	1694 ÷ 77	57	7854 ÷ 77	58	8855 ÷ 77	59	5467 ÷ 77	60	2618 ÷ 77

Divison 01 to 999

Name: _____ Date: _____

Start Time: _____ End Time: _____

Score: _____

60

1. 5148 ÷ 78	2. 6006 ÷ 78	3. 3978 ÷ 78	4. 5616 ÷ 78	5. 8970 ÷ 78	6. 9204 ÷ 78
7. 4758 ÷ 78	8. 6162 ÷ 78	9. 6240 ÷ 78	10. 2184 ÷ 78	11. 2574 ÷ 78	12. 4680 ÷ 78
13. 5850 ÷ 78	14. 3510 ÷ 78	15. 7020 ÷ 78	16. 7488 ÷ 78	17. 8580 ÷ 78	18. 4992 ÷ 78
19. 9594 ÷ 78	20. 1404 ÷ 78	21. 6552 ÷ 78	22. 4524 ÷ 78	23. 7098 ÷ 78	24. 5070 ÷ 78
25. 4602 ÷ 78	26. 2106 ÷ 78	27. 1638 ÷ 78	28. 5928 ÷ 78	29. 1950 ÷ 78	30. 7332 ÷ 78
31. 6630 ÷ 78	32. 4290 ÷ 78	33. 2964 ÷ 78	34. 7800 ÷ 78	35. 2886 ÷ 78	36. 1794 ÷ 78
37. 5304 ÷ 78	38. 2808 ÷ 78	39. 8112 ÷ 78	40. 1482 ÷ 78	41. 8814 ÷ 78	42. 5772 ÷ 78
43. 4446 ÷ 78	44. 7254 ÷ 78	45. 7176 ÷ 78	46. 4212 ÷ 78	47. 9438 ÷ 78	48. 8502 ÷ 78
49. 2262 ÷ 78	50. 9906 ÷ 78	51. 5226 ÷ 78	52. 4368 ÷ 78	53. 5694 ÷ 78	54. 1014 ÷ 78
55. 1326 ÷ 78	56. 1092 ÷ 78	57. 8658 ÷ 78	58. 7566 ÷ 78	59. 2652 ÷ 78	60. 6318 ÷ 78

Division 01 to 999

Name: _____ Date: _____

Start Time: _____ End Time: _____

Score: _____

60

1 3081 ÷ 79	2 5056 ÷ 79	3 4029 ÷ 79	4 4582 ÷ 79	5 2054 ÷ 79	6 7505 ÷ 79
7 7426 ÷ 79	8 9322 ÷ 79	9 8690 ÷ 79	10 4187 ÷ 79	11 6083 ÷ 79	12 4977 ÷ 79
13 4898 ÷ 79	14 3792 ÷ 79	15 7663 ÷ 79	16 2686 ÷ 79	17 1422 ÷ 79	18 5688 ÷ 79
19 8848 ÷ 79	20 5846 ÷ 79	21 3634 ÷ 79	22 3160 ÷ 79	23 7031 ÷ 79	24 9638 ÷ 79
25 8295 ÷ 79	26 1580 ÷ 79	27 2212 ÷ 79	28 9085 ÷ 79	29 9559 ÷ 79	30 1264 ÷ 79
31 5451 ÷ 79	32 5925 ÷ 79	33 4424 ÷ 79	34 8216 ÷ 79	35 5530 ÷ 79	36 5372 ÷ 79
37 2607 ÷ 79	38 6794 ÷ 79	39 7110 ÷ 79	40 2133 ÷ 79	41 6557 ÷ 79	42 7821 ÷ 79
43 3871 ÷ 79	44 9401 ÷ 79	45 1896 ÷ 79	46 1106 ÷ 79	47 4819 ÷ 79	48 2844 ÷ 79
49 7584 ÷ 79	50 1659 ÷ 79	51 8137 ÷ 79	52 4266 ÷ 79	53 3950 ÷ 79	54 1027 ÷ 79
55 2528 ÷ 79	56 1343 ÷ 79	57 1975 ÷ 79	58 3476 ÷ 79	59 7347 ÷ 79	60 7268 ÷ 79

Division
01 to 999

Name: _____ Date: _____ Score: _____

Start Time: _____ End Time: _____ 60

1. 9120 ÷ 80	2. 9440 ÷ 80	3. 3120 ÷ 80	4. 2640 ÷ 80	5. 9200 ÷ 80	6. 1280 ÷ 80
7. 7520 ÷ 80	8. 7440 ÷ 80	9. 4560 ÷ 80	10. 1840 ÷ 80	11. 2800 ÷ 80	12. 1520 ÷ 80
13. 3280 ÷ 80	14. 8160 ÷ 80	15. 1600 ÷ 80	16. 6880 ÷ 80	17. 3920 ÷ 80	18. 2160 ÷ 80
19. 7120 ÷ 80	20. 8720 ÷ 80	21. 6720 ÷ 80	22. 9360 ÷ 80	23. 2080 ÷ 80	24. 1440 ÷ 80
25. 2720 ÷ 80	26. 2000 ÷ 80	27. 1040 ÷ 80	28. 7600 ÷ 80	29. 7360 ÷ 80	30. 9600 ÷ 80
31. 6560 ÷ 80	32. 6160 ÷ 80	33. 6000 ÷ 80	34. 9840 ÷ 80	35. 5040 ÷ 80	36. 6480 ÷ 80
37. 9760 ÷ 80	38. 1120 ÷ 80	39. 3600 ÷ 80	40. 5840 ÷ 80	41. 5760 ÷ 80	42. 1760 ÷ 80
43. 4880 ÷ 80	44. 6640 ÷ 80	45. 7040 ÷ 80	46. 5120 ÷ 80	47. 5520 ÷ 80	48. 4320 ÷ 80
49. 8880 ÷ 80	50. 6400 ÷ 80	51. 5200 ÷ 80	52. 2960 ÷ 80	53. 5680 ÷ 80	54. 7840 ÷ 80
55. 2880 ÷ 80	56. 3840 ÷ 80	57. 8640 ÷ 80	58. 3360 ÷ 80	59. 5920 ÷ 80	60. 5360 ÷ 80

Division 01 to 999

Name: _____ Date: _____ Score: _____

Start Time: _____ End Time: _____ 60

#	Problem
1	4131 ÷ 81
2	3078 ÷ 81
3	7938 ÷ 81
4	6399 ÷ 81
5	9558 ÷ 81
6	6561 ÷ 81
7	9639 ÷ 81
8	7290 ÷ 81
9	7857 ÷ 81
10	6804 ÷ 81
11	2835 ÷ 81
12	2137 ÷ 81
13	3807 ÷ 81
14	5670 ÷ 81
15	9477 ÷ 81
16	4374 ÷ 81
17	7695 ÷ 81
18	4293 ÷ 81
19	5184 ÷ 81
20	6318 ÷ 81
21	7533 ÷ 81
22	9882 ÷ 81
23	1134 ÷ 81
24	5994 ÷ 81
25	3240 ÷ 81
26	1539 ÷ 81
27	1944 ÷ 81
28	2349 ÷ 81
29	1782 ÷ 81
30	8991 ÷ 81
31	8667 ÷ 81
32	2511 ÷ 81
33	5427 ÷ 81
34	6723 ÷ 81
35	5589 ÷ 81
36	7452 ÷ 81
37	2673 ÷ 81
38	7776 ÷ 81
39	8505 ÷ 81
40	1377 ÷ 81
41	8262 ÷ 81
42	3726 ÷ 81
43	8424 ÷ 81
44	4212 ÷ 81
45	6966 ÷ 81
46	9072 ÷ 81
47	1458 ÷ 81
48	5508 ÷ 81
49	6885 ÷ 81
50	4698 ÷ 81
51	3969 ÷ 81
52	4941 ÷ 81
53	2268 ÷ 81
54	9396 ÷ 81
55	2430 ÷ 81
56	7128 ÷ 81
57	8100 ÷ 81
58	8019 ÷ 81
59	3402 ÷ 81
60	7371 ÷ 81

Name: _____ **Date:** _____

Start Time: _____ **End Time:** _____

Score: _____

60

1. 3362 ÷ 82	2. 9020 ÷ 82	3. 8200 ÷ 82	4. 4756 ÷ 82	5. 8528 ÷ 82	6. 6806 ÷ 82
7. 3526 ÷ 82	8. 8282 ÷ 82	9. 3690 ÷ 82	10. 6642 ÷ 82	11. 1476 ÷ 82	12. 4182 ÷ 82
13. 8774 ÷ 82	14. 2706 ÷ 82	15. 7872 ÷ 82	16. 6232 ÷ 82	17. 2788 ÷ 82	18. 5740 ÷ 82
19. 4428 ÷ 82	20. 7790 ÷ 82	21. 7708 ÷ 82	22. 3936 ÷ 82	23. 7626 ÷ 82	24. 9184 ÷ 82
25. 3608 ÷ 82	26. 4018 ÷ 82	27. 8938 ÷ 82	28. 9348 ÷ 82	29. 8118 ÷ 82	30. 1804 ÷ 82
31. 7462 ÷ 82	32. 7298 ÷ 82	33. 1066 ÷ 82	34. 4346 ÷ 82	35. 5494 ÷ 82	36. 8364 ÷ 82
37. 5412 ÷ 82	38. 3116 ÷ 82	39. 3854 ÷ 82	40. 7544 ÷ 82	41. 5904 ÷ 82	42. 7052 ÷ 82
43. 4264 ÷ 82	44. 5084 ÷ 82	45. 2460 ÷ 82	46. 6396 ÷ 82	47. 3444 ÷ 82	48. 8446 ÷ 82
49. 2870 ÷ 82	50. 6970 ÷ 82	51. 9922 ÷ 82	52. 3198 ÷ 82	53. 3280 ÷ 82	54. 1394 ÷ 82
55. 6560 ÷ 82	56. 6068 ÷ 82	57. 2132 ÷ 82	58. 2378 ÷ 82	59. 7954 ÷ 82	60. 8856 ÷ 82

Division 01 to 999

Name: _____ Date: _____

Score: _____

Start Time: _____ End Time: _____

60

#		#		#		#		#		#	
1	6889 ÷ 83	2	7387 ÷ 83	3	4565 ÷ 83	4	6059 ÷ 83	5	1245 ÷ 83	6	7304 ÷ 83
7	7553 ÷ 83	8	9794 ÷ 83	9	1826 ÷ 83	10	3652 ÷ 83	11	8466 ÷ 83	12	2158 ÷ 83
13	4648 ÷ 83	14	8632 ÷ 83	15	9047 ÷ 83	16	5893 ÷ 83	17	6557 ÷ 83	18	5478 ÷ 83
19	7470 ÷ 83	20	3569 ÷ 83	21	6640 ÷ 83	22	4233 ÷ 83	23	7885 ÷ 83	24	6225 ÷ 83
25	8383 ÷ 83	26	9628 ÷ 83	27	1328 ÷ 83	28	8217 ÷ 83	29	5229 ÷ 83	30	9130 ÷ 83
31	8134 ÷ 83	32	8964 ÷ 83	33	6806 ÷ 83	34	2241 ÷ 83	35	9960 ÷ 83	36	5146 ÷ 83
37	4482 ÷ 83	38	1743 ÷ 83	39	7636 ÷ 83	40	6474 ÷ 83	41	3237 ÷ 83	42	6723 ÷ 83
43	4316 ÷ 83	44	4731 ÷ 83	45	2739 ÷ 83	46	3818 ÷ 83	47	6308 ÷ 83	48	2490 ÷ 83
49	4150 ÷ 83	50	5644 ÷ 83	51	3486 ÷ 83	52	5561 ÷ 83	53	8051 ÷ 83	54	9711 ÷ 83
55	3735 ÷ 83	56	7221 ÷ 83	57	2573 ÷ 83	58	5063 ÷ 83	59	5727 ÷ 83	60	1079 ÷ 83

Division 01 to 999

Name: _____ Date: _____ Score: _____

Start Time: _____ End Time: _____   60

1. 3528 ÷ 84
2. 9408 ÷ 84
3. 9240 ÷ 84
4. 2856 ÷ 84
5. 9996 ÷ 84
6. 2352 ÷ 84
7. 2772 ÷ 84
8. 4452 ÷ 84
9. 6216 ÷ 84
10. 1680 ÷ 84
11. 7224 ÷ 84
12. 9324 ÷ 84
13. 5628 ÷ 84
14. 7812 ÷ 84
15. 5964 ÷ 84
16. 1344 ÷ 84
17. 5460 ÷ 84
18. 4620 ÷ 84
19. 1008 ÷ 84
20. 1932 ÷ 84
21. 9072 ÷ 84
22. 7644 ÷ 84
23. 8232 ÷ 84
24. 2688 ÷ 84
25. 6468 ÷ 84
26. 4368 ÷ 84
27. 8484 ÷ 84
28. 5712 ÷ 84
29. 8652 ÷ 84
30. 1764 ÷ 84
31. 9912 ÷ 84
32. 2268 ÷ 84
33. 8064 ÷ 84
34. 3108 ÷ 84
35. 6132 ÷ 84
36. 4200 ÷ 84
37. 9576 ÷ 84
38. 5376 ÷ 84
39. 5292 ÷ 84
40. 6720 ÷ 84
41. 5124 ÷ 84
42. 4536 ÷ 84
43. 4788 ÷ 84
44. 3360 ÷ 84
45. 4704 ÷ 84
46. 4284 ÷ 84
47. 2520 ÷ 84
48. 1092 ÷ 84
49. 6384 ÷ 84
50. 8568 ÷ 84
51. 6552 ÷ 84
52. 6300 ÷ 84
53. 5040 ÷ 84
54. 7308 ÷ 84
55. 4956 ÷ 84
56. 5208 ÷ 84
57. 6636 ÷ 84
58. 4872 ÷ 84
59. 2184 ÷ 84
60. 1596 ÷ 84

Division 01 to 999

Name: _____ Date: _____ Score: _____

Start Time: _____ End Time: _____   60

1. 4590 ÷ 85	2. 9860 ÷ 85	3. 7820 ÷ 85	4. 2040 ÷ 85	5. 3995 ÷ 85	6. 2210 ÷ 85
7. 3060 ÷ 85	8. 3145 ÷ 85	9. 1445 ÷ 85	10. 8925 ÷ 85	11. 3825 ÷ 85	12. 1700 ÷ 85
13. 1360 ÷ 85	14. 9435 ÷ 85	15. 9350 ÷ 85	16. 6630 ÷ 85	17. 2550 ÷ 85	18. 2125 ÷ 85
19. 5185 ÷ 85	20. 2720 ÷ 85	21. 9095 ÷ 85	22. 2635 ÷ 85	23. 4420 ÷ 85	24. 7055 ÷ 85
25. 2805 ÷ 85	26. 9265 ÷ 85	27. 9690 ÷ 85	28. 7565 ÷ 85	29. 1020 ÷ 85	30. 5270 ÷ 85
31. 6800 ÷ 85	32. 1615 ÷ 85	33. 5610 ÷ 85	34. 4250 ÷ 85	35. 8075 ÷ 85	36. 3230 ÷ 85
37. 2975 ÷ 85	38. 8500 ÷ 85	39. 3485 ÷ 85	40. 8415 ÷ 85	41. 5780 ÷ 85	42. 4675 ÷ 85
43. 9180 ÷ 85	44. 1105 ÷ 85	45. 1530 ÷ 85	46. 5355 ÷ 85	47. 7650 ÷ 85	48. 6545 ÷ 85
49. 5695 ÷ 85	50. 5015 ÷ 85	51. 7990 ÷ 85	52. 7735 ÷ 85	53. 5865 ÷ 85	54. 3910 ÷ 85
55. 3315 ÷ 85	56. 1870 ÷ 85	57. 3740 ÷ 85	58. 4505 ÷ 85	59. 9010 ÷ 85	60. 2465 ÷ 85

Division
01 to 999

Name: _____ Date: _____

Start Time: _____ End Time: _____

Score: _____

60

1. 8514 ÷ 86	2. 7826 ÷ 86	3. 1118 ÷ 86	4. 4816 ÷ 86	5. 2408 ÷ 86	6. 9460 ÷ 86
7. 1290 ÷ 86	8. 6020 ÷ 86	9. 5848 ÷ 86	10. 7998 ÷ 86	11. 8170 ÷ 86	12. 4988 ÷ 86
13. 2236 ÷ 86	14. 5762 ÷ 86	15. 6794 ÷ 86	16. 7224 ÷ 86	17. 3010 ÷ 86	18. 7482 ÷ 86
19. 2838 ÷ 86	20. 3784 ÷ 86	21. 4042 ÷ 86	22. 5332 ÷ 86	23. 4386 ÷ 86	24. 3526 ÷ 86
25. 8600 ÷ 86	26. 4644 ÷ 86	27. 9288 ÷ 86	28. 4300 ÷ 86	29. 4472 ÷ 86	30. 4214 ÷ 86
31. 3354 ÷ 86	32. 9976 ÷ 86	33. 7310 ÷ 86	34. 6708 ÷ 86	35. 7912 ÷ 86	36. 4558 ÷ 86
37. 6364 ÷ 86	38. 9202 ÷ 86	39. 5676 ÷ 86	40. 3698 ÷ 86	41. 6192 ÷ 86	42. 2494 ÷ 86
43. 2924 ÷ 86	44. 9890 ÷ 86	45. 2150 ÷ 86	46. 8772 ÷ 86	47. 5418 ÷ 86	48. 6966 ÷ 86
49. 9718 ÷ 86	50. 4128 ÷ 86	51. 3268 ÷ 86	52. 5934 ÷ 86	53. 7568 ÷ 86	54. 8686 ÷ 86
55. 3096 ÷ 86	56. 1720 ÷ 86	57. 1892 ÷ 86	58. 4730 ÷ 86	59. 1634 ÷ 86	60. 9116 ÷ 86

Division 01 to 999

Name: _____ Date: _____ Score: _____

Start Time: _____ End Time: _____ 60

#		#		#		#		#		#	
1	5133 ÷ 87	2	2958 ÷ 87	3	3567 ÷ 87	4	4785 ÷ 87	5	3828 ÷ 87	6	1653 ÷ 87
7	8700 ÷ 87	8	3306 ÷ 87	9	2610 ÷ 87	10	8961 ÷ 87	11	7134 ÷ 87	12	4350 ÷ 87
13	3741 ÷ 87	14	7482 ÷ 87	15	4263 ÷ 87	16	3393 ÷ 87	17	5307 ÷ 87	18	7569 ÷ 87
19	6699 ÷ 87	20	9744 ÷ 87	21	3654 ÷ 87	22	5394 ÷ 87	23	5655 ÷ 87	24	4872 ÷ 87
25	2262 ÷ 87	26	7221 ÷ 87	27	8787 ÷ 87	28	4959 ÷ 87	29	7395 ÷ 87	30	5742 ÷ 87
31	1566 ÷ 87	32	6960 ÷ 87	33	1740 ÷ 87	34	5046 ÷ 87	35	8004 ÷ 87	36	7308 ÷ 87
37	8091 ÷ 87	38	2871 ÷ 87	39	9396 ÷ 87	40	2088 ÷ 87	41	3132 ÷ 87	42	2175 ÷ 87
43	1131 ÷ 87	44	4176 ÷ 87	45	7047 ÷ 87	46	6786 ÷ 87	47	5829 ÷ 87	48	8265 ÷ 87
49	2436 ÷ 87	50	7743 ÷ 87	51	3915 ÷ 87	52	9570 ÷ 87	53	3045 ÷ 87	54	5220 ÷ 87
55	1827 ÷ 87	56	4089 ÷ 87	57	8874 ÷ 87	58	4437 ÷ 87	59	8352 ÷ 87	60	2697 ÷ 87

Division 01 to 999

Name: _____ Date: _____

Start Time: _____ End Time: _____

Score: _____

60

1	2	3	4	5	6
5456 ÷ 88	7480 ÷ 88	1496 ÷ 88	2024 ÷ 88	2816 ÷ 88	6776 ÷ 88

7	8	9	10	11	12
6952 ÷ 88	2728 ÷ 88	3696 ÷ 88	7128 ÷ 88	7656 ÷ 88	8976 ÷ 88

13	14	15	16	17	18
9592 ÷ 88	2640 ÷ 88	5808 ÷ 88	6864 ÷ 88	9240 ÷ 88	5984 ÷ 88

19	20	21	22	23	24
7920 ÷ 88	2464 ÷ 88	7304 ÷ 88	6688 ÷ 88	2552 ÷ 88	1848 ÷ 88

25	26	27	28	29	30
8096 ÷ 88	5720 ÷ 88	9328 ÷ 88	4312 ÷ 88	1760 ÷ 88	4752 ÷ 88

31	32	33	34	35	36
6160 ÷ 88	3784 ÷ 88	4224 ÷ 88	7216 ÷ 88	1144 ÷ 88	9768 ÷ 88

37	38	39	40	41	42
9416 ÷ 88	8888 ÷ 88	1584 ÷ 88	2112 ÷ 88	3520 ÷ 88	4488 ÷ 88

43	44	45	46	47	48
6248 ÷ 88	4840 ÷ 88	2200 ÷ 88	3608 ÷ 88	8448 ÷ 88	5280 ÷ 88

49	50	51	52	53	54
5192 ÷ 88	7744 ÷ 88	1936 ÷ 88	2904 ÷ 88	4664 ÷ 88	4048 ÷ 88

55	56	57	58	59	60
9064 ÷ 88	8272 ÷ 88	1056 ÷ 88	8536 ÷ 88	9504 ÷ 88	3432 ÷ 88

Division 01 to 999

Name: _____ Date: _____ Score: _____

Start Time: _____ End Time: _____

60

1. 6586 ÷ 89	2. 6764 ÷ 89	3. 2047 ÷ 89	4. 2403 ÷ 89	5. 5963 ÷ 89	6. 9523 ÷ 89
7. 7832 ÷ 89	8. 7031 ÷ 89	9. 2492 ÷ 89	10. 1958 ÷ 89	11. 9256 ÷ 89	12. 3738 ÷ 89
13. 5874 ÷ 89	14. 3827 ÷ 89	15. 7209 ÷ 89	16. 7743 ÷ 89	17. 1691 ÷ 89	18. 8989 ÷ 89
19. 3204 ÷ 89	20. 5696 ÷ 89	21. 4895 ÷ 89	22. 7476 ÷ 89	23. 9612 ÷ 89	24. 4272 ÷ 89
25. 4806 ÷ 89	26. 8188 ÷ 89	27. 6319 ÷ 89	28. 8633 ÷ 89	29. 1602 ÷ 89	30. 9167 ÷ 89
31. 3293 ÷ 89	32. 2136 ÷ 89	33. 5429 ÷ 89	34. 3916 ÷ 89	35. 5518 ÷ 89	36. 6141 ÷ 89
37. 6497 ÷ 89	38. 2670 ÷ 89	39. 2581 ÷ 89	40. 5607 ÷ 89	41. 1780 ÷ 89	42. 7654 ÷ 89
43. 8722 ÷ 89	44. 2937 ÷ 89	45. 1246 ÷ 89	46. 1424 ÷ 89	47. 4094 ÷ 89	48. 1068 ÷ 89
49. 9078 ÷ 89	50. 7565 ÷ 89	51. 1869 ÷ 89	52. 3115 ÷ 89	53. 1513 ÷ 89	54. 3649 ÷ 89
55. 9790 ÷ 89	56. 1335 ÷ 89	57. 5340 ÷ 89	58. 6408 ÷ 89	59. 9879 ÷ 89	60. 5785 ÷ 89

Division 01 to 999

Name: _____ Date: _____

Start Time: _____ End Time: _____

Score: _____

60

1 1800 ÷ 90	2 5400 ÷ 90	3 9000 ÷ 90	4 8370 ÷ 90	5 8820 ÷ 90	6 2790 ÷ 90
7 1890 ÷ 90	8 2070 ÷ 90	9 8910 ÷ 90	10 4950 ÷ 90	11 7830 ÷ 90	12 9810 ÷ 90
13 2340 ÷ 90	14 5940 ÷ 90	15 8280 ÷ 90	16 9630 ÷ 90	17 9450 ÷ 90	18 4860 ÷ 90
19 4140 ÷ 90	20 6660 ÷ 90	21 7740 ÷ 90	22 3870 ÷ 90	23 3780 ÷ 90	24 8100 ÷ 90
25 4500 ÷ 90	26 2520 ÷ 90	27 3420 ÷ 90	28 2700 ÷ 90	29 5580 ÷ 90	30 9270 ÷ 90
31 1170 ÷ 90	32 9180 ÷ 90	33 7290 ÷ 90	34 4680 ÷ 90	35 4230 ÷ 90	36 3240 ÷ 90
37 7200 ÷ 90	38 8190 ÷ 90	39 9090 ÷ 90	40 6480 ÷ 90	41 7470 ÷ 90	42 1260 ÷ 90
43 7920 ÷ 90	44 8640 ÷ 90	45 7560 ÷ 90	46 9360 ÷ 90	47 1440 ÷ 90	48 2880 ÷ 90
49 1530 ÷ 90	50 6300 ÷ 90	51 5220 ÷ 90	52 1980 ÷ 90	53 4320 ÷ 90	54 4590 ÷ 90
55 1710 ÷ 90	56 7650 ÷ 90	57 6840 ÷ 90	58 9540 ÷ 90	59 9900 ÷ 90	60 5670 ÷ 90

Division 01 to 999

Name: _____ Date: _____ Score: _____

Start Time: _____ End Time: _____ 60

1 9373 ÷ 91	2 2275 ÷ 91	3 5642 ÷ 91	4 1001 ÷ 91	5 2002 ÷ 91	6 3549 ÷ 91
7 7826 ÷ 91	8 3367 ÷ 91	9 2730 ÷ 91	10 8736 ÷ 91	11 3822 ÷ 91	12 4186 ÷ 91
13 1456 ÷ 91	14 1729 ÷ 91	15 8645 ÷ 91	16 6097 ÷ 91	17 9009 ÷ 91	18 9555 ÷ 91
19 2639 ÷ 91	20 8190 ÷ 91	21 5278 ÷ 91	22 3185 ÷ 91	23 5460 ÷ 91	24 2366 ÷ 91
25 8281 ÷ 91	26 3731 ÷ 91	27 1274 ÷ 91	28 7098 ÷ 91	29 4368 ÷ 91	30 2821 ÷ 91
31 6370 ÷ 91	32 9191 ÷ 91	33 8554 ÷ 91	34 9919 ÷ 91	35 3276 ÷ 91	36 7917 ÷ 91
37 1092 ÷ 91	38 3458 ÷ 91	39 4641 ÷ 91	40 1365 ÷ 91	41 7189 ÷ 91	42 6552 ÷ 91
43 2093 ÷ 91	44 1547 ÷ 91	45 7462 ÷ 91	46 3003 ÷ 91	47 1183 ÷ 91	48 2184 ÷ 91
49 8008 ÷ 91	50 5733 ÷ 91	51 9737 ÷ 91	52 5824 ÷ 91	53 2912 ÷ 91	54 5187 ÷ 91
55 6643 ÷ 91	56 6461 ÷ 91	57 4823 ÷ 91	58 3640 ÷ 91	59 2548 ÷ 91	60 1820 ÷ 91

Division
01 to 999

Name: _____ Date: _____ Score: _____

Start Time: _____ End Time: _____ 60

1	2	3	4	5	6
1840 ÷ 92	4692 ÷ 92	3404 ÷ 92	6440 ÷ 92	2484 ÷ 92	4416 ÷ 92
7	8	9	10	11	12
7452 ÷ 92	5704 ÷ 92	8464 ÷ 92	6164 ÷ 92	6716 ÷ 92	3956 ÷ 92
13	14	15	16	17	18
3588 ÷ 92	3036 ÷ 92	7084 ÷ 92	8556 ÷ 92	6072 ÷ 92	5244 ÷ 92
19	20	21	22	23	24
2116 ÷ 92	7360 ÷ 92	2760 ÷ 92	1196 ÷ 92	9292 ÷ 92	5612 ÷ 92
25	26	27	28	29	30
9936 ÷ 92	8096 ÷ 92	1564 ÷ 92	3220 ÷ 92	1380 ÷ 92	3496 ÷ 92
31	32	33	34	35	36
3128 ÷ 92	2024 ÷ 92	5152 ÷ 92	6624 ÷ 92	8740 ÷ 92	1012 ÷ 92
37	38	39	40	41	42
3864 ÷ 92	3312 ÷ 92	7636 ÷ 92	5888 ÷ 92	2392 ÷ 92	9016 ÷ 92
43	44	45	46	47	48
6808 ÷ 92	2576 ÷ 92	2852 ÷ 92	8648 ÷ 92	3680 ÷ 92	1748 ÷ 92
49	50	51	52	53	54
8004 ÷ 92	5060 ÷ 92	5428 ÷ 92	9384 ÷ 92	5336 ÷ 92	4508 ÷ 92
55	56	57	58	59	60
4600 ÷ 92	6532 ÷ 92	4876 ÷ 92	7912 ÷ 92	1932 ÷ 92	1104 ÷ 92

Division 01 to 999

Name: _____ Date: _____ Score: _____

Start Time: _____ End Time: _____ 60

1. 7347 ÷ 93	2. 8463 ÷ 93	3. 1302 ÷ 93	4. 1860 ÷ 93	5. 4278 ÷ 93	6. 2790 ÷ 93
7. 5859 ÷ 93	8. 8835 ÷ 93	9. 6417 ÷ 93	10. 2046 ÷ 93	11. 5766 ÷ 93	12. 2418 ÷ 93
13. 4650 ÷ 93	14. 8928 ÷ 93	15. 3999 ÷ 93	16. 6510 ÷ 93	17. 6045 ÷ 93	18. 1581 ÷ 93
19. 5394 ÷ 93	20. 8649 ÷ 93	21. 5208 ÷ 93	22. 9021 ÷ 93	23. 3162 ÷ 93	24. 4464 ÷ 93
25. 9114 ÷ 93	26. 1674 ÷ 93	27. 7533 ÷ 93	28. 6324 ÷ 93	29. 9393 ÷ 93	30. 7440 ÷ 93
31. 7905 ÷ 93	32. 3255 ÷ 93	33. 1023 ÷ 93	34. 7161 ÷ 93	35. 2976 ÷ 93	36. 9300 ÷ 93
37. 2883 ÷ 93	38. 9486 ÷ 93	39. 2604 ÷ 93	40. 8370 ÷ 93	41. 6138 ÷ 93	42. 1116 ÷ 93
43. 7998 ÷ 93	44. 6975 ÷ 93	45. 3627 ÷ 93	46. 4836 ÷ 93	47. 5301 ÷ 93	48. 9207 ÷ 93
49. 4743 ÷ 93	50. 7719 ÷ 93	51. 8277 ÷ 93	52. 9765 ÷ 93	53. 3534 ÷ 93	54. 8742 ÷ 93
55. 6882 ÷ 93	56. 2697 ÷ 93	57. 8091 ÷ 93	58. 5487 ÷ 93	59. 9858 ÷ 93	60. 3069 ÷ 93

Name: _____ **Date:** _____

Start Time: _____ **End Time:** _____

Score: _____

60

1. 6204 ÷ 94	2. 8554 ÷ 94	3. 8742 ÷ 94	4. 3948 ÷ 94	5. 1880 ÷ 94	6. 6674 ÷ 94
7. 3478 ÷ 94	8. 8272 ÷ 94	9. 1692 ÷ 94	10. 1316 ÷ 94	11. 6392 ÷ 94	12. 3666 ÷ 94
13. 4982 ÷ 94	14. 4700 ÷ 94	15. 4042 ÷ 94	16. 3760 ÷ 94	17. 3572 ÷ 94	18. 6862 ÷ 94
19. 7238 ÷ 94	20. 2350 ÷ 94	21. 7332 ÷ 94	22. 8084 ÷ 94	23. 4324 ÷ 94	24. 1598 ÷ 94
25. 4606 ÷ 94	26. 9400 ÷ 94	27. 5546 ÷ 94	28. 7050 ÷ 94	29. 9212 ÷ 94	30. 1786 ÷ 94
31. 2444 ÷ 94	32. 2068 ÷ 94	33. 3290 ÷ 94	34. 1222 ÷ 94	35. 5264 ÷ 94	36. 2162 ÷ 94
37. 9306 ÷ 94	38. 7990 ÷ 94	39. 7520 ÷ 94	40. 9024 ÷ 94	41. 1410 ÷ 94	42. 3102 ÷ 94
43. 3196 ÷ 94	44. 3384 ÷ 94	45. 8178 ÷ 94	46. 5076 ÷ 94	47. 6110 ÷ 94	48. 8930 ÷ 94
49. 7708 ÷ 94	50. 8460 ÷ 94	51. 9870 ÷ 94	52. 1504 ÷ 94	53. 5640 ÷ 94	54. 5828 ÷ 94
55. 4888 ÷ 94	56. 6956 ÷ 94	57. 6580 ÷ 94	58. 7144 ÷ 94	59. 4136 ÷ 94	60. 5922 ÷ 94

Division 01 to 999

Name: _____ Date: _____

Start Time: _____ End Time: _____

Score: _____

60

1. 7695 ÷ 95	2. 1995 ÷ 95	3. 8930 ÷ 95	4. 5700 ÷ 95	5. 3800 ÷ 95	6. 1805 ÷ 95
7. 7885 ÷ 95	8. 4275 ÷ 95	9. 4560 ÷ 95	10. 4370 ÷ 95	11. 3230 ÷ 95	12. 1710 ÷ 95
13. 9690 ÷ 95	14. 2470 ÷ 95	15. 8550 ÷ 95	16. 9500 ÷ 95	17. 2850 ÷ 95	18. 3135 ÷ 95
19. 9975 ÷ 95	20. 1900 ÷ 95	21. 4845 ÷ 95	22. 9880 ÷ 95	23. 3325 ÷ 95	24. 2660 ÷ 95
25. 5795 ÷ 95	26. 1330 ÷ 95	27. 3895 ÷ 95	28. 2090 ÷ 95	29. 5510 ÷ 95	30. 5985 ÷ 95
31. 4655 ÷ 95	32. 8170 ÷ 95	33. 6365 ÷ 95	34. 2185 ÷ 95	35. 3420 ÷ 95	36. 2945 ÷ 95
37. 9025 ÷ 95	38. 7980 ÷ 95	39. 9215 ÷ 95	40. 7790 ÷ 95	41. 8360 ÷ 95	42. 2280 ÷ 95
43. 6745 ÷ 95	44. 5605 ÷ 95	45. 9120 ÷ 95	46. 5890 ÷ 95	47. 6935 ÷ 95	48. 6270 ÷ 95
49. 3610 ÷ 95	50. 1615 ÷ 95	51. 1045 ÷ 95	52. 7220 ÷ 95	53. 8645 ÷ 95	54. 1520 ÷ 95
55. 8075 ÷ 95	56. 2375 ÷ 95	57. 8835 ÷ 95	58. 5320 ÷ 95	59. 6460 ÷ 95	60. 8455 ÷ 95

Division 01 to 999

Name: _____ Date: _____

Start Time: _____ End Time: _____

Score: _____

60

#	Problem	#	Problem	#	Problem	#	Problem	#	Problem	#	Problem
1	2880 ÷ 96	2	8544 ÷ 96	3	1344 ÷ 96	4	1632 ÷ 96	5	8736 ÷ 96	6	5184 ÷ 96
7	3456 ÷ 96	8	9216 ÷ 96	9	6528 ÷ 96	10	8352 ÷ 96	11	4608 ÷ 96	12	6912 ÷ 96
13	7968 ÷ 96	14	3552 ÷ 96	15	2592 ÷ 96	16	4800 ÷ 96	17	7200 ÷ 96	18	7104 ÷ 96
19	7584 ÷ 96	20	1248 ÷ 96	21	8448 ÷ 96	22	2496 ÷ 96	23	7296 ÷ 96	24	8928 ÷ 96
25	9120 ÷ 96	26	1152 ÷ 96	27	3168 ÷ 96	28	6144 ÷ 96	29	9504 ÷ 96	30	6336 ÷ 96
31	5664 ÷ 96	32	8640 ÷ 96	33	3072 ÷ 96	34	5088 ÷ 96	35	4128 ÷ 96	36	2304 ÷ 96
37	3360 ÷ 96	38	9792 ÷ 96	39	4416 ÷ 96	40	2688 ÷ 96	41	4704 ÷ 96	42	5952 ÷ 96
43	5472 ÷ 96	44	6720 ÷ 96	45	2208 ÷ 96	46	7680 ÷ 96	47	4224 ÷ 96	48	1440 ÷ 96
49	5376 ÷ 96	50	7392 ÷ 96	51	9888 ÷ 96	52	1728 ÷ 96	53	2784 ÷ 96	54	4512 ÷ 96
55	2112 ÷ 96	56	6624 ÷ 96	57	2016 ÷ 96	58	3936 ÷ 96	59	7872 ÷ 96	60	3840 ÷ 96

Name: _____ Date: _____ Score: _____

Start Time: _____ End Time: _____

60

1	2	3	4	5	6
2425 ÷ 97	7469 ÷ 97	8439 ÷ 97	5917 ÷ 97	6111 ÷ 97	1261 ÷ 97

7	8	9	10	11	12
1358 ÷ 97	4171 ÷ 97	3201 ÷ 97	6790 ÷ 97	3783 ÷ 97	1843 ÷ 97

13	14	15	16	17	18
4074 ÷ 97	8245 ÷ 97	7760 ÷ 97	3589 ÷ 97	6887 ÷ 97	2910 ÷ 97

19	20	21	22	23	24
9118 ÷ 97	1649 ÷ 97	4365 ÷ 97	6402 ÷ 97	9506 ÷ 97	9797 ÷ 97

25	26	27	28	29	30
6305 ÷ 97	7566 ÷ 97	9409 ÷ 97	8342 ÷ 97	5238 ÷ 97	3686 ÷ 97

31	32	33	34	35	36
3298 ÷ 97	8827 ÷ 97	8730 ÷ 97	8148 ÷ 97	9603 ÷ 97	5626 ÷ 97

37	38	39	40	41	42
8924 ÷ 97	3880 ÷ 97	2813 ÷ 97	4559 ÷ 97	3492 ÷ 97	2716 ÷ 97

43	44	45	46	47	48
9021 ÷ 97	8633 ÷ 97	3007 ÷ 97	2037 ÷ 97	1552 ÷ 97	7178 ÷ 97

49	50	51	52	53	54
9700 ÷ 97	6208 ÷ 97	1455 ÷ 97	1164 ÷ 97	7954 ÷ 97	7081 ÷ 97

55	56	57	58	59	60
7857 ÷ 97	7275 ÷ 97	5820 ÷ 97	2522 ÷ 97	8536 ÷ 97	6596 ÷ 97

Divison 01 to 999

Division 01 to 999

Name: _____ Date: _____

Start Time: _____ End Time: _____

Score: _____ / 60

#		#		#		#		#		#	
1	5488 ÷ 98	2	9310 ÷ 98	3	3626 ÷ 98	4	4606 ÷ 98	5	1862 ÷ 98	6	4214 ÷ 98
7	8722 ÷ 98	8	3724 ÷ 98	9	5194 ÷ 98	10	1470 ÷ 98	11	8036 ÷ 98	12	4998 ÷ 98
13	2744 ÷ 98	14	7350 ÷ 98	15	1568 ÷ 98	16	5978 ÷ 98	17	1078 ÷ 98	18	7154 ÷ 98
19	1960 ÷ 98	20	5292 ÷ 98	21	2450 ÷ 98	22	8330 ÷ 98	23	1372 ÷ 98	24	8526 ÷ 98
25	2254 ÷ 98	26	7056 ÷ 98	27	9114 ÷ 98	28	8624 ÷ 98	29	1764 ÷ 98	30	9898 ÷ 98
31	8820 ÷ 98	32	9800 ÷ 98	33	9016 ÷ 98	34	3528 ÷ 98	35	6468 ÷ 98	36	4704 ÷ 98
37	5880 ÷ 98	38	4116 ÷ 98	39	3332 ÷ 98	40	4900 ÷ 98	41	2646 ÷ 98	42	6174 ÷ 98
43	4312 ÷ 98	44	6272 ÷ 98	45	5684 ÷ 98	46	6762 ÷ 98	47	5586 ÷ 98	48	7252 ÷ 98
49	2352 ÷ 98	50	3136 ÷ 98	51	3822 ÷ 98	52	6860 ÷ 98	53	6958 ÷ 98	54	3430 ÷ 98
55	8134 ÷ 98	56	3038 ÷ 98	57	1274 ÷ 98	58	7840 ÷ 98	59	7938 ÷ 98	60	9212 ÷ 98

Division 01 to 999

Name: _____ Date: _____ Score: _____

Start Time: _____ End Time: _____   60

1. 8019 ÷ 99	2. 2277 ÷ 99	3. 2673 ÷ 99	4. 6237 ÷ 99	5. 5346 ÷ 99	6. 4950 ÷ 99
7. 3366 ÷ 99	8. 3663 ÷ 99	9. 3960 ÷ 99	10. 2772 ÷ 99	11. 4257 ÷ 99	12. 2970 ÷ 99
13. 6633 ÷ 99	14. 8811 ÷ 99	15. 9999 ÷ 99	16. 1188 ÷ 99	17. 6831 ÷ 99	18. 4455 ÷ 99
19. 5841 ÷ 99	20. 8514 ÷ 99	21. 2574 ÷ 99	22. 1683 ÷ 99	23. 8118 ÷ 99	24. 5643 ÷ 99
25. 3168 ÷ 99	26. 8910 ÷ 99	27. 6138 ÷ 99	28. 5940 ÷ 99	29. 3069 ÷ 99	30. 7029 ÷ 99
31. 1485 ÷ 99	32. 6435 ÷ 99	33. 7425 ÷ 99	34. 9108 ÷ 99	35. 1386 ÷ 99	36. 1089 ÷ 99
37. 4653 ÷ 99	38. 5148 ÷ 99	39. 4851 ÷ 99	40. 2079 ÷ 99	41. 9306 ÷ 99	42. 7227 ÷ 99
43. 2376 ÷ 99	44. 1980 ÷ 99	45. 9504 ÷ 99	46. 1782 ÷ 99	47. 9405 ÷ 99	48. 6930 ÷ 99
49. 6336 ÷ 99	50. 7722 ÷ 99	51. 3465 ÷ 99	52. 4554 ÷ 99	53. 9009 ÷ 99	54. 9702 ÷ 99
55. 5247 ÷ 99	56. 7920 ÷ 99	57. 5049 ÷ 99	58. 4158 ÷ 99	59. 8217 ÷ 99	60. 8415 ÷ 99

Division 01 to 999

Name: _____ Date: _____

Start Time: _____ End Time: _____

Score: _____

60

1	2	3	4	5	6
7000 ÷ 100	5100 ÷ 100	3900 ÷ 100	3000 ÷ 100	9000 ÷ 100	4400 ÷ 100

7	8	9	10	11	12
1800 ÷ 100	7500 ÷ 100	9800 ÷ 100	2500 ÷ 100	5600 ÷ 100	3600 ÷ 100

13	14	15	16	17	18
4300 ÷ 100	1900 ÷ 100	6600 ÷ 100	2300 ÷ 100	8500 ÷ 100	6100 ÷ 100

19	20	21	22	23	24
7400 ÷ 100	9600 ÷ 100	2600 ÷ 100	8700 ÷ 100	9500 ÷ 100	4900 ÷ 100

25	26	27	28	29	30
3300 ÷ 100	6400 ÷ 100	1200 ÷ 100	2100 ÷ 100	2700 ÷ 100	5000 ÷ 100

31	32	33	34	35	36
2900 ÷ 100	1300 ÷ 100	1600 ÷ 100	7600 ÷ 100	8600 ÷ 100	3500 ÷ 100

37	38	39	40	41	42
4500 ÷ 100	5400 ÷ 100	5300 ÷ 100	9900 ÷ 100	4100 ÷ 100	1100 ÷ 100

43	44	45	46	47	48
5200 ÷ 100	9700 ÷ 100	2000 ÷ 100	1700 ÷ 100	8100 ÷ 100	7300 ÷ 100

49	50	51	52	53	54
7100 ÷ 100	6900 ÷ 100	8000 ÷ 100	5700 ÷ 100	6200 ÷ 100	3400 ÷ 100

55	56	57	58	59	60
6000 ÷ 100	9200 ÷ 100	4800 ÷ 100	8900 ÷ 100	8800 ÷ 100	6300 ÷ 100

Division
01 to 999

Name: _____ Date: _____

Start Time: _____ End Time: _____

Score: _____

60

1. 2084 ÷ 76
2. 1394 ÷ 10
3. 3034 ÷ 12
4. 9424 ÷ 4
5. 1181 ÷ 5
6. 4205 ÷ 25
7. 9720 ÷ 70
8. 6429 ÷ 33
9. 6290 ÷ 26
10. 4043 ÷ 68
11. 9465 ÷ 48
12. 7156 ÷ 74
13. 9629 ÷ 49
14. 9031 ÷ 94
15. 4465 ÷ 27
16. 4474 ÷ 30
17. 6151 ÷ 89
18. 5719 ÷ 12
19. 9963 ÷ 63
20. 8765 ÷ 12
21. 7678 ÷ 23
22. 1863 ÷ 14
23. 850 ÷ 35
24. 4493 ÷ 72
25. 4222 ÷ 62
26. 7937 ÷ 63
27. 9071 ÷ 21
28. 9959 ÷ 23
29. 9669 ÷ 78
30. 6389 ÷ 63
31. 1177 ÷ 85
32. 4653 ÷ 61
33. 8432 ÷ 53
34. 7254 ÷ 78
35. 2232 ÷ 48
36. 1186 ÷ 48
37. 7855 ÷ 92
38. 6241 ÷ 18
39. 4833 ÷ 3
40. 7360 ÷ 30
41. 3819 ÷ 92
42. 7069 ÷ 19
43. 5312 ÷ 66
44. 789 ÷ 72
45. 8976 ÷ 41
46. 9096 ÷ 5
47. 645 ÷ 28
48. 1859 ÷ 59
49. 1434 ÷ 79
50. 6041 ÷ 88
51. 5540 ÷ 5
52. 2970 ÷ 54
53. 8227 ÷ 36
54. 6122 ÷ 71
55. 3334 ÷ 72
56. 6104 ÷ 18
57. 4528 ÷ 74
58. 1299 ÷ 89
59. 7499 ÷ 6
60. 9786 ÷ 60

Division 01 to 999

Name: _____ Date: _____

Start Time: _____ End Time: _____

Score: _____ / 60

#		#		#		#		#		#	
1	5406 ÷ 27	2	1714 ÷ 78	3	3938 ÷ 25	4	7167 ÷ 57	5	5318 ÷ 6	6	5209 ÷ 75
7	6717 ÷ 88	8	8132 ÷ 79	9	4264 ÷ 45	10	4810 ÷ 39	11	7353 ÷ 41	12	8909 ÷ 80
13	4297 ÷ 19	14	1034 ÷ 57	15	7943 ÷ 10	16	4609 ÷ 1	17	641 ÷ 15	18	660 ÷ 76
19	4531 ÷ 34	20	4377 ÷ 31	21	2410 ÷ 87	22	3301 ÷ 45	23	9670 ÷ 40	24	6171 ÷ 31
25	671 ÷ 3	26	5025 ÷ 41	27	9030 ÷ 61	28	6988 ÷ 87	29	329 ÷ 73	30	5224 ÷ 83
31	3769 ÷ 61	32	752 ÷ 60	33	5924 ÷ 22	34	4200 ÷ 37	35	4090 ÷ 96	36	7374 ÷ 39
37	3484 ÷ 64	38	2851 ÷ 55	39	1370 ÷ 22	40	7228 ÷ 83	41	4134 ÷ 94	42	1516 ÷ 77
43	532 ÷ 29	44	111 ÷ 64	45	2006 ÷ 8	46	2761 ÷ 79	47	6914 ÷ 34	48	165 ÷ 36
49	9240 ÷ 11	50	4397 ÷ 42	51	7532 ÷ 60	52	5572 ÷ 16	53	4634 ÷ 40	54	49 ÷ 99
55	178 ÷ 21	56	2171 ÷ 13	57	8890 ÷ 32	58	5781 ÷ 4	59	3862 ÷ 66	60	7868 ÷ 44

Division 01 to 999

Name: _____ Date: _____ Score: _____

Start Time: _____ End Time: _____ 60

#		#		#		#		#		#	
1	4321 ÷ 20	2	1685 ÷ 57	3	3621 ÷ 58	4	445 ÷ 18	5	992 ÷ 65	6	7190 ÷ 49
7	2163 ÷ 4	8	221 ÷ 57	9	7879 ÷ 89	10	7381 ÷ 43	11	5706 ÷ 32	12	9457 ÷ 31
13	1725 ÷ 19	14	9193 ÷ 42	15	8959 ÷ 61	16	5582 ÷ 42	17	4178 ÷ 69	18	3441 ÷ 61
19	8071 ÷ 88	20	3144 ÷ 11	21	3833 ÷ 28	22	700 ÷ 18	23	7001 ÷ 38	24	742 ÷ 24
25	5983 ÷ 71	26	1579 ÷ 3	27	6023 ÷ 42	28	5027 ÷ 8	29	472 ÷ 47	30	188 ÷ 55
31	5687 ÷ 24	32	8630 ÷ 31	33	2216 ÷ 46	34	5937 ÷ 49	35	5979 ÷ 60	36	4106 ÷ 51
37	3891 ÷ 95	38	4524 ÷ 9	39	2665 ÷ 54	40	8225 ÷ 77	41	8710 ÷ 8	42	4744 ÷ 14
43	2322 ÷ 72	44	7224 ÷ 94	45	3498 ÷ 21	46	997 ÷ 44	47	9341 ÷ 69	48	7911 ÷ 75
49	561 ÷ 42	50	8353 ÷ 50	51	5197 ÷ 28	52	3012 ÷ 58	53	8923 ÷ 82	54	9701 ÷ 91
55	8238 ÷ 40	56	5645 ÷ 70	57	1258 ÷ 13	58	7527 ÷ 16	59	3578 ÷ 100	60	6999 ÷ 11

Division 01 to 999

Name: _____ Date: _____

Start Time: _____ End Time: _____

Score: _____ / 60

1. 1145 ÷ 92	2. 9626 ÷ 28	3. 4957 ÷ 39	4. 4288 ÷ 73	5. 1431 ÷ 89	6. 1317 ÷ 38
7. 616 ÷ 92	8. 3218 ÷ 15	9. 459 ÷ 86	10. 8379 ÷ 92	11. 4679 ÷ 80	12. 2151 ÷ 81
13. 4581 ÷ 3	14. 3510 ÷ 92	15. 4982 ÷ 89	16. 3790 ÷ 2	17. 1703 ÷ 90	18. 6158 ÷ 11
19. 2243 ÷ 26	20. 2505 ÷ 17	21. 4985 ÷ 30	22. 586 ÷ 66	23. 7898 ÷ 97	24. 8706 ÷ 92
25. 3401 ÷ 3	26. 8873 ÷ 29	27. 378 ÷ 50	28. 6574 ÷ 52	29. 712 ÷ 97	30. 8615 ÷ 9
31. 3321 ÷ 59	32. 9495 ÷ 91	33. 271 ÷ 37	34. 1570 ÷ 93	35. 4771 ÷ 4	36. 8103 ÷ 7
37. 9351 ÷ 4	38. 5735 ÷ 69	39. 9468 ÷ 91	40. 269 ÷ 2	41. 2419 ÷ 96	42. 493 ÷ 65
43. 4427 ÷ 72	44. 1557 ÷ 96	45. 8828 ÷ 98	46. 9888 ÷ 90	47. 8255 ÷ 54	48. 1293 ÷ 65
49. 2581 ÷ 9	50. 7204 ÷ 47	51. 4705 ÷ 82	52. 6100 ÷ 73	53. 2447 ÷ 6	54. 6275 ÷ 30
55. 9413 ÷ 1	56. 8165 ÷ 79	57. 9528 ÷ 98	58. 9915 ÷ 91	59. 1050 ÷ 11	60. 6582 ÷ 99

Division 01 to 999

Name: _____ Date: _____

Score: _____

Start Time: _____ End Time: _____

60

#	Problem	#	Problem	#	Problem	#	Problem	#	Problem	#	Problem
1	7641 ÷ 45	2	6604 ÷ 23	3	1939 ÷ 7	4	435 ÷ 37	5	3094 ÷ 46	6	857 ÷ 8
7	283 ÷ 84	8	1549 ÷ 1	9	229 ÷ 23	10	8045 ÷ 100	11	3776 ÷ 69	12	1253 ÷ 69
13	2821 ÷ 92	14	1756 ÷ 67	15	5985 ÷ 65	16	9400 ÷ 77	17	7100 ÷ 7	18	2805 ÷ 68
19	4109 ÷ 80	20	8943 ÷ 90	21	2185 ÷ 14	22	7477 ÷ 96	23	331 ÷ 75	24	8266 ÷ 67
25	1864 ÷ 29	26	1036 ÷ 45	27	1153 ÷ 97	28	9702 ÷ 58	29	4094 ÷ 70	30	8512 ÷ 86
31	8315 ÷ 67	32	1283 ÷ 20	33	2514 ÷ 39	34	330 ÷ 18	35	1881 ÷ 62	36	4320 ÷ 82
37	6904 ÷ 90	38	6948 ÷ 62	39	2326 ÷ 18	40	9559 ÷ 56	41	7540 ÷ 64	42	4280 ÷ 17
43	8 ÷ 93	44	544 ÷ 28	45	5348 ÷ 3	46	3496 ÷ 19	47	3683 ÷ 77	48	3005 ÷ 11
49	2448 ÷ 31	50	5178 ÷ 21	51	6356 ÷ 86	52	3345 ÷ 72	53	5069 ÷ 52	54	1510 ÷ 52
55	1254 ÷ 80	56	5577 ÷ 76	57	2254 ÷ 67	58	9820 ÷ 45	59	613 ÷ 7	60	2668 ÷ 70

Name: _____ **Date:** _____

Start Time: _____ **End Time:** _____

Score: _____ / 60

1. 4766 ÷ 81	2. 1945 ÷ 24	3. 6877 ÷ 84	4. 7919 ÷ 51	5. 2330 ÷ 44	6. 3 ÷ 100
7. 3466 ÷ 25	8. 7070 ÷ 69	9. 1271 ÷ 96	10. 2195 ÷ 17	11. 6236 ÷ 71	12. 3970 ÷ 54
13. 4748 ÷ 99	14. 6216 ÷ 69	15. 4657 ÷ 77	16. 2018 ÷ 37	17. 7185 ÷ 51	18. 9359 ÷ 44
19. 4628 ÷ 6	20. 1412 ÷ 32	21. 9272 ÷ 29	22. 1268 ÷ 63	23. 6108 ÷ 78	24. 6954 ÷ 6
25. 9236 ÷ 14	26. 9146 ÷ 99	27. 7876 ÷ 55	28. 8948 ÷ 46	29. 1114 ÷ 3	30. 4449 ÷ 97
31. 5822 ÷ 13	32. 1555 ÷ 61	33. 5618 ÷ 47	34. 9929 ÷ 100	35. 9597 ÷ 27	36. 6685 ÷ 35
37. 5380 ÷ 15	38. 5390 ÷ 33	39. 5950 ÷ 80	40. 8631 ÷ 33	41. 9592 ÷ 53	42. 2285 ÷ 68
43. 8967 ÷ 81	44. 1138 ÷ 78	45. 2097 ÷ 89	46. 3073 ÷ 63	47. 1108 ÷ 99	48. 5335 ÷ 72
49. 3475 ÷ 60	50. 3244 ÷ 21	51. 9778 ÷ 5	52. 2777 ÷ 85	53. 4442 ÷ 71	54. 7523 ÷ 32
55. 6771 ÷ 70	56. 7179 ÷ 56	57. 4365 ÷ 60	58. 8981 ÷ 51	59. 6254 ÷ 13	60. 5992 ÷ 25

Division 01 to 999

Name: _____ Date: _____ Score: _____

Start Time: _____ End Time: _____ 60

1. $2294 \div 21$
2. $555 \div 89$
3. $5377 \div 25$
4. $1016 \div 99$
5. $2307 \div 89$
6. $9333 \div 100$
7. $1674 \div 68$
8. $2631 \div 24$
9. $304 \div 99$
10. $9938 \div 47$
11. $3456 \div 10$
12. $9186 \div 41$
13. $6897 \div 94$
14. $5501 \div 41$
15. $6327 \div 60$
16. $6707 \div 14$
17. $3748 \div 48$
18. $9787 \div 17$
19. $2926 \div 35$
20. $1788 \div 12$
21. $6494 \div 2$
22. $4828 \div 76$
23. $1564 \div 82$
24. $6488 \div 63$
25. $7035 \div 33$
26. $1300 \div 97$
27. $8259 \div 79$
28. $676 \div 9$
29. $4238 \div 1$
30. $859 \div 55$
31. $9588 \div 89$
32. $8513 \div 57$
33. $6615 \div 91$
34. $5870 \div 15$
35. $4481 \div 39$
36. $610 \div 19$
37. $9268 \div 40$
38. $60 \div 2$
39. $1078 \div 69$
40. $8183 \div 47$
41. $8865 \div 9$
42. $4035 \div 46$
43. $146 \div 27$
44. $3677 \div 24$
45. $1797 \div 75$
46. $5030 \div 98$
47. $2173 \div 64$
48. $1834 \div 98$
49. $2251 \div 2$
50. $374 \div 25$
51. $832 \div 91$
52. $9171 \div 74$
53. $686 \div 59$
54. $2596 \div 39$
55. $7848 \div 66$
56. $1929 \div 94$
57. $9882 \div 11$
58. $3793 \div 67$
59. $2942 \div 94$
60. $8106 \div 49$

Division 01 to 999

Name: _____ Date: _____ Score: _____

Start Time: _____ End Time: _____   60

1. 1914 ÷ 73	2. 451 ÷ 43	3. 519 ÷ 68	4. 7310 ÷ 32	5. 9668 ÷ 30	6. 6699 ÷ 52
7. 8956 ÷ 35	8. 9052 ÷ 56	9. 8931 ÷ 46	10. 9098 ÷ 16	11. 3885 ÷ 27	12. 3422 ÷ 36
13. 7646 ÷ 30	14. 7285 ÷ 32	15. 5641 ÷ 81	16. 2025 ÷ 22	17. 7447 ÷ 25	18. 9638 ÷ 46
19. 9395 ÷ 50	20. 5720 ÷ 12	21. 8189 ÷ 87	22. 9454 ÷ 37	23. 2399 ÷ 72	24. 7158 ÷ 46
25. 1613 ÷ 23	26. 7694 ÷ 81	27. 3295 ÷ 27	28. 3673 ÷ 16	29. 8883 ÷ 65	30. 1216 ÷ 69
31. 7820 ÷ 87	32. 310 ÷ 40	33. 5949 ÷ 17	34. 636 ÷ 19	35. 6359 ÷ 30	36. 7313 ÷ 66
37. 4874 ÷ 47	38. 5112 ÷ 27	39. 785 ÷ 73	40. 8851 ÷ 64	41. 1189 ÷ 84	42. 9306 ÷ 4
43. 6353 ÷ 29	44. 4814 ÷ 61	45. 4775 ÷ 36	46. 5883 ÷ 91	47. 8809 ÷ 8	48. 559 ÷ 97
49. 7704 ÷ 49	50. 3589 ÷ 35	51. 3633 ÷ 46	52. 6722 ÷ 49	53. 6218 ÷ 52	54. 996 ÷ 55
55. 4409 ÷ 90	56. 2507 ÷ 35	57. 1675 ÷ 98	58. 9885 ÷ 65	59. 5854 ÷ 11	60. 498 ÷ 13

Division
01 to 999

Name: _____ Date: _____

Score: _____

Start Time: _____ End Time: _____

60

1	2	3	4	5	6
8085 ÷ 28	2394 ÷ 79	6228 ÷ 53	7049 ÷ 1	990 ÷ 84	4019 ÷ 41
7	8	9	10	11	12
8487 ÷ 62	1762 ÷ 95	5699 ÷ 54	2934 ÷ 8	6004 ÷ 47	5166 ÷ 74
13	14	15	16	17	18
9466 ÷ 83	6089 ÷ 81	7861 ÷ 67	6510 ÷ 95	3052 ÷ 37	3070 ÷ 6
19	20	21	22	23	24
6749 ÷ 74	3708 ÷ 23	6014 ÷ 19	1589 ÷ 94	896 ÷ 52	8269 ÷ 84
25	26	27	28	29	30
5606 ÷ 65	2837 ÷ 19	1029 ÷ 45	515 ÷ 78	4421 ÷ 48	5040 ÷ 68
31	32	33	34	35	36
3726 ÷ 75	2224 ÷ 26	1521 ÷ 37	8548 ÷ 49	1662 ÷ 88	2657 ÷ 27
37	38	39	40	41	42
2814 ÷ 67	1273 ÷ 5	3629 ÷ 69	3229 ÷ 29	7309 ÷ 38	290 ÷ 63
43	44	45	46	47	48
1044 ÷ 13	6820 ÷ 7	223 ÷ 52	2782 ÷ 14	8938 ÷ 26	3041 ÷ 10
49	50	51	52	53	54
5503 ÷ 58	4159 ÷ 17	176 ÷ 98	9278 ÷ 75	8845 ÷ 18	1256 ÷ 62
55	56	57	58	59	60
2001 ÷ 59	4395 ÷ 19	7699 ÷ 41	349 ÷ 46	6334 ÷ 58	3192 ÷ 10

Division 01 to 999

Name: _____ Date: _____

Start Time: _____ End Time: _____

Score: _____ / 60

1. 718 ÷ 11	2. 3186 ÷ 1	3. 8251 ÷ 23	4. 3574 ÷ 57	5. 6690 ÷ 98	6. 3038 ÷ 52
7. 1623 ÷ 83	8. 868 ÷ 93	9. 2168 ÷ 17	10. 9821 ÷ 54	11. 7818 ÷ 9	12. 4401 ÷ 10
13. 3946 ÷ 73	14. 4219 ÷ 69	15. 5648 ÷ 65	16. 1723 ÷ 2	17. 4289 ÷ 13	18. 1823 ÷ 41
19. 8062 ÷ 95	20. 9361 ÷ 70	21. 2088 ÷ 34	22. 1106 ÷ 26	23. 1633 ÷ 61	24. 9248 ÷ 19
25. 316 ÷ 100	26. 3454 ÷ 3	27. 7011 ÷ 26	28. 3994 ÷ 19	29. 2383 ÷ 28	30. 5843 ÷ 16
31. 4223 ÷ 93	32. 426 ÷ 32	33. 6132 ÷ 10	34. 34 ÷ 86	35. 7942 ÷ 32	36. 9126 ÷ 76
37. 4075 ÷ 27	38. 1600 ÷ 28	39. 7768 ÷ 83	40. 8486 ÷ 74	41. 6418 ÷ 85	42. 8748 ÷ 90
43. 7469 ÷ 34	44. 5395 ÷ 41	45. 2433 ÷ 47	46. 8468 ÷ 52	47. 7884 ÷ 28	48. 3011 ÷ 26
49. 392 ÷ 21	50. 7866 ÷ 27	51. 8580 ÷ 66	52. 9289 ÷ 16	53. 6282 ÷ 57	54. 5520 ÷ 11
55. 1263 ÷ 71	56. 6481 ÷ 59	57. 9590 ÷ 45	58. 5851 ÷ 11	59. 6513 ÷ 67	60. 2136 ÷ 87

Division 01 to 999

Name: _____ Date: _____

Start Time: _____ End Time: _____

Score: _____

60

#		#		#		#		#		#	

1. 7915 ÷ 54
2. 9898 ÷ 67
3. 5524 ÷ 42
4. 1713 ÷ 99
5. 7885 ÷ 58
6. 5584 ÷ 6
7. 9065 ÷ 31
8. 7233 ÷ 42
9. 8357 ÷ 34
10. 5549 ÷ 31
11. 8847 ÷ 76
12. 8410 ÷ 87
13. 7845 ÷ 2
14. 7200 ÷ 69
15. 5968 ÷ 83
16. 7774 ÷ 87
17. 9608 ÷ 16
18. 9889 ÷ 49
19. 9974 ÷ 89
20. 4652 ÷ 98
21. 2683 ÷ 40
22. 9519 ÷ 14
23. 460 ÷ 91
24. 7201 ÷ 90
25. 3558 ÷ 65
26. 2684 ÷ 55
27. 2264 ÷ 50
28. 4834 ÷ 58
29. 364 ÷ 48
30. 6900 ÷ 34
31. 4066 ÷ 85
32. 3596 ÷ 37
33. 1195 ÷ 60
34. 3270 ÷ 25
35. 8498 ÷ 40
36. 4376 ÷ 23
37. 3131 ÷ 68
38. 8805 ÷ 90
39. 9362 ÷ 43
40. 2003 ÷ 92
41. 1794 ÷ 66
42. 1865 ÷ 93
43. 4162 ÷ 45
44. 7611 ÷ 39
45. 7687 ÷ 49
46. 1578 ÷ 2
47. 9169 ÷ 53
48. 3219 ÷ 55
49. 7161 ÷ 7
50. 9754 ÷ 86
51. 7171 ÷ 37
52. 1569 ÷ 65
53. 3408 ÷ 99
54. 3534 ÷ 14
55. 4426 ÷ 72
56. 6052 ÷ 88
57. 964 ÷ 35
58. 2480 ÷ 15
59. 9317 ÷ 41
60. 1214 ÷ 61

Division
01 to 999

Name: _____ Date: _____

Score: _____

Start Time: _____ End Time: _____

60

1. 9985 ÷ 43	2. 3973 ÷ 37	3. 8835 ÷ 96	4. 9481 ÷ 5	5. 7695 ÷ 51	6. 3206 ÷ 29
7. 8447 ÷ 96	8. 1126 ÷ 83	9. 4942 ÷ 42	10. 2444 ÷ 83	11. 8980 ÷ 43	12. 569 ÷ 73
13. 1442 ÷ 82	14. 902 ÷ 41	15. 3786 ÷ 1	16. 6476 ÷ 38	17. 7977 ÷ 2	18. 9470 ÷ 5
19. 8680 ÷ 47	20. 3719 ÷ 35	21. 5045 ÷ 14	22. 3481 ÷ 90	23. 8602 ÷ 21	24. 1490 ÷ 66
25. 1337 ÷ 18	26. 5092 ÷ 51	27. 6635 ÷ 27	28. 7784 ÷ 33	29. 9296 ÷ 98	30. 7258 ÷ 51
31. 8397 ÷ 18	32. 4149 ÷ 52	33. 4625 ÷ 72	34. 8573 ÷ 31	35. 8622 ÷ 33	36. 2928 ÷ 67
37. 1149 ÷ 60	38. 923 ÷ 76	39. 8673 ÷ 83	40. 2256 ÷ 70	41. 9155 ÷ 58	42. 3785 ÷ 14
43. 5964 ÷ 7	44. 6565 ÷ 67	45. 8331 ÷ 24	46. 5492 ÷ 61	47. 9392 ÷ 13	48. 767 ÷ 90
49. 2250 ÷ 98	50. 9507 ÷ 44	51. 7763 ÷ 99	52. 7129 ÷ 90	53. 7026 ÷ 54	54. 6947 ÷ 4
55. 861 ÷ 71	56. 2157 ÷ 74	57. 7616 ÷ 15	58. 2485 ÷ 25	59. 3503 ÷ 65	60. 7810 ÷ 44

Division 01 to 999

Name: _____ Date: _____

Start Time: _____ End Time: _____

Score: _____

60

#		#		#		#		#		#	
1	2645 ÷ 28	2	1988 ÷ 19	3	1491 ÷ 96	4	2530 ÷ 20	5	7193 ÷ 98	6	6733 ÷ 71
7	4938 ÷ 84	8	5226 ÷ 68	9	7862 ÷ 95	10	7027 ÷ 20	11	1527 ÷ 43	12	9535 ÷ 47
13	9451 ÷ 50	14	7096 ÷ 25	15	9170 ÷ 17	16	9014 ÷ 64	17	9345 ÷ 27	18	2722 ÷ 56
19	5216 ÷ 75	20	1838 ÷ 53	21	4284 ÷ 22	22	2260 ÷ 88	23	5108 ÷ 38	24	5545 ÷ 60
25	810 ÷ 55	26	4142 ÷ 78	27	2804 ÷ 59	28	8449 ÷ 63	29	9383 ÷ 50	30	4935 ÷ 6
31	8758 ÷ 34	32	4803 ÷ 31	33	549 ÷ 73	34	4582 ÷ 70	35	8317 ÷ 93	36	9935 ÷ 45
37	9299 ÷ 77	38	1765 ÷ 87	39	5028 ÷ 89	40	9352 ÷ 48	41	7771 ÷ 46	42	2770 ÷ 93
43	6812 ÷ 82	44	1447 ÷ 30	45	8450 ÷ 99	46	9161 ÷ 42	47	6090 ÷ 3	48	352 ÷ 52
49	9737 ÷ 46	50	5915 ÷ 22	51	8173 ÷ 15	52	7697 ÷ 22	53	3182 ÷ 66	54	1180 ÷ 14
55	2833 ÷ 14	56	7050 ÷ 73	57	1192 ÷ 64	58	5321 ÷ 16	59	5737 ÷ 65	60	4015 ÷ 83

Name: _____ **Date:** _____

Start Time: _____ **End Time:** _____

Score: _____

60

1. 8875 ÷ 12	2. 9316 ÷ 53	3. 830 ÷ 32	4. 6354 ÷ 7	5. 5903 ÷ 100	6. 4323 ÷ 64
7. 7327 ÷ 75	8. 2734 ÷ 15	9. 1894 ÷ 67	10. 991 ÷ 39	11. 4450 ÷ 27	12. 1413 ÷ 34
13. 3254 ÷ 4	14. 6823 ÷ 92	15. 2437 ÷ 52	16. 8761 ÷ 33	17. 6127 ÷ 2	18. 7625 ÷ 49
19. 3641 ÷ 29	20. 112 ÷ 71	21. 8534 ÷ 50	22. 4464 ÷ 90	23. 1204 ÷ 62	24. 769 ÷ 41
25. 6898 ÷ 53	26. 1907 ÷ 23	27. 5698 ÷ 55	28. 5929 ÷ 92	29. 689 ÷ 8	30. 9946 ÷ 87
31. 3225 ÷ 53	32. 4522 ÷ 3	33. 2019 ÷ 1	34. 443 ÷ 22	35. 4953 ÷ 34	36. 2570 ÷ 29
37. 4393 ÷ 85	38. 9547 ÷ 77	39. 8243 ÷ 99	40. 4643 ÷ 19	41. 152 ÷ 63	42. 7799 ÷ 25
43. 7909 ÷ 83	44. 4140 ÷ 68	45. 3285 ÷ 88	46. 8081 ÷ 30	47. 1722 ÷ 100	48. 5791 ÷ 82
49. 8775 ÷ 81	50. 8162 ÷ 42	51. 7670 ÷ 51	52. 5907 ÷ 44	53. 6160 ÷ 47	54. 7211 ÷ 49
55. 3316 ÷ 51	56. 9181 ÷ 83	57. 5411 ÷ 95	58. 313 ÷ 36	59. 1309 ÷ 81	60. 2268 ÷ 38

Division 01 to 999

Division
01 to 999

Name: _____ Date: _____

Score: _____

Start Time: _____ End Time: _____

60

1	2	3	4	5	6
8733 ÷ 88	103 ÷ 95	8040 ÷ 32	751 ÷ 1	1430 ÷ 84	9530 ÷ 11

7	8	9	10	11	12
8247 ÷ 44	9250 ÷ 86	2638 ÷ 33	7250 ÷ 80	252 ÷ 52	7583 ÷ 48

13	14	15	16	17	18
4077 ÷ 71	4933 ÷ 100	6505 ÷ 8	5775 ÷ 28	4468 ÷ 50	7836 ÷ 54

19	20	21	22	23	24
2605 ÷ 87	8382 ÷ 61	3652 ÷ 42	5408 ÷ 52	5096 ÷ 16	7804 ÷ 15

25	26	27	28	29	30
1201 ÷ 71	3302 ÷ 28	592 ÷ 93	8274 ÷ 24	3395 ÷ 97	5859 ÷ 18

31	32	33	34	35	36
9693 ÷ 3	2679 ÷ 10	4658 ÷ 48	3939 ÷ 40	5500 ÷ 100	7454 ÷ 76

37	38	39	40	41	42
7676 ÷ 5	1839 ÷ 54	9334 ÷ 68	904 ÷ 23	6624 ÷ 16	1878 ÷ 58

43	44	45	46	47	48
2120 ÷ 50	6012 ÷ 13	2474 ÷ 52	282 ÷ 14	5530 ÷ 50	257 ÷ 77

49	50	51	52	53	54
9542 ÷ 60	3411 ÷ 70	6489 ÷ 59	5461 ÷ 12	9144 ÷ 77	3201 ÷ 27

55	56	57	58	59	60
2483 ÷ 55	5301 ÷ 48	2617 ÷ 79	5836 ÷ 44	6064 ÷ 73	4184 ÷ 23

Divison 01 to 999

Name: _____ Date: _____

Start Time: _____ End Time: _____

Score: _____

60

#		#		#		#		#		#	
1	5195 ÷ 82	2	8841 ÷ 80	3	4928 ÷ 50	4	93 ÷ 17	5	709 ÷ 39	6	9575 ÷ 20
7	2008 ÷ 66	8	3003 ÷ 85	9	7975 ÷ 82	10	8848 ÷ 37	11	4713 ÷ 21	12	3165 ÷ 7
13	1758 ÷ 95	14	456 ÷ 35	15	1950 ÷ 66	16	4725 ÷ 27	17	8219 ÷ 7	18	514 ÷ 32
19	6931 ÷ 81	20	2591 ÷ 18	21	8936 ÷ 48	22	3343 ÷ 4	23	3592 ÷ 46	24	5656 ÷ 5
25	2741 ÷ 64	26	954 ÷ 29	27	1911 ÷ 82	28	4604 ÷ 55	29	2895 ÷ 95	30	9006 ÷ 34
31	2832 ÷ 68	32	5097 ÷ 81	33	8128 ÷ 38	34	5610 ÷ 30	35	210 ÷ 86	36	9664 ÷ 25
37	2574 ÷ 54	38	3030 ÷ 59	39	8497 ÷ 39	40	9127 ÷ 31	41	615 ÷ 97	42	5525 ÷ 22
43	5382 ÷ 39	44	2450 ÷ 24	45	578 ÷ 31	46	763 ÷ 45	47	3443 ÷ 84	48	825 ÷ 97
49	8117 ÷ 93	50	2756 ÷ 20	51	9177 ÷ 86	52	5110 ÷ 79	53	6557 ÷ 5	54	2738 ÷ 58
55	1286 ÷ 74	56	7119 ÷ 78	57	6272 ÷ 62	58	7126 ÷ 46	59	5709 ÷ 6	60	3349 ÷ 86

Division 01 to 999

Name: _____ Date: _____

Score: _____

Start Time: _____ End Time: _____

60

1. 8202 ÷ 30	2. 6439 ÷ 22	3. 1316 ÷ 13	4. 7503 ÷ 100	5. 9713 ÷ 17	6. 1297 ÷ 16
7. 8451 ÷ 86	8. 3848 ÷ 69	9. 1691 ÷ 32	10. 2015 ÷ 46	11. 4641 ÷ 28	12. 8187 ÷ 45
13. 372 ÷ 98	14. 8961 ÷ 66	15. 981 ÷ 30	16. 2392 ÷ 11	17. 5798 ÷ 6	18. 5011 ÷ 100
19. 9007 ÷ 5	20. 4068 ÷ 53	21. 7064 ÷ 6	22. 9982 ÷ 100	23. 9919 ÷ 90	24. 6516 ÷ 48
25. 7610 ÷ 74	26. 8474 ÷ 60	27. 2771 ÷ 30	28. 497 ÷ 63	29. 7580 ÷ 62	30. 4132 ÷ 14
31. 3355 ÷ 94	32. 3832 ÷ 15	33. 8177 ÷ 30	34. 5407 ÷ 87	35. 5561 ÷ 57	36. 5476 ÷ 40
37. 5629 ÷ 68	38. 6708 ÷ 25	39. 3405 ÷ 97	40. 2441 ÷ 12	41. 9277 ÷ 47	42. 5688 ÷ 56
43. 4257 ÷ 99	44. 4750 ÷ 48	45. 1705 ÷ 59	46. 6788 ÷ 65	47. 4869 ÷ 91	48. 9753 ÷ 62
49. 4981 ÷ 91	50. 8405 ÷ 13	51. 7553 ÷ 11	52. 8453 ÷ 71	53. 4545 ÷ 80	54. 3527 ÷ 50
55. 5864 ÷ 98	56. 4324 ÷ 94	57. 3027 ÷ 38	58. 3035 ÷ 27	59. 6791 ÷ 35	60. 9224 ÷ 21

Division 01 to 999

Name: _____ Date: _____

Start Time: _____ End Time: _____

Score: _____ / 60

#		#		#		#		#		#	
1	2828 ÷ 4	2	8144 ÷ 47	3	8084 ÷ 58	4	9819 ÷ 35	5	7830 ÷ 55	6	3480 ÷ 10
7	8430 ÷ 21	8	7095 ÷ 37	9	2321 ÷ 30	10	4525 ÷ 85	11	5702 ÷ 85	12	4740 ÷ 71
13	5125 ÷ 83	14	7705 ÷ 31	15	4596 ÷ 17	16	7589 ÷ 21	17	7533 ÷ 63	18	4645 ÷ 73
19	4139 ÷ 65	20	3205 ÷ 88	21	7923 ÷ 90	22	3283 ÷ 6	23	2403 ÷ 21	24	8544 ÷ 4
25	2695 ÷ 97	26	5646 ÷ 13	27	1239 ÷ 18	28	3245 ÷ 45	29	3051 ÷ 65	30	3293 ÷ 32
31	1487 ÷ 89	32	565 ÷ 28	33	880 ÷ 41	34	5599 ÷ 82	35	397 ÷ 47	36	6589 ÷ 87
37	7194 ÷ 40	38	1377 ÷ 76	39	6178 ÷ 36	40	3940 ÷ 95	41	1123 ÷ 4	42	8298 ÷ 70
43	2918 ÷ 96	44	4864 ÷ 38	45	1298 ÷ 15	46	3969 ÷ 69	47	9368 ÷ 40	48	3374 ÷ 42
49	3788 ÷ 99	50	7420 ÷ 59	51	1957 ÷ 62	52	6399 ÷ 96	53	695 ÷ 68	54	2618 ÷ 63
55	2962 ÷ 71	56	9271 ÷ 66	57	1101 ÷ 13	58	6443 ÷ 88	59	6136 ÷ 50	60	967 ÷ 21

Division
01 to 999

Name: _____ Date: _____

Score: _____

Start Time: _____ End Time: _____

60

1	2	3	4	5	6
8130 ÷ 39	5103 ÷ 40	2767 ÷ 85	6821 ÷ 100	3371 ÷ 77	5679 ÷ 2

7	8	9	10	11	12
3544 ÷ 83	656 ÷ 5	3800 ÷ 68	420 ÷ 93	9308 ÷ 69	284 ÷ 42

13	14	15	16	17	18
259 ÷ 77	7002 ÷ 72	9644 ÷ 28	2384 ÷ 33	9128 ÷ 65	8770 ÷ 4

19	20	21	22	23	24
6512 ÷ 31	7347 ÷ 62	1073 ÷ 9	8346 ÷ 15	3479 ÷ 20	1796 ÷ 57

25	26	27	28	29	30
9267 ÷ 29	8589 ÷ 95	75 ÷ 69	6522 ÷ 97	1481 ÷ 20	8053 ÷ 33

31	32	33	34	35	36
26 ÷ 79	3782 ÷ 66	4692 ÷ 53	2117 ÷ 83	3561 ÷ 60	4554 ÷ 44

37	38	39	40	41	42
6871 ÷ 37	1607 ÷ 43	1986 ÷ 91	4712 ÷ 85	2065 ÷ 61	1249 ÷ 70

43	44	45	46	47	48
6764 ÷ 89	7516 ÷ 24	5243 ÷ 9	3455 ÷ 93	5945 ÷ 84	5196 ÷ 100

49	50	51	52	53	54
7686 ÷ 88	1021 ÷ 44	911 ÷ 73	9160 ÷ 32	6387 ÷ 70	4579 ÷ 94

55	56	57	58	59	60
1942 ÷ 19	7860 ÷ 61	6384 ÷ 74	6002 ÷ 34	9874 ÷ 10	6787 ÷ 75

Divison 01 to 999

Name: _____ Date: _____ Score: _____

Start Time: _____ End Time: _____

60

#		#		#		#		#		#	
1	8546 ÷ 1	2	5334 ÷ 76	3	3354 ÷ 80	4	9377 ÷ 46	5	7600 ÷ 78	6	2301 ÷ 18
7	6445 ÷ 88	8	6826 ÷ 79	9	6469 ÷ 73	10	1287 ÷ 59	11	7665 ÷ 60	12	4171 ÷ 33
13	6924 ÷ 9	14	6467 ÷ 58	15	829 ÷ 24	16	1030 ÷ 59	17	6939 ÷ 42	18	1635 ÷ 41
19	6441 ÷ 38	20	491 ÷ 95	21	4065 ÷ 56	22	5104 ÷ 63	23	5900 ÷ 56	24	5958 ÷ 12
25	1667 ÷ 23	26	1640 ÷ 26	27	2768 ÷ 39	28	2939 ÷ 44	29	8335 ÷ 36	30	1880 ÷ 33
31	2913 ÷ 91	32	680 ÷ 80	33	1174 ÷ 46	34	9259 ÷ 17	35	434 ÷ 28	36	5450 ÷ 49
37	7325 ÷ 12	38	7875 ÷ 72	39	478 ÷ 71	40	7270 ÷ 86	41	1910 ÷ 77	42	8718 ÷ 2
43	6617 ÷ 28	44	1058 ÷ 83	45	1759 ÷ 61	46	2293 ÷ 56	47	3795 ÷ 54	48	4339 ÷ 45
49	4529 ÷ 98	50	7890 ÷ 53	51	1437 ÷ 59	52	9102 ÷ 3	53	4763 ÷ 84	54	9973 ÷ 22
55	2686 ÷ 69	56	171 ÷ 100	57	5852 ÷ 57	58	3439 ÷ 69	59	6754 ÷ 92	60	8054 ÷ 5

Division 01 to 999

Name: _____ Date: _____ Score: _____

Start Time: _____ End Time: _____

60

1. 3971 ÷ 68	2. 9021 ÷ 93	3. 4736 ÷ 71	4. 6017 ÷ 56	5. 2440 ÷ 49	6. 3179 ÷ 94
7. 7519 ÷ 15	8. 2077 ÷ 26	9. 2205 ÷ 96	10. 6688 ÷ 36	11. 5217 ÷ 41	12. 7642 ÷ 92
13. 1715 ÷ 41	14. 7957 ÷ 45	15. 9110 ÷ 87	16. 380 ÷ 29	17. 9303 ÷ 43	18. 2055 ÷ 35
19. 2095 ÷ 92	20. 9217 ÷ 72	21. 782 ÷ 77	22. 7239 ÷ 78	23. 1512 ÷ 80	24. 8086 ÷ 91
25. 3109 ÷ 22	26. 7573 ÷ 25	27. 448 ÷ 63	28. 933 ÷ 1	29. 8614 ÷ 9	30. 23 ÷ 34
31. 5942 ÷ 55	32. 8822 ÷ 31	33. 8521 ÷ 36	34. 9687 ÷ 89	35. 550 ÷ 74	36. 2116 ÷ 3
37. 306 ÷ 70	38. 5355 ÷ 60	39. 3071 ÷ 90	40. 8786 ÷ 4	41. 4610 ÷ 99	42. 8633 ÷ 30
43. 1643 ÷ 7	44. 9043 ÷ 55	45. 6055 ÷ 37	46. 6572 ÷ 12	47. 1506 ÷ 29	48. 5753 ÷ 1
49. 895 ÷ 46	50. 1747 ÷ 22	51. 3083 ÷ 67	52. 8903 ÷ 81	53. 7430 ÷ 20	54. 6525 ÷ 67
55. 4826 ÷ 55	56. 1904 ÷ 79	57. 6438 ÷ 22	58. 7169 ÷ 99	59. 485 ÷ 94	60. 6782 ÷ 90

Division 01 to 999

Name: _____ Date: _____

Start Time: _____ End Time: _____

Score: _____ / 60

#		#		#		#		#		#	
1	6799 ÷ 89	2	9336 ÷ 98	3	3595 ÷ 35	4	3202 ÷ 75	5	5642 ÷ 56	6	9780 ÷ 64
7	4240 ÷ 37	8	3277 ÷ 44	9	7134 ÷ 75	10	8668 ÷ 92	11	6892 ÷ 22	12	9109 ÷ 95
13	3440 ÷ 43	14	1230 ÷ 85	15	2390 ÷ 63	16	3716 ÷ 17	17	1718 ÷ 81	18	1245 ÷ 23
19	508 ÷ 19	20	6562 ÷ 37	21	4417 ÷ 6	22	7988 ÷ 50	23	5288 ÷ 38	24	1630 ÷ 6
25	9105 ÷ 5	26	8746 ÷ 33	27	1380 ÷ 80	28	5314 ÷ 68	29	870 ÷ 20	30	2598 ÷ 74
31	9785 ÷ 71	32	294 ÷ 75	33	9984 ÷ 33	34	5635 ÷ 53	35	3266 ÷ 84	36	9199 ÷ 3
37	4364 ÷ 36	38	2406 ÷ 49	39	7450 ÷ 98	40	6345 ÷ 9	41	8606 ÷ 16	42	7627 ÷ 8
43	1669 ÷ 52	44	3521 ÷ 32	45	9952 ÷ 43	46	1729 ÷ 51	47	5387 ÷ 56	48	2156 ÷ 67
49	7873 ÷ 32	50	418 ÷ 14	51	4021 ÷ 49	52	2549 ÷ 20	53	8033 ÷ 4	54	6747 ÷ 93
55	5936 ÷ 58	56	3750 ÷ 9	57	2506 ÷ 93	58	2582 ÷ 10	59	6610 ÷ 36	60	4516 ÷ 26

Division 01 to 999

Name: _____ Date: _____ Score: _____

Start Time: _____ End Time: _____ 60

1. 2654 ÷ 96	2. 4296 ÷ 87	3. 7324 ÷ 4	4. 1334 ÷ 69	5. 4838 ÷ 23	6. 8078 ÷ 95
7. 4706 ÷ 17	8. 1308 ÷ 33	9. 3601 ÷ 72	10. 8965 ÷ 48	11. 772 ÷ 1	12. 8221 ÷ 46
13. 6641 ÷ 61	14. 4466 ÷ 37	15. 3378 ÷ 30	16. 7835 ÷ 8	17. 8229 ÷ 17	18. 1090 ÷ 47
19. 3365 ÷ 12	20. 6044 ÷ 58	21. 567 ÷ 56	22. 1710 ÷ 36	23. 3248 ÷ 57	24. 2105 ÷ 23
25. 5067 ÷ 41	26. 7434 ÷ 38	27. 5602 ÷ 56	28. 3905 ÷ 89	29. 5890 ÷ 20	30. 5188 ÷ 54
31. 7698 ÷ 26	32. 2807 ÷ 9	33. 3167 ÷ 40	34. 2190 ÷ 42	35. 6179 ÷ 26	36. 3381 ÷ 62
37. 2898 ÷ 83	38. 1209 ÷ 7	39. 8754 ÷ 40	40. 7135 ÷ 44	41. 7373 ÷ 75	42. 3092 ÷ 19
43. 4413 ÷ 47	44. 6457 ÷ 49	45. 8537 ÷ 11	46. 2732 ÷ 26	47. 9601 ÷ 45	48. 5971 ÷ 73
49. 202 ÷ 98	50. 3361 ÷ 47	51. 4030 ÷ 7	52. 9556 ÷ 36	53. 2799 ÷ 81	54. 5837 ÷ 23
55. 2463 ÷ 19	56. 2239 ÷ 30	57. 1822 ÷ 17	58. 1111 ÷ 11	59. 1473 ÷ 17	60. 7813 ÷ 82

Division
01 to 999

Name: _____ Date: _____

Score: _____

Start Time: _____ End Time: _____

60

#		#		#		#		#		#	
1	5264 ÷ 27	2	3873 ÷ 47	3	7701 ÷ 96	4	6061 ÷ 22	5	3643 ÷ 49	6	358 ÷ 97
7	8377 ÷ 8	8	4286 ÷ 48	9	6091 ÷ 8	10	7825 ÷ 38	11	9603 ÷ 99	12	6301 ÷ 62
13	2123 ÷ 97	14	9223 ÷ 65	15	9025 ÷ 7	16	9503 ÷ 49	17	2599 ÷ 20	18	3687 ÷ 79
19	1938 ÷ 42	20	2469 ÷ 66	21	5272 ÷ 76	22	9188 ÷ 41	23	9226 ÷ 17	24	5374 ÷ 68
25	8532 ÷ 50	26	6521 ÷ 97	27	6468 ÷ 93	28	1614 ÷ 2	29	8601 ÷ 82	30	6682 ÷ 94
31	3017 ÷ 77	32	225 ÷ 32	33	4186 ÷ 57	34	1244 ÷ 58	35	2956 ÷ 16	36	2988 ÷ 21
37	8562 ÷ 30	38	9685 ÷ 57	39	9873 ÷ 41	40	2933 ÷ 78	41	4593 ÷ 50	42	5201 ÷ 81
43	5496 ÷ 8	44	3912 ÷ 85	45	5576 ÷ 36	46	2935 ÷ 50	47	1993 ÷ 82	48	2386 ÷ 9
49	4191 ÷ 23	50	2259 ÷ 92	51	5158 ÷ 82	52	5185 ÷ 51	53	3858 ÷ 25	54	1501 ÷ 31
55	3728 ÷ 35	56	1752 ÷ 5	57	5838 ÷ 57	58	381 ÷ 3	59	7003 ÷ 90	60	30 ÷ 78

Name: _____ **Date:** _____

Start Time: _____ **End Time:** _____

Score: _____

60

1. 2271 ÷ 51	2. 4048 ÷ 57	3. 944 ÷ 23	4. 4774 ÷ 29	5. 3960 ÷ 42	6. 126 ÷ 89
7. 2583 ÷ 63	8. 9405 ÷ 43	9. 3892 ÷ 29	10. 4684 ÷ 21	11. 3032 ÷ 64	12. 1132 ÷ 89
13. 8282 ÷ 70	14. 8895 ÷ 10	15. 3942 ÷ 62	16. 5042 ÷ 16	17. 3573 ÷ 26	18. 6086 ÷ 39
19. 3718 ÷ 16	20. 6577 ÷ 6	21. 743 ÷ 67	22. 6845 ÷ 77	23. 5795 ÷ 97	24. 1546 ÷ 45
25. 3608 ÷ 19	26. 9844 ÷ 87	27. 6711 ÷ 61	28. 7859 ÷ 96	29. 355 ÷ 72	30. 2310 ÷ 28
31. 8676 ÷ 15	32. 3772 ÷ 46	33. 4235 ÷ 39	34. 8439 ÷ 67	35. 6629 ÷ 98	36. 2897 ÷ 21
37. 1418 ÷ 53	38. 159 ÷ 86	39. 4583 ÷ 74	40. 7364 ÷ 54	41. 7253 ÷ 81	42. 7086 ÷ 57
43. 3351 ÷ 24	44. 2747 ÷ 37	45. 189 ÷ 60	46. 3850 ÷ 34	47. 3309 ÷ 85	48. 4887 ÷ 91
49. 1562 ÷ 86	50. 6432 ÷ 34	51. 1584 ÷ 5	52. 8717 ÷ 83	53. 9899 ÷ 32	54. 6338 ÷ 64
55. 405 ÷ 10	56. 267 ÷ 65	57. 7668 ÷ 33	58. 7155 ÷ 14	59. 7485 ÷ 94	60. 4551 ÷ 10

Division 01 to 999

Name: _____ Date: _____ Score: _____ / 60

Start Time: _____ End Time: _____

1	$2429 \div 94$
2	$452 \div 75$
3	$4662 \div 76$
4	$5292 \div 38$
5	$6003 \div 61$
6	$2917 \div 51$
7	$8682 \div 63$
8	$2082 \div 20$
9	$3656 \div 98$
10	$9260 \div 26$
11	$4445 \div 100$
12	$1924 \div 35$
13	$8916 \div 17$
14	$1572 \div 75$
15	$1659 \div 96$
16	$4031 \div 4$
17	$8279 \div 10$
18	$5508 \div 80$
19	$7395 \div 18$
20	$9936 \div 85$
21	$9613 \div 20$
22	$9839 \div 60$
23	$9584 \div 14$
24	$5717 \div 84$
25	$59 \div 43$
26	$5129 \div 86$
27	$7889 \div 63$
28	$8821 \div 8$
29	$5518 \div 74$
30	$4546 \div 66$
31	$8971 \div 51$
32	$3318 \div 64$
33	$5994 \div 7$
34	$8093 \div 32$
35	$473 \div 13$
36	$5451 \div 6$
37	$6836 \div 90$
38	$8705 \div 68$
39	$8210 \div 16$
40	$4009 \div 23$
41	$4751 \div 82$
42	$7802 \div 57$
43	$8271 \div 91$
44	$8301 \div 29$
45	$4990 \div 70$
46	$4116 \div 40$
47	$6084 \div 91$
48	$8197 \div 10$
49	$9783 \div 48$
50	$3115 \div 55$
51	$4878 \div 1$
52	$4224 \div 14$
53	$1534 \div 94$
54	$6818 \div 38$
55	$8772 \div 17$
56	$1457 \div 95$
57	$6454 \div 87$
58	$6093 \div 33$
59	$4026 \div 31$
60	$3799 \div 77$

Division 01 to 999

Name: _____ Date: _____

Start Time: _____ End Time: _____

Score: _____

60

#		#		#		#		#		#	
1	926 ÷ 40	2	1921 ÷ 76	3	4064 ÷ 59	4	469 ÷ 36	5	781 ÷ 24	6	2691 ÷ 68
7	2213 ÷ 27	8	624 ÷ 94	9	7 ÷ 77	10	4084 ÷ 98	11	2579 ÷ 91	12	6011 ÷ 81
13	4486 ÷ 64	14	8017 ÷ 59	15	5484 ÷ 17	16	1625 ÷ 71	17	9623 ÷ 13	18	8670 ÷ 9
19	3204 ÷ 80	20	4754 ÷ 98	21	4856 ÷ 55	22	5931 ÷ 72	23	3804 ÷ 36	24	3412 ÷ 46
25	2931 ÷ 29	26	2181 ÷ 45	27	6847 ÷ 34	28	7644 ÷ 43	29	8068 ÷ 74	30	8595 ÷ 3
31	4236 ÷ 1	32	6472 ÷ 85	33	8816 ÷ 61	34	1398 ÷ 88	35	9661 ÷ 64	36	910 ÷ 62
37	8104 ÷ 27	38	1083 ÷ 9	39	5736 ÷ 17	40	2744 ÷ 25	41	8211 ÷ 30	42	6944 ÷ 79
43	158 ÷ 47	44	4836 ÷ 98	45	2783 ÷ 14	46	989 ÷ 80	47	2421 ÷ 87	48	1032 ÷ 88
49	4406 ÷ 6	50	7633 ÷ 36	51	9318 ÷ 31	52	9884 ÷ 91	53	6110 ÷ 19	54	9407 ÷ 80
55	7823 ÷ 76	56	6142 ÷ 84	57	8056 ÷ 48	58	7541 ÷ 17	59	400 ÷ 46	60	4104 ÷ 92

Division 01 to 999

Name: _____ **Date:** _____ **Score:** _____

Start Time: _____ **End Time:** _____   60

1. 3246 ÷ 44
2. 6440 ÷ 43
3. 394 ÷ 87
4. 1985 ÷ 53
5. 7240 ÷ 78
6. 4726 ÷ 19
7. 1886 ÷ 16
8. 5063 ÷ 91
9. 9587 ÷ 52
10. 5365 ÷ 48
11. 8398 ÷ 39
12. 4275 ÷ 41
13. 2364 ÷ 37
14. 3855 ÷ 14
15. 1341 ÷ 2
16. 2424 ÷ 79
17. 5120 ÷ 70
18. 3486 ÷ 48
19. 7585 ÷ 43
20. 2590 ÷ 34
21. 4922 ÷ 11
22. 965 ÷ 29
23. 7023 ÷ 3
24. 7132 ÷ 62
25. 3370 ÷ 10
26. 6540 ÷ 76
27. 8406 ÷ 33
28. 4319 ÷ 91
29. 5277 ÷ 26
30. 864 ÷ 53
31. 1339 ÷ 36
32. 9649 ÷ 44
33. 4808 ÷ 57
34. 7867 ÷ 15
35. 3015 ÷ 21
36. 2303 ÷ 24
37. 5436 ÷ 30
38. 4835 ÷ 30
39. 2466 ÷ 64
40. 663 ÷ 26
41. 6870 ÷ 12
42. 3689 ÷ 78
43. 4081 ÷ 31
44. 7197 ÷ 60
45. 5220 ÷ 54
46. 7891 ÷ 80
47. 5748 ÷ 28
48. 1397 ÷ 70
49. 5050 ÷ 59
50. 6120 ÷ 11
51. 8185 ÷ 42
52. 768 ÷ 62
53. 925 ÷ 22
54. 4739 ÷ 24
55. 6081 ÷ 43
56. 9609 ÷ 62
57. 4307 ÷ 19
58. 1654 ÷ 21
59. 3992 ÷ 4
60. 5869 ÷ 18

Division 01 to 999

Name: _____ Date: _____ Score: _____

Start Time: _____ End Time: _____   60

#		#		#		#		#		#	
1	6549 ÷ 9	2	728 ÷ 73	3	5152 ÷ 67	4	4717 ÷ 42	5	740 ÷ 16	6	900 ÷ 36
7	7579 ÷ 53	8	5020 ÷ 56	9	1577 ÷ 67	10	2521 ÷ 26	11	1205 ÷ 68	12	3852 ÷ 60
13	6495 ÷ 6	14	4101 ÷ 90	15	7031 ÷ 82	16	8012 ÷ 88	17	6654 ÷ 9	18	3978 ÷ 95
19	5363 ÷ 1	20	5797 ÷ 65	21	7772 ÷ 79	22	3684 ÷ 97	23	5882 ÷ 54	24	8139 ÷ 84
25	7043 ÷ 77	26	2509 ÷ 44	27	5961 ÷ 95	28	8426 ÷ 34	29	5673 ÷ 8	30	5007 ÷ 47
31	2011 ÷ 6	32	3178 ÷ 71	33	9576 ÷ 25	34	8522 ÷ 12	35	630 ÷ 10	36	1265 ÷ 24
37	5221 ÷ 23	38	7133 ÷ 95	39	8129 ÷ 62	40	3915 ÷ 1	41	1919 ÷ 89	42	6446 ÷ 96
43	2255 ÷ 81	44	6141 ÷ 52	45	602 ÷ 68	46	2430 ÷ 7	47	3044 ÷ 9	48	1833 ÷ 86
49	9679 ÷ 1	50	7900 ÷ 73	51	3039 ÷ 34	52	5344 ÷ 93	53	3072 ÷ 29	54	9343 ÷ 75
55	1459 ÷ 32	56	7418 ÷ 15	57	9279 ÷ 89	58	4471 ÷ 15	59	5291 ÷ 2	60	4799 ÷ 10

Division 01 to 999

Name: _____   Date: _____

Start Time: _____   End Time: _____

Score: _____
60

1. 4807 ÷ 19	2. 3569 ÷ 25	3. 1291 ÷ 8	4. 5325 ÷ 89	5. 642 ÷ 13	6. 9391 ÷ 69
7. 4811 ÷ 32	8. 6668 ÷ 92	9. 3223 ÷ 15	10. 9533 ÷ 2	11. 7558 ÷ 12	12. 3242 ÷ 59
13. 7962 ÷ 2	14. 1661 ÷ 94	15. 699 ÷ 40	16. 4161 ÷ 96	17. 9017 ÷ 2	18. 7754 ÷ 22
19. 4888 ÷ 80	20. 1893 ÷ 38	21. 8872 ÷ 92	22. 1947 ÷ 26	23. 5263 ÷ 54	24. 1678 ÷ 41
25. 6853 ÷ 23	26. 5270 ÷ 55	27. 6591 ÷ 32	28. 6357 ÷ 86	29. 5593 ÷ 4	30. 5018 ÷ 43
31. 8678 ÷ 53	32. 8378 ÷ 46	33. 3111 ÷ 22	34. 6288 ÷ 73	35. 5881 ÷ 84	36. 545 ÷ 11
37. 4452 ÷ 33	38. 209 ÷ 10	39. 9458 ÷ 64	40. 1037 ÷ 49	41. 8153 ÷ 40	42. 3000 ÷ 94
43. 3974 ÷ 1	44. 2794 ÷ 54	45. 6868 ÷ 91	46. 7157 ÷ 62	47. 4337 ÷ 90	48. 6243 ÷ 54
49. 4822 ÷ 39	50. 599 ÷ 68	51. 8665 ÷ 66	52. 3838 ÷ 42	53. 2344 ÷ 68	54. 5872 ÷ 53
55. 3312 ÷ 86	56. 4244 ÷ 1	57. 8677 ÷ 51	58. 9371 ÷ 99	59. 95 ÷ 23	60. 840 ÷ 91

Division 01 to 999

Name: _____ Date: _____ Score: _____

Start Time: _____ End Time: _____ 60

1. 9980 ÷ 52	2. 8935 ÷ 8	3. 7196 ÷ 53	4. 185 ÷ 61	5. 4988 ÷ 40	6. 6176 ÷ 20
7. 9136 ÷ 92	8. 3880 ÷ 3	9. 4607 ÷ 12	10. 2092 ÷ 50	11. 9956 ÷ 7	12. 2971 ÷ 18
13. 5763 ÷ 91	14. 4112 ÷ 78	15. 277 ÷ 39	16. 5861 ÷ 93	17. 730 ÷ 34	18. 988 ÷ 100
19. 7740 ÷ 56	20. 2788 ÷ 82	21. 5397 ÷ 74	22. 3188 ÷ 75	23. 7268 ÷ 30	24. 4862 ÷ 13
25. 8795 ÷ 18	26. 3672 ÷ 29	27. 5804 ÷ 45	28. 9777 ÷ 51	29. 3296 ÷ 46	30. 8196 ÷ 31
31. 2202 ÷ 88	32. 4972 ÷ 63	33. 1193 ÷ 59	34. 9911 ÷ 75	35. 5113 ÷ 18	36. 7032 ÷ 86
37. 2062 ÷ 78	38. 6128 ÷ 93	39. 3513 ÷ 60	40. 778 ÷ 54	41. 8360 ÷ 55	42. 6651 ÷ 19
43. 9686 ÷ 18	44. 8028 ÷ 72	45. 8882 ÷ 88	46. 7688 ÷ 99	47. 788 ÷ 85	48. 8720 ÷ 49
49. 336 ÷ 20	50. 9022 ÷ 70	51. 3174 ÷ 65	52. 7596 ÷ 15	53. 8898 ÷ 86	54. 4819 ÷ 42
55. 3777 ÷ 77	56. 9444 ÷ 74	57. 2620 ÷ 21	58. 2532 ÷ 89	59. 7561 ÷ 58	60. 7832 ÷ 30

Name: _____ **Date:** _____

Score: _____

Start Time: _____ **End Time:** _____

60

1. 265 ÷ 76	2. 3920 ÷ 88	3. 3347 ÷ 77	4. 6433 ÷ 2	5. 3425 ÷ 51	6. 2341 ÷ 44
7. 7255 ÷ 79	8. 3810 ÷ 91	9. 4646 ÷ 42	10. 438 ÷ 24	11. 4011 ÷ 7	12. 3738 ÷ 67
13. 391 ÷ 58	14. 7907 ÷ 99	15. 8611 ÷ 16	16. 3730 ÷ 53	17. 8962 ÷ 12	18. 7570 ÷ 11
19. 8856 ÷ 20	20. 2425 ÷ 97	21. 2374 ÷ 78	22. 7346 ÷ 22	23. 2503 ÷ 59	24. 9060 ÷ 35
25. 1313 ÷ 36	26. 4761 ÷ 76	27. 5198 ÷ 5	28. 6046 ÷ 32	29. 2000 ÷ 78	30. 8039 ÷ 4
31. 849 ÷ 34	32. 4572 ÷ 72	33. 7419 ÷ 44	34. 1421 ÷ 75	35. 4387 ÷ 73	36. 9981 ÷ 85
37. 9518 ÷ 44	38. 122 ÷ 77	39. 7954 ÷ 83	40. 8265 ÷ 25	41. 82 ÷ 20	42. 9425 ÷ 24
43. 14 ÷ 9	44. 5124 ÷ 81	45. 3986 ÷ 78	46. 6566 ÷ 21	47. 9937 ÷ 45	48. 2501 ÷ 53
49. 2111 ÷ 40	50. 1148 ÷ 93	51. 5733 ÷ 78	52. 1799 ÷ 81	53. 9103 ÷ 85	54. 3161 ÷ 14
55. 253 ÷ 44	56. 6779 ÷ 79	57. 2715 ÷ 76	58. 8383 ÷ 93	59. 3522 ÷ 91	60. 3407 ÷ 42

Name: _____ **Date:** _____ **Score:** _____

Start Time: _____ **End Time:** _____   60

Division 01 to 999

1	2	3	4	5	6
9442 ÷ 95	7205 ÷ 39	147 ÷ 65	2244 ÷ 8	9891 ÷ 51	7983 ÷ 74

7	8	9	10	11	12
7574 ÷ 55	5792 ÷ 34	9901 ÷ 3	966 ÷ 18	6958 ÷ 73	7439 ÷ 43

13	14	15	16	17	18
8624 ÷ 64	6328 ÷ 97	7306 ÷ 52	3068 ÷ 36	3319 ÷ 1	8372 ÷ 32

19	20	21	22	23	24
504 ÷ 53	5165 ÷ 64	4798 ÷ 56	4517 ÷ 12	354 ÷ 76	8242 ÷ 82

25	26	27	28	29	30
3812 ÷ 43	8727 ÷ 83	7826 ÷ 50	1785 ÷ 78	4821 ÷ 16	4489 ÷ 36

31	32	33	34	35	36
9079 ÷ 100	2969 ÷ 89	5000 ÷ 76	3868 ÷ 3	4824 ÷ 84	3984 ÷ 89

37	38	39	40	41	42
3049 ÷ 59	2150 ÷ 13	5449 ÷ 38	7123 ÷ 26	6212 ÷ 48	1349 ÷ 24

43	44	45	46	47	48
9039 ÷ 19	1690 ÷ 25	9798 ÷ 11	1763 ÷ 41	3478 ÷ 87	1612 ÷ 38

49	50	51	52	53	54
1803 ÷ 50	4129 ÷ 21	4378 ÷ 70	5871 ÷ 52	4904 ÷ 56	5752 ÷ 90

55	56	57	58	59	60
717 ÷ 35	4599 ÷ 79	4045 ÷ 87	7847 ÷ 12	538 ÷ 97	5481 ÷ 93

Name: _____ **Date:** _____

Start Time: _____ **End Time:** _____

Score: _____ / 60

1. 6884 ÷ 71	2. 470 ÷ 73	3. 3406 ÷ 43	4. 9120 ÷ 36	5. 6225 ÷ 93	6. 5880 ÷ 77
7. 8025 ÷ 100	8. 8057 ÷ 84	9. 6735 ÷ 89	10. 9258 ÷ 8	11. 6252 ÷ 16	12. 6126 ÷ 24
13. 8849 ÷ 8	14. 1251 ÷ 69	15. 7765 ÷ 46	16. 3470 ÷ 79	17. 3594 ÷ 40	18. 4392 ÷ 14
19. 1496 ÷ 100	20. 6680 ÷ 22	21. 5340 ÷ 78	22. 9543 ÷ 58	23. 5147 ÷ 12	24. 3001 ÷ 28
25. 4380 ÷ 39	26. 8489 ÷ 17	27. 9326 ÷ 77	28. 6886 ÷ 11	29. 5033 ÷ 85	30. 3779 ÷ 24
31. 7457 ÷ 85	32. 5367 ÷ 54	33. 9044 ÷ 76	34. 2667 ÷ 69	35. 3090 ÷ 57	36. 2356 ÷ 22
37. 1007 ÷ 36	38. 5090 ÷ 18	39. 1733 ÷ 99	40. 1164 ÷ 30	41. 3385 ÷ 64	42. 3696 ÷ 84
43. 4044 ÷ 59	44. 5617 ÷ 23	45. 4890 ÷ 95	46. 8692 ÷ 72	47. 6072 ÷ 11	48. 9159 ÷ 70
49. 5182 ÷ 74	50. 7727 ÷ 49	51. 9231 ÷ 35	52. 9328 ÷ 6	53. 4616 ÷ 95	54. 5392 ÷ 7
55. 1853 ÷ 99	56. 7949 ÷ 1	57. 8349 ÷ 50	58. 1383 ÷ 56	59. 3803 ÷ 79	60. 7833 ÷ 100

Divison 01 to 999

Division 01 to 999

Name: _____ Date: _____

Start Time: _____ End Time: _____

Score: _____

60

#	Problem
1	5711 ÷ 70
2	172 ÷ 29
3	3820 ÷ 70
4	9711 ÷ 62
5	5876 ÷ 53
6	4309 ÷ 55
7	4115 ÷ 35
8	6013 ÷ 3
9	1882 ÷ 35
10	6776 ÷ 70
11	3212 ÷ 37
12	4765 ÷ 3
13	9620 ÷ 41
14	1009 ÷ 27
15	7758 ÷ 45
16	6755 ÷ 9
17	1754 ÷ 66
18	2919 ÷ 37
19	3741 ÷ 6
20	7400 ÷ 74
21	7280 ÷ 23
22	1776 ÷ 54
23	3519 ÷ 56
24	6603 ÷ 7
25	8004 ÷ 64
26	9748 ÷ 99
27	5875 ÷ 18
28	5144 ÷ 3
29	4800 ÷ 78
30	4848 ÷ 95
31	353 ÷ 10
32	4434 ÷ 2
33	6188 ÷ 87
34	4475 ÷ 58
35	9879 ÷ 2
36	3961 ÷ 85
37	7333 ÷ 14
38	8531 ÷ 60
39	7388 ÷ 33
40	1873 ÷ 99
41	2561 ÷ 54
42	1140 ÷ 4
43	6452 ÷ 83
44	7554 ÷ 60
45	6369 ÷ 88
46	1040 ÷ 43
47	4195 ÷ 37
48	4211 ÷ 12
49	7601 ÷ 96
50	640 ÷ 67
51	2743 ÷ 81
52	7661 ÷ 73
53	9539 ÷ 55
54	1079 ÷ 66
55	1657 ÷ 78
56	6067 ÷ 58
57	4870 ÷ 36
58	2568 ÷ 26
59	7880 ÷ 46
60	9641 ÷ 58

Division 01 to 999

Name: _____ Date: _____ Score: _____

Start Time: _____ End Time: _____

60

1. $3546 \div 8$	2. $2655 \div 36$	3. $6259 \div 97$	4. $2473 \div 74$	5. $4111 \div 67$	6. $6477 \div 98$
7. $4624 \div 39$	8. $6307 \div 83$	9. $3951 \div 68$	10. $7278 \div 50$	11. $4374 \div 96$	12. $3084 \div 84$
13. $9419 \div 19$	14. $9867 \div 96$	15. $2907 \div 45$	16. $9418 \div 43$	17. $6139 \div 63$	18. $2258 \div 93$
19. $1233 \div 100$	20. $704 \div 64$	21. $8108 \div 2$	22. $4193 \div 10$	23. $6234 \div 1$	24. $8561 \div 72$
25. $7874 \div 76$	26. $6930 \div 28$	27. $9216 \div 29$	28. $5008 \div 49$	29. $9932 \div 79$	30. $9297 \div 56$
31. $6647 \div 15$	32. $3794 \div 34$	33. $1949 \div 7$	34. $6748 \div 27$	35. $2998 \div 71$	36. $6040 \div 7$
37. $8664 \div 40$	38. $918 \div 27$	39. $327 \div 28$	40. $7446 \div 18$	41. $7101 \div 7$	42. $4214 \div 58$
43. $7895 \div 4$	44. $2446 \div 34$	45. $9486 \div 64$	46. $9205 \div 15$	47. $3721 \div 52$	48. $3536 \div 57$
49. $2210 \div 13$	50. $7073 \div 77$	51. $2295 \div 1$	52. $2041 \div 48$	53. $1121 \div 12$	54. $8999 \div 18$
55. $7183 \div 62$	56. $4069 \div 12$	57. $1479 \div 92$	58. $9784 \div 119$	59. $5323 \div 96$	60. $5716 \div 8$

Division 01 to 999

Name: _____ Date: _____ Score: _____

Start Time: _____ End Time: _____ 60

#		#		#		#		#		#	
1	5888 ÷ 73	2	5085 ÷ 26	3	9809 ÷ 92	4	6856 ÷ 84	5	5403 ÷ 5	6	1969 ÷ 71
7	1352 ÷ 57	8	5691 ÷ 99	9	115 ÷ 5	10	1619 ÷ 12	11	9732 ÷ 59	12	4644 ÷ 29
13	9662 ÷ 50	14	3599 ÷ 51	15	6681 ÷ 20	16	5410 ÷ 79	17	1022 ÷ 87	18	62 ÷ 16
19	8763 ÷ 72	20	5627 ÷ 20	21	5850 ÷ 20	22	6413 ÷ 95	23	2305 ÷ 61	24	3828 ÷ 60
25	1744 ÷ 13	26	2694 ÷ 65	27	517 ÷ 85	28	5059 ÷ 88	29	102 ÷ 92	30	5946 ÷ 38
31	8687 ÷ 74	32	8031 ÷ 86	33	1979 ÷ 56	34	7731 ÷ 75	35	5458 ÷ 44	36	1259 ÷ 66
37	5462 ÷ 999	38	6197 ÷ 84	39	4255 ÷ 44	40	523 ÷ 48	41	3383 ÷ 8	42	7994 ÷ 28
43	1495 ÷ 24	44	7755 ÷ 99	45	4431 ÷ 25	46	3287 ÷ 39	47	5705 ÷ 5	48	7645 ÷ 47
49	3715 ÷ 26	50	6724 ÷ 61	51	7770 ÷ 68	52	9716 ÷ 4	53	794 ÷ 57	54	3497 ÷ 5
55	3233 ÷ 57	56	6266 ÷ 72	57	1922 ÷ 88	58	7034 ÷ 20	59	3932 ÷ 5	60	3636 ÷ 63

Name: _____ **Date:** _____

Start Time: _____ **End Time:** _____

Score: _____

60

1	2	3	4	5	6
6027 ÷ 87	2080 ÷ 73	1279 ÷ 15	4908 ÷ 64	3310 ÷ 5	6382 ÷ 69

7	8	9	10	11	12
5322 ÷ 12	1144 ÷ 70	7071 ÷ 47	9090 ÷ 9	4441 ÷ 63	8365 ÷ 95

13	14	15	16	17	18
7872 ÷ 33	3279 ÷ 85	8930 ÷ 16	4263 ÷ 15	5953 ÷ 66	8599 ÷ 29

19	20	21	22	23	24
4769 ÷ 45	1110 ÷ 11	9478 ÷ 31	6773 ÷ 33	8166 ÷ 81	2947 ÷ 1

25	26	27	28	29	30
9063 ÷ 45	739 ÷ 4	9781 ÷ 82	8200 ÷ 5	1081 ÷ 93	9315 ÷ 31

31	32	33	34	35	36
154 ÷ 61	5527 ÷ 80	6063 ÷ 98	2697 ÷ 21	2795 ÷ 31	74 ÷ 33

37	38	39	40	41	42
1819 ÷ 35	272 ÷ 98	1415 ÷ 22	9061 ÷ 38	3682 ÷ 59	8917 ÷ 94

43	44	45	46	47	48
9075 ÷ 84	3357 ÷ 7	425 ÷ 56	5957 ÷ 64	6873 ÷ 71	7590 ÷ 78

49	50	51	52	53	54
3392 ÷ 15	7281 ÷ 80	6207 ÷ 51	7893 ÷ 52	9266 ÷ 76	7747 ÷ 58

55	56	57	58	59	60
4160 ÷ 215	8297 ÷ 88	1598 ÷ 9	160 ÷ 63	9582 ÷ 80	3854 ÷ 36

Division 01 to 999

Name: _____ Date: _____

Start Time: _____ End Time: _____

Score: _____

60

1. $217 \div 86$
2. $7535 \div 51$
3. $1198 \div 79$
4. $6333 \div 24$
5. $2026 \div 80$
6. $8186 \div 94$
7. $4114 \div 83$
8. $8351 \div 16$
9. $3228 \div 24$
10. $5242 \div 49$
11. $4152 \div 11$
12. $1422 \div 75$
13. $1182 \div 96$
14. $3199 \div 50$
15. $3842 \div 25$
16. $7219 \div 82$
17. $7180 \div 75$
18. $9549 \div 26$
19. $4702 \div 75$
20. $702 \div 82$
21. $6546 \div 34$
22. $7275 \div 56$
23. $5834 \div 88$
24. $3336 \div 65$
25. $8245 \div 97$
26. $347 \div 54$
27. $7321 \div 24$
28. $5473 \div 82$
29. $8977 \div 83$
30. $1629 \div 44$
31. $784 \div 80$
32. $1373 \div 94$
33. $3871 \div 96$
34. $581 \div 356$
35. $8462 \div 81$
36. $5757 \div 38$
37. $9617 \div 86$
38. $3694 \div 51$
39. $9118 \div 40$
40. $8700 \div 20$
41. $3086 \div 48$
42. $323 \div 90$
43. $4749 \div 86$
44. $3400 \div 13$
45. $9986 \div 6$
46. $11 \div 71$
47. $9942 \div 2$
48. $8361 \div 37$
49. $3676 \div 60$
50. $5628 \div 10$
51. $2573 \div 94$
52. $4884 \div 38$
53. $7417 \div 22$
54. $3391 \div 66$
55. $5892 \div 67$
56. $3080 \div 94$
57. $6696 \div 13$
58. $395 \div 25$
59. $3502 \div 35$
60. $3806 \div 56$

Division 01 to 999

Name: _____ Date: _____

Start Time: _____ End Time: _____

Score: _____

60

1. 184 ÷ 57
2. 2779 ÷ 33
3. 7619 ÷ 50
4. 764 ÷ 21
5. 7803 ÷ 57
6. 5362 ÷ 91
7. 6990 ÷ 59
8. 9642 ÷ 16
9. 3074 ÷ 47
10. 6255 ÷ 65
11. 8755 ÷ 54
12. 1854 ÷ 79
13. 7245 ÷ 52
14. 2042 ÷ 40
15. 2959 ÷ 55
16. 1846 ÷ 79
17. 4318 ÷ 73
18. 520 ÷ 37
19. 6199 ÷ 14
20. 276 ÷ 42
21. 9099 ÷ 32
22. 6360 ÷ 67
23. 4213 ÷ 96
24. 3247 ÷ 70
25. 9611 ÷ 73
26. 4538 ÷ 83
27. 3775 ÷ 52
28. 8679 ÷ 25
29. 7785 ÷ 50
30. 2623 ÷ 69
31. 7778 ÷ 68
32. 6298 ÷ 93
33. 3489 ÷ 10
34. 6530 ÷ 15
35. 5784 ÷ 32
36. 2048 ÷ 82
37. 1876 ÷ 49
38. 2772 ÷ 81
39. 2145 ÷ 68
40. 1366 ÷ 7
41. 5960 ÷ 46
42. 2740 ÷ 24
43. 9616 ÷ 59
44. 3013 ÷ 30
45. 8559 ÷ 59
46. 3207 ÷ 60
47. 8575 ÷ 87
48. 8417 ÷ 24
49. 5079 ÷ 79
50. 6057 ÷ 46
51. 2358 ÷ 71
52. 8502 ÷ 32
53. 5150 ÷ 28
54. 845 ÷ 87
55. 7969 ÷ 74
56. 8778 ÷ 49
57. 4574 ÷ 32
58. 6392 ÷ 41
59. 5130 ÷ 88
60. 4285 ÷ 83

Division 01 to 999

Name: _____ Date: _____

Score: _____

Start Time: _____ End Time: _____

60

1. 4523 ÷ 61	2. 6976 ÷ 8	3. 8509 ÷ 1	4. 4992 ÷ 79	5. 4040 ÷ 2	6. 4840 ÷ 48
7. 3116 ÷ 20	8. 4059 ÷ 57	9. 3875 ÷ 19	10. 9429 ÷ 36	11. 3523 ÷ 7	12. 2236 ÷ 28
13. 8997 ÷ 8	14. 2882 ÷ 68	15. 1075 ÷ 54	16. 3881 ÷ 6	17. 3172 ÷ 96	18. 7824 ÷ 2
19. 2600 ÷ 61	20. 2797 ÷ 3	21. 939 ÷ 95	22. 5675 ÷ 56	23. 8771 ÷ 78	24. 2820 ÷ 66
25. 2502 ÷ 51	26. 2585 ÷ 49	27. 4532 ÷ 95	28. 760 ÷ 9	29. 7708 ÷ 26	30. 3269 ÷ 24
31. 5248 ÷ 21	32. 9999 ÷ 53	33. 464 ÷ 83	34. 4917 ÷ 11	35. 1307 ÷ 47	36. 1388 ÷ 98
37. 5381 ÷ 22	38. 5231 ÷ 72	39. 5912 ÷ 18	40. 4148 ÷ 35	41. 4511 ÷ 81	42. 9660 ÷ 37
43. 5972 ÷ 41	44. 3688 ÷ 95	45. 1971 ÷ 62	46. 4203 ÷ 7	47. 6896 ÷ 89	48. 7945 ÷ 43
49. 3026 ÷ 88	50. 5844 ÷ 71	51. 2072 ÷ 65	52. 4268 ÷ 9	53. 953 ÷ 5	54. 6852 ÷ 26
55. 7371 ÷ 18	56. 5073 ÷ 49	57. 9048 ÷ 6	58. 1033 ÷ 10	59. 2089 ÷ 52	60. 7985 ÷ 44

Division 01 to 999

Name: _____ Date: _____

Start Time: _____ End Time: _____

Score: _____

60

#		#		#		#		#		#	
1	429 ÷ 92	2	7534 ÷ 39	3	1351 ÷ 83	4	3764 ÷ 11	5	5533 ÷ 27	6	9890 ÷ 23
7	2090 ÷ 42	8	6983 ÷ 48	9	526 ÷ 32	10	4931 ÷ 100	11	8880 ÷ 82	12	2378 ÷ 39
13	1829 ÷ 17	14	4497 ÷ 3	15	8785 ÷ 36	16	5317 ÷ 17	17	5569 ÷ 61	18	3702 ÷ 100
19	7621 ÷ 71	20	6902 ÷ 95	21	7060 ÷ 74	22	7449 ÷ 42	23	180 ÷ 78	24	9249 ÷ 69
25	8159 ÷ 78	26	7264 ÷ 46	27	3495 ÷ 81	28	4355 ÷ 30	29	5189 ÷ 70	30	8134 ÷ 57
31	205 ÷ 94	32	4636 ÷ 56	33	8465 ÷ 49	34	6204 ÷ 30	35	8445 ÷ 64	36	8609 ÷ 39
37	7220 ÷ 88	38	1285 ÷ 34	39	1869 ÷ 14	40	3999 ÷ 42	41	1146 ÷ 50	42	2241 ÷ 85
43	7248 ÷ 46	44	4804 ÷ 69	45	5831 ÷ 25	46	2724 ÷ 67	47	5256 ÷ 58	48	6038 ÷ 33
49	3530 ÷ 25	50	7689 ÷ 16	51	7146 ÷ 10	52	4086 ÷ 45	53	6343 ÷ 16	54	4877 ÷ 50
55	1345 ÷ 52	56	5337 ÷ 4	57	5327 ÷ 34	58	9914 ÷ 76	59	7974 ÷ 46	60	8964 ÷ 65

Division 01 to 999

Name: _____ Date: _____ Score: _____

Start Time: _____ End Time: _____ 60

1. 4998 ÷ 34	2. 8034 ÷ 23	3. 9261 ÷ 28	4. 7460 ÷ 56	5. 5622 ÷ 27	6. 5855 ÷ 38
7. 6253 ÷ 8	8. 8628 ÷ 5	9. 227 ÷ 30	10. 8035 ÷ 60	11. 463 ÷ 64	12. 107 ÷ 10
13. 1387 ÷ 23	14. 7762 ÷ 24	15. 4367 ÷ 5	16. 7202 ÷ 71	17. 6028 ÷ 91	18. 4085 ÷ 25
19. 5858 ÷ 60	20. 1484 ÷ 27	21. 3635 ÷ 3	22. 9327 ÷ 14	23. 847 ÷ 41	24. 8725 ÷ 73
25. 856 ÷ 98	26. 65 ÷ 10	27. 5402 ÷ 70	28. 9196 ÷ 53	29. 3732 ÷ 12	30. 6036 ÷ 1
31. 6237 ÷ 77	32. 3176 ÷ 34	33. 3809 ÷ 43	34. 2170 ÷ 21	35. 979 ÷ 18	36. 3103 ÷ 11
37. 296 ÷ 7	38. 326 ÷ 1	39. 4647 ÷ 6	40. 8799 ÷ 78	41. 428 ÷ 35	42. 9663 ÷ 96
43. 4632 ÷ 69	44. 4937 ÷ 32	45. 5078 ÷ 61	46. 6109 ÷ 85	47. 8016 ÷ 98	48. 949 ÷ 61
49. 5771 ÷ 14	50. 9026 ÷ 4	51. 9340 ÷ 76	52. 971 ÷ 8	53. 9677 ÷ 70	54. 8164 ÷ 34
55. 7467 ÷ 2	56. 312 ÷ 67	57. 6456 ÷ 70	58. 6960 ÷ 41	59. 4457 ÷ 15	60. 2272 ÷ 64

Name: _____ **Date:** _____

Start Time: _____ **End Time:** _____

Score: _____

Divison 01 to 999

60

1. 5779 ÷ 3	2. 8328 ÷ 63	3. 41 ÷ 75	4. 8217 ÷ 14	5. 6706 ÷ 98	6. 8348 ÷ 29
7. 3913 ÷ 83	8. 5865 ÷ 63	9. 8942 ÷ 78	10. 2331 ÷ 99	11. 4720 ÷ 44	12. 9184 ÷ 54
13. 8554 ÷ 12	14. 4315 ÷ 11	15. 5400 ÷ 59	16. 5768 ÷ 99	17. 9367 ÷ 65	18. 1284 ÷ 63
19. 4190 ÷ 52	20. 1357 ÷ 5	21. 6286 ÷ 47	22. 4054 ÷ 93	23. 4121 ÷ 1	24. 4518 ÷ 86
25. 791 ÷ 53	26. 4127 ÷ 53	27. 6227 ÷ 22	28. 9150 ÷ 66	29. 9878 ÷ 6	30. 2404 ÷ 20
31. 500 ÷ 79	32. 7679 ÷ 40	33. 6998 ÷ 15	34. 9287 ÷ 44	35. 389 ÷ 90	36. 8174 ÷ 29
37. 5913 ÷ 69	38. 6859 ÷ 75	39. 7090 ÷ 9	40. 3119 ÷ 22	41. 5070 ÷ 1	42. 2910 ÷ 62
43. 9917 ÷ 3	44. 2458 ÷ 23	45. 2718 ÷ 20	46. 7192 ÷ 9	47. 9131 ÷ 31	48. 7518 ÷ 84
49. 2972 ÷ 42	50. 7298 ÷ 69	51. 1832 ÷ 52	52. 2030 ÷ 64	53. 3415 ÷ 46	54. 1436 ÷ 41
55. 8612 ÷ 55	56. 647 ÷ 93	57. 474 ÷ 49	58. 8026 ÷ 83	59. 3282 ÷ 60	60. 1563 ÷ 32

Division
01 to 999

Name: _____ Date: _____ Score: _____

Start Time: _____ End Time: _____   60

#		#		#		#		#		#	
1	7401 ÷ 36	2	3373 ÷ 53	3	4924 ÷ 83	4	8637 ÷ 35	5	3567 ÷ 42	6	5001 ÷ 76
7	2525 ÷ 50	8	6637 ÷ 69	9	1809 ÷ 28	10	461 ÷ 95	11	6209 ÷ 1	12	4308 ÷ 59
13	528 ÷ 14	14	7015 ÷ 32	15	8452 ÷ 31	16	9445 ÷ 12	17	2104 ÷ 3	18	2221 ÷ 90
19	5982 ÷ 4	20	5192 ÷ 37	21	2863 ÷ 49	22	707 ÷ 96	23	6575 ÷ 87	24	5517 ÷ 100
25	5519 ÷ 17	26	786 ÷ 100	27	4535 ÷ 26	28	6636 ÷ 82	29	1210 ÷ 93	30	3491 ÷ 20
31	8433 ÷ 35	32	7623 ÷ 84	33	3342 ÷ 45	34	7567 ÷ 90	35	4432 ÷ 70	36	2556 ÷ 76
37	8744 ÷ 60	38	7741 ÷ 25	39	5587 ÷ 68	40	1082 ÷ 37	41	7222 ÷ 83	42	5034 ÷ 78
43	9402 ÷ 41	44	4418 ÷ 30	45	8024 ÷ 33	46	4965 ÷ 34	47	3288 ÷ 13	48	7488 ÷ 52
49	3556 ÷ 48	50	6621 ÷ 66	51	2347 ÷ 92	52	8776 ÷ 82	53	7950 ÷ 56	54	815 ÷ 73
55	3787 ÷ 77	56	8041 ÷ 98	57	9002 ÷ 13	58	9740 ÷ 61	59	7466 ÷ 73	60	8783 ÷ 66

Divison 01 to 999

Name: _____ Date: _____ Score: _____

Start Time: _____ End Time: _____   60

1	2	3	4	5	6
611 ÷ 92	8008 ÷ 94	1968 ÷ 89	683 ÷ 96	7669 ÷ 81	3231 ÷ 52
7	8	9	10	11	12
1706 ÷ 66	3699 ÷ 36	5818 ÷ 96	5016 ÷ 30	260 ÷ 9	3125 ÷ 95
13	14	15	16	17	18
4335 ÷ 29	1405 ÷ 51	5260 ÷ 68	6397 ÷ 12	3765 ÷ 90	8807 ÷ 45
19	20	21	22	23	24
3294 ÷ 47	7653 ÷ 96	6746 ÷ 84	2029 ÷ 15	113 ÷ 18	9689 ÷ 63
25	26	27	28	29	30
4506 ÷ 5	9646 ÷ 50	3798 ÷ 92	3767 ÷ 56	8672 ÷ 100	6874 ÷ 60
31	32	33	34	35	36
9643 ÷ 91	4871 ÷ 68	7314 ÷ 16	7588 ÷ 6	4987 ÷ 80	5723 ÷ 79
37	38	39	40	41	42
6167 ÷ 70	4606 ÷ 8	3956 ÷ 83	976 ÷ 63	6377 ÷ 78	1507 ÷ 56
43	44	45	46	47	48
454 ÷ 14	5353 ÷ 43	8000 ÷ 33	6007 ÷ 4	8158 ÷ 75	5828 ÷ 18
49	50	51	52	53	54
6781 ÷ 31	1596 ÷ 36	48 ÷ 1	1757 ÷ 78	9437 ÷ 14	3252 ÷ 46
55	56	57	58	59	60
8991 ÷ 10	340 ÷ 44	1482 ÷ 51	1399 ÷ 21	3275 ÷ 10	2075 ÷ 87

Division 01 to 999

Name: _____ Date: _____ Score: _____

Start Time: _____ End Time: _____   60

1. 3250 ÷ 65	2. 4123 ÷ 64	3. 2912 ÷ 32	4. 8155 ÷ 18	5. 6180 ÷ 57	6. 2016 ÷ 95
7. 3208 ÷ 81	8. 9463 ÷ 46	9. 8412 ÷ 79	10. 9806 ÷ 77	11. 5282 ÷ 87	12. 8846 ÷ 94
13. 4217 ÷ 93	14. 4621 ÷ 28	15. 6407 ÷ 61	16. 9717 ÷ 80	17. 8329 ÷ 17	18. 427 ÷ 16
19. 6655 ÷ 43	20. 4550 ÷ 62	21. 3911 ÷ 49	22. 2252 ÷ 24	23. 2637 ÷ 19	24. 4100 ÷ 90
25. 9174 ÷ 54	26. 2206 ÷ 61	27. 308 ÷ 83	28. 396 ÷ 48	29. 5560 ÷ 91	30. 7888 ÷ 42
31. 3679 ÷ 57	32. 2753 ÷ 62	33. 8621 ÷ 61	34. 6319 ÷ 92	35. 7814 ÷ 13	36. 3220 ÷ 40
37. 1900 ÷ 59	38. 6538 ÷ 6	39. 8986 ÷ 26	40. 9630 ÷ 33	41. 3954 ÷ 21	42. 9710 ÷ 12
43. 7053 ÷ 54	44. 4305 ÷ 18	45. 7783 ÷ 11	46. 5550 ÷ 7	47. 7941 ÷ 8	48. 1213 ÷ 44
49. 4183 ÷ 65	50. 8446 ÷ 26	51. 1409 ÷ 54	52. 163 ÷ 5	53. 3827 ÷ 40	54. 4577 ÷ 82
55. 1908 ÷ 2	56. 1761 ÷ 23	57. 7340 ÷ 20	58. 6409 ÷ 70	59. 9399 ÷ 75	60. 1592 ÷ 43

Name: _____ **Date:** _____

Start Time: _____ **End Time:** _____

Score: _____
60

1. 2558 ÷ 65	2. 4701 ÷ 60	3. 9880 ÷ 46	4. 4956 ÷ 71	5. 7696 ÷ 37	6. 1314 ÷ 23
7. 6341 ÷ 39	8. 7230 ÷ 56	9. 7387 ÷ 49	10. 8082 ÷ 47	11. 7726 ÷ 74	12. 7662 ÷ 77
13. 9212 ÷ 99	14. 2544 ÷ 15	15. 1229 ÷ 6	16. 63 ÷ 38	17. 6500 ÷ 42	18. 5412 ÷ 56
19. 2281 ÷ 52	20. 5419 ÷ 99	21. 3947 ÷ 83	22. 5176 ÷ 48	23. 8371 ÷ 85	24. 4961 ÷ 75
25. 3330 ÷ 12	26. 3640 ÷ 82	27. 2070 ÷ 91	28. 2442 ÷ 100	29. 4709 ÷ 79	30. 727 ÷ 96
31. 5141 ÷ 2	32. 6857 ÷ 13	33. 2494 ÷ 38	34. 9792 ÷ 26	35. 5316 ÷ 18	36. 9157 ÷ 97
37. 4580 ÷ 32	38. 9009 ÷ 76	39. 5621 ÷ 13	40. 1162 ÷ 42	41. 6047 ÷ 34	42. 2354 ÷ 70
43. 5444 ÷ 67	44. 8479 ÷ 95	45. 4603 ÷ 99	46. 36 ÷ 8	47. 1668 ÷ 85	48. 879 ÷ 75
49. 2612 ÷ 48	50. 5917 ÷ 73	51. 8590 ÷ 44	52. 6058 ÷ 40	53. 3064 ÷ 16	54. 3771 ÷ 10
55. 9152 ÷ 45	56. 2176 ÷ 82	57. 6613 ÷ 94	58. 8199 ÷ 14	59. 6704 ÷ 4	60. 6367 ÷ 51

Division 01 to 999

Name: _____ Date: _____ Score: _____

Start Time: _____ End Time: _____

60

1	2	3	4	5	6
32 ÷ 6	6174 ÷ 17	6257 ÷ 34	9064 ÷ 65	7148 ÷ 4	9145 ÷ 28

7	8	9	10	11	12
8275 ÷ 90	2208 ÷ 38	2629 ÷ 9	8674 ÷ 23	9976 ÷ 2	2850 ÷ 42

13	14	15	16	17	18
2038 ÷ 68	6190 ÷ 48	2249 ÷ 11	8206 ÷ 4	5592 ÷ 7	203 ÷ 72

19	20	21	22	23	24
8525 ÷ 70	8645 ÷ 2	6912 ÷ 3	6537 ÷ 83	5208 ÷ 48	5590 ÷ 34

25	26	27	28	29	30
1648 ÷ 94	4032 ÷ 65	4543 ÷ 22	7266 ÷ 94	2101 ÷ 67	2888 ÷ 15

31	32	33	34	35	36
486 ÷ 3	7172 ÷ 91	8400 ÷ 41	570 ÷ 60	3704 ÷ 31	9749 ÷ 72

37	38	39	40	41	42
6841 ÷ 75	6905 ÷ 47	3591 ÷ 56	4348 ÷ 69	3471 ÷ 38	5585 ÷ 8

43	44	45	46	47	48
4508 ÷ 2	7076 ÷ 52	951 ÷ 73	9568 ÷ 89	3341 ÷ 6	4124 ÷ 92

49	50	51	52	53	54
9000 ÷ 25	7277 ÷ 16	9187 ÷ 11	6427 ÷ 21	8064 ÷ 65	4298 ÷ 8

55	56	57	58	59	60
2212 ÷ 12	822 ÷ 93	4463 ÷ 25	1851 ÷ 26	6997 ÷ 99	5920 ÷ 5

Division
01 to 999

Name: _____ Date: _____

Start Time: _____ End Time: _____

Score: _____

60

1. 8429 ÷ 86	2. 7501 ÷ 10	3. 4210 ÷ 10	4. 1748 ÷ 43	5. 8863 ÷ 16	6. 1166 ÷ 74
7. 2648 ÷ 97	8. 76 ÷ 49	9. 3494 ÷ 56	10. 691 ÷ 28	11. 8654 ÷ 98	12. 3054 ÷ 12
13. 2869 ÷ 88	14. 1141 ÷ 85	15. 1698 ÷ 73	16. 6165 ÷ 17	17. 807 ÷ 35	18. 235 ÷ 16
19. 6632 ÷ 27	20. 9862 ÷ 91	21. 6423 ÷ 31	22. 5128 ÷ 54	23. 6020 ÷ 19	24. 2133 ÷ 14
25. 1743 ÷ 35	26. 5980 ÷ 58	27. 8656 ÷ 78	28. 419 ÷ 61	29. 1746 ÷ 69	30. 9708 ÷ 49
31. 6899 ÷ 38	32. 8540 ÷ 56	33. 2997 ÷ 93	34. 4927 ÷ 100	35. 620 ÷ 18	36. 7572 ÷ 41
37. 2602 ÷ 7	38. 1670 ÷ 59	39. 3338 ÷ 71	40. 7612 ÷ 30	41. 5107 ÷ 14	42. 9834 ÷ 2
43. 7164 ÷ 95	44. 2107 ÷ 25	45. 5998 ÷ 31	46. 6832 ÷ 51	47. 207 ÷ 18	48. 3431 ÷ 53
49. 7807 ÷ 32	50. 4510 ÷ 74	51. 4755 ÷ 75	52. 6796 ÷ 87	53. 5744 ÷ 8	54. 114 ÷ 82
55. 2407 ÷ 47	56. 3257 ÷ 27	57. 6728 ÷ 43	58. 7300 ÷ 71	59. 9077 ÷ 23	60. 2981 ÷ 72

Division
01 to 999

Name: _____ Date: _____

Score: _____

Start Time: _____ End Time: _____

60

1	2	3	4	5	6
2603 ÷ 87	237 ÷ 99	5342 ÷ 3	9822 ÷ 16	3815 ÷ 53	9674 ÷ 23

7	8	9	10	11	12
3420 ÷ 88	18 ÷ 65	5219 ÷ 25	4373 ÷ 86	6000 ÷ 39	6698 ÷ 50

13	14	15	16	17	18
9526 ÷ 86	6752 ÷ 80	4559 ÷ 99	9081 ÷ 16	1098 ÷ 38	4041 ÷ 36

19	20	21	22	23	24
1441 ÷ 8	1628 ÷ 5	4570 ÷ 91	1315 ÷ 100	9924 ÷ 50	5522 ÷ 64

25	26	27	28	29	30
731 ÷ 14	5285 ÷ 35	8593 ÷ 54	7218 ÷ 51	4292 ÷ 65	9931 ÷ 18

31	32	33	34	35	36
4483 ÷ 84	9086 ÷ 73	1906 ÷ 77	1845 ÷ 5	6658 ÷ 59	431 ÷ 29

37	38	39	40	41	42
2680 ÷ 40	7858 ÷ 67	2559 ÷ 46	29 ÷ 52	288 ÷ 43	8926 ÷ 80

43	44	45	46	47	48
513 ÷ 39	804 ÷ 13	7938 ÷ 66	7341 ÷ 96	1092 ÷ 63	3982 ÷ 15

49	50	51	52	53	54
3811 ÷ 29	4682 ÷ 67	1720 ÷ 57	6889 ÷ 13	6855 ÷ 22	2964 ÷ 14

55	56	57	58	59	60
4444 ÷ 33	8940 ÷ 79	6208 ÷ 95	8454 ÷ 29	9772 ÷ 56	7241 ÷ 7

Division
01 to 999

Name: _____ Date: _____

Start Time: _____ End Time: _____

Score: _____

60

#		#		#		#		#		#	
1	5093 ÷ 2	2	1088 ÷ 13	3	2094 ÷ 86	4	5304 ÷ 56	5	7351 ÷ 48	6	2881 ÷ 95
7	7536 ÷ 43	8	736 ÷ 22	9	6533 ÷ 64	10	6583 ÷ 55	11	9515 ÷ 63	12	4912 ÷ 46
13	3649 ÷ 91	14	512 ÷ 1	15	5239 ÷ 62	16	2726 ÷ 17	17	2859 ÷ 33	18	5084 ÷ 3
19	7059 ÷ 39	20	5275 ÷ 65	21	2537 ÷ 35	22	8344 ÷ 98	23	9683 ÷ 100	24	8231 ÷ 27
25	970 ÷ 100	26	5897 ÷ 73	27	3778 ÷ 34	28	6527 ÷ 5	29	693 ÷ 71	30	4334 ÷ 29
31	913 ÷ 60	32	8545 ÷ 65	33	167 ÷ 31	34	9354 ÷ 91	35	4363 ÷ 96	36	1376 ÷ 72
37	2572 ÷ 46	38	8376 ÷ 64	39	3155 ÷ 68	40	6395 ÷ 59	41	6772 ÷ 76	42	1234 ÷ 96
43	6614 ÷ 66	44	4311 ÷ 42	45	1916 ÷ 39	46	1206 ÷ 58	47	5665 ÷ 53	48	5183 ÷ 50
49	5663 ÷ 23	50	1068 ÷ 76	51	4588 ÷ 34	52	8989 ÷ 89	53	9794 ÷ 10	54	7048 ÷ 78
55	8739 ÷ 52	56	328 ÷ 90	57	7322 ÷ 94	58	6370 ÷ 75	59	8105 ÷ 62	60	4983 ÷ 93

Division 01 to 999

Name: _____ Date: _____ Score: _____

Start Time: _____ End Time: _____

60

1. 8386 ÷ 22	2. 9324 ÷ 21	3. 564 ÷ 65	4. 3256 ÷ 14	5. 4492 ÷ 81	6. 407 ÷ 22
7. 105 ÷ 9	8. 6524 ÷ 93	9. 4984 ÷ 15	10. 5596 ÷ 1	11. 1222 ÷ 52	12. 9464 ÷ 80
13. 8982 ÷ 56	14. 475 ÷ 98	15. 9047 ÷ 4	16. 9137 ÷ 68	17. 874 ÷ 87	18. 535 ÷ 80
19. 1798 ÷ 53	20. 6137 ÷ 68	21. 7595 ÷ 30	22. 214 ÷ 64	23. 5895 ÷ 92	24. 7110 ÷ 25
25. 8507 ÷ 13	26. 6599 ÷ 57	27. 7216 ÷ 23	28. 133 ÷ 61	29. 9951 ÷ 4	30. 4772 ÷ 11
31. 1225 ÷ 95	32. 7124 ÷ 60	33. 8793 ÷ 72	34. 7608 ÷ 87	35. 343 ÷ 96	36. 7602 ÷ 1
37. 8704 ÷ 89	38. 9342 ÷ 16	39. 8773 ÷ 32	40. 7385 ÷ 48	41. 3251 ÷ 42	42. 7509 ÷ 10
43. 7742 ÷ 9	44. 9262 ÷ 28	45. 4906 ÷ 78	46. 5995 ÷ 99	47. 6795 ÷ 85	48. 5506 ÷ 41
49. 2983 ÷ 52	50. 2108 ÷ 12	51. 4651 ÷ 85	52. 1583 ÷ 58	53. 4727 ÷ 42	54. 2405 ÷ 92
55. 3449 ÷ 53	56. 2891 ÷ 85	57. 6817 ÷ 90	58. 7517 ÷ 79	59. 1006 ÷ 57	60. 9291 ÷ 87

Name: _____ **Date:** _____

Start Time: _____ **End Time:** _____

Score: _____ / 60

#		#		#		#		#		#	
1	7056 ÷ 55	2	7752 ÷ 80	3	6835 ÷ 23	4	3184 ÷ 64	5	4036 ÷ 31	6	4989 ÷ 35
7	7022 ÷ 68	8	4520 ÷ 3	9	6368 ÷ 23	10	373 ÷ 83	11	6923 ÷ 51	12	750 ÷ 96
13	9602 ÷ 100	14	617 ÷ 48	15	2531 ÷ 69	16	5023 ÷ 93	17	8070 ÷ 74	18	9108 ÷ 10
19	6265 ÷ 93	20	7149 ÷ 77	21	7795 ÷ 80	22	7404 ÷ 1	23	622 ÷ 62	24	1552 ÷ 29
25	3959 ÷ 20	26	2920 ÷ 58	27	4174 ÷ 91	28	3650 ÷ 64	29	6056 ÷ 30	30	2646 ÷ 99
31	7436 ÷ 13	32	948 ÷ 25	33	9210 ÷ 56	34	811 ÷ 60	35	4287 ÷ 60	36	5024 ÷ 59
37	8598 ÷ 62	38	1446 ÷ 15	39	6949 ÷ 65	40	3169 ÷ 63	41	181 ÷ 36	42	8252 ÷ 82
43	8215 ÷ 90	44	5081 ÷ 59	45	6315 ÷ 5	46	8381 ÷ 35	47	1860 ÷ 49	48	1571 ÷ 93
49	533 ÷ 80	50	5515 ÷ 74	51	6714 ÷ 97	52	3624 ÷ 49	53	762 ÷ 43	54	369 ÷ 47
55	980 ÷ 42	56	9389 ÷ 51	57	2914 ÷ 33	58	8769 ÷ 75	59	55 ÷ 11	60	9736 ÷ 39

Division 01 to 999

Name: _____ Date: _____

Score: _____

Start Time: _____ End Time: _____

60

1. 9235 ÷ 81	2. 4742 ÷ 41	3. 7966 ÷ 72	4. 5810 ÷ 32	5. 2976 ÷ 57	6. 5746 ÷ 80
7. 6618 ÷ 53	8. 9904 ÷ 47	9. 9374 ÷ 19	10. 3727 ÷ 5	11. 6559 ÷ 32	12. 2541 ÷ 77
13. 3261 ÷ 24	14. 3908 ÷ 95	15. 816 ÷ 69	16. 8901 ÷ 99	17. 8797 ÷ 3	18. 3157 ÷ 79
19. 9203 ÷ 91	20. 7613 ÷ 31	21. 758 ÷ 97	22. 9350 ÷ 71	23. 5356 ÷ 4	24. 490 ÷ 60
25. 7599 ÷ 97	26. 7935 ÷ 48	27. 7801 ÷ 95	28. 8171 ÷ 19	29. 7528 ÷ 50	30. 1301 ÷ 44
31. 5975 ÷ 68	32. 5041 ÷ 25	33. 1005 ÷ 40	34. 833 ÷ 85	35. 3019 ÷ 57	36. 3238 ÷ 20
37. 8784 ÷ 8	38. 601 ÷ 74	39. 7257 ÷ 62	40. 8516 ÷ 24	41. 1830 ÷ 19	42. 9672 ÷ 67
43. 871 ÷ 19	44. 371 ÷ 88	45. 3658 ÷ 87	46. 6117 ÷ 22	47. 3096 ÷ 97	48. 3227 ÷ 47
49. 8788 ÷ 45	50. 9213 ÷ 76	51. 5379 ÷ 49	52. 9876 ÷ 70	53. 104 ÷ 65	54. 1154 ÷ 53
55. 2361 ÷ 70	56. 8921 ÷ 69	57. 9485 ÷ 70	58. 3078 ÷ 59	59. 4107 ÷ 71	60. 5308 ÷ 87

Division 01 to 999

Name: _____ Date: _____ Score: _____

Start Time: _____ End Time: _____   60

1. 3426 ÷ 38	2. 8867 ÷ 3	3. 2461 ÷ 25	4. 5237 ÷ 17	5. 2300 ÷ 54	6. 7904 ÷ 7
7. 1702 ÷ 77	8. 2140 ÷ 2	9. 2800 ÷ 95	10. 3289 ÷ 59	11. 9833 ÷ 66	12. 3235 ÷ 83
13. 4660 ÷ 28	14. 4329 ÷ 55	15. 370 ÷ 12	16. 2196 ÷ 5	17. 7902 ÷ 41	18. 7929 ÷ 55
19. 2046 ÷ 8	20. 2115 ÷ 45	21. 8009 ÷ 30	22. 747 ÷ 36	23. 5475 ÷ 35	24. 128 ÷ 78
25. 2904 ÷ 89	26. 5459 ÷ 66	27. 8669 ÷ 86	28. 3434 ÷ 78	29. 7748 ÷ 47	30. 723 ÷ 41
31. 4278 ÷ 38	32. 8484 ÷ 86	33. 5973 ÷ 84	34. 6901 ÷ 23	35. 7815 ÷ 92	36. 5562 ÷ 85
37. 286 ÷ 53	38. 3805 ÷ 10	39. 8662 ÷ 27	40. 3128 ÷ 2	41. 5873 ÷ 70	42. 648 ÷ 90
43. 1402 ÷ 100	44. 8742 ÷ 71	45. 5766 ÷ 80	46. 8311 ÷ 49	47. 5704 ÷ 41	48. 1094 ÷ 21
49. 1187 ÷ 55	50. 3323 ÷ 40	51. 1802 ÷ 70	52. 4724 ÷ 84	53. 4553 ÷ 54	54. 9443 ÷ 30
55. 3602 ÷ 19	56. 4336 ÷ 5	57. 6552 ÷ 49	58. 924 ÷ 32	59. 8950 ÷ 57	60. 9051 ÷ 20

Division 01 to 999

Name: _____ Date: _____ Score: _____

Start Time: _____ End Time: _____

60

1 4615 ÷ 79	2 1835 ÷ 78	3 8541 ÷ 55	4 8355 ÷ 74	5 5598 ÷ 39	6 2872 ÷ 55
7 8470 ÷ 4	8 8646 ÷ 48	9 58 ÷ 37	10 1663 ÷ 19	11 3143 ÷ 4	12 7854 ÷ 21
13 6102 ÷ 28	14 5358 ÷ 37	15 465 ÷ 36	16 4777 ÷ 57	17 1449 ÷ 87	18 3056 ÷ 55
19 2083 ÷ 86	20 303 ÷ 67	21 8235 ÷ 44	22 8766 ÷ 5	23 7462 ÷ 13	24 9220 ÷ 63
25 3232 ÷ 6	26 2737 ÷ 55	27 1381 ÷ 1	28 4239 ÷ 90	29 248 ÷ 53	30 2608 ÷ 29
31 8762 ÷ 13	32 2553 ÷ 97	33 6129 ÷ 18	34 6485 ÷ 55	35 5430 ÷ 86	36 8226 ÷ 4
37 9441 ÷ 68	38 7745 ÷ 4	39 6103 ÷ 5	40 7712 ÷ 94	41 658 ÷ 83	42 5485 ÷ 17
43 5640 ÷ 85	44 8354 ÷ 16	45 7724 ÷ 3	46 1786 ÷ 82	47 7279 ÷ 24	48 9311 ÷ 91
49 2007 ÷ 27	50 2398 ÷ 42	51 2790 ÷ 17	52 6601 ÷ 63	53 307 ÷ 60	54 8907 ÷ 92
55 3101 ÷ 72	56 2214 ÷ 13	57 2578 ÷ 50	58 398 ÷ 48	59 7566 ÷ 11	60 7271 ÷ 13

Name: _____ **Date:** _____

Start Time: _____ **End Time:** _____

Score: _____ / 60

Division 01 to 999

#		#		#		#		#		#	
1	7736 ÷ 33	2	1639 ÷ 40	3	1870 ÷ 29	4	4708 ÷ 61	5	6424 ÷ 85	6	842 ÷ 35
7	7811 ÷ 84	8	24 ÷ 37	9	4612 ÷ 21	10	1428 ÷ 19	11	2510 ÷ 26	12	9191 ÷ 78
13	8209 ÷ 30	14	1936 ÷ 59	15	1641 ÷ 19	16	2127 ÷ 11	17	9563 ÷ 74	18	8005 ÷ 10
19	8555 ÷ 53	20	4892 ÷ 95	21	1918 ÷ 94	22	3089 ÷ 38	23	2974 ÷ 37	24	4079 ÷ 97
25	2831 ÷ 18	26	8732 ÷ 18	27	963 ÷ 45	28	4038 ÷ 96	29	2314 ÷ 25	30	6553 ÷ 45
31	3368 ÷ 51	32	797 ÷ 82	33	1478 ÷ 37	34	1089 ÷ 90	35	506 ÷ 26	36	3545 ÷ 8
37	8395 ÷ 96	38	720 ÷ 8	39	5700 ÷ 15	40	3195 ÷ 14	41	6718 ÷ 90	42	5116 ÷ 76
43	4215 ÷ 26	44	3735 ÷ 31	45	8411 ÷ 93	46	5498 ÷ 19	47	8107 ÷ 73	48	384 ÷ 76
49	1378 ÷ 71	50	8869 ÷ 42	51	8583 ÷ 86	52	7479 ÷ 12	53	4282 ÷ 2	54	1304 ÷ 48
55	5431 ÷ 53	56	5223 ÷ 18	57	8458 ÷ 1	58	1790 ÷ 96	59	6784 ÷ 31	60	888 ÷ 28

Division 01 to 999

Name: _____ Date: _____ Score: _____

Start Time: _____ End Time: _____ 60

#		#		#		#		#		#	
1	7504 ÷ 5	2	8151 ÷ 74	3	4091 ÷ 90	4	9215 ÷ 6	5	5035 ÷ 8	6	6373 ÷ 62
7	6060 ÷ 59	8	9492 ÷ 74	9	4620 ÷ 46	10	6502 ÷ 44	11	4188 ÷ 33	12	7714 ÷ 17
13	2155 ÷ 56	14	1901 ÷ 94	15	4622 ÷ 72	16	2673 ÷ 11	17	46 ÷ 77	18	3303 ÷ 16
19	2292 ÷ 81	20	4113 ÷ 39	21	6032 ÷ 97	22	2849 ÷ 96	23	7354 ÷ 78	24	1217 ÷ 67
25	511 ÷ 77	26	8660 ÷ 39	27	125 ÷ 5	28	3515 ÷ 100	29	9887 ÷ 11	30	4867 ÷ 56
31	1895 ÷ 15	32	1042 ÷ 83	33	3138 ÷ 99	34	9448 ÷ 94	35	8874 ÷ 97	36	1682 ÷ 12
37	8481 ÷ 90	38	8077 ÷ 100	39	4764 ÷ 7	40	3387 ÷ 10	41	4729 ÷ 11	42	5442 ÷ 74
43	7794 ÷ 39	44	2943 ÷ 51	45	890 ÷ 13	46	9456 ÷ 1	47	721 ÷ 24	48	4381 ÷ 93
49	9812 ÷ 6	50	5418 ÷ 78	51	8549 ÷ 54	52	9435 ÷ 33	53	3559 ÷ 84	54	3899 ÷ 66
55	5354 ÷ 57	56	5551 ÷ 99	57	4157 ÷ 91	58	2067 ÷ 77	59	7144 ÷ 41	60	213 ÷ 10

Division
01 to 999

Name: _____ Date: _____

Score: _____

Start Time: _____ End Time: _____

60

1. 6907 ÷ 45	2. 4201 ÷ 39	3. 9433 ÷ 53	4. 7173 ÷ 99	5. 4753 ÷ 78	6. 9618 ÷ 80
7. 3075 ÷ 37	8. 8791 ÷ 98	9. 5714 ÷ 38	10. 7028 ÷ 3	11. 9134 ÷ 51	12. 725 ÷ 43
13. 4943 ÷ 84	14. 9332 ÷ 89	15. 7547 ÷ 35	16. 1465 ÷ 55	17. 4478 ÷ 64	18. 8263 ÷ 45
19. 9380 ÷ 48	20. 2736 ÷ 35	21. 1862 ÷ 35	22. 1 ÷ 87	23. 144 ÷ 85	24. 197 ÷ 75
25. 2696 ÷ 31	26. 1027 ÷ 49	27. 892 ÷ 6	28. 4477 ÷ 80	29. 1700 ÷ 71	30. 1275 ÷ 2
31. 5281 ÷ 97	32. 5052 ÷ 37	33. 1139 ÷ 22	34. 3562 ÷ 16	35. 9875 ÷ 1	36. 1489 ÷ 98
37. 995 ÷ 99	38. 9705 ÷ 29	39. 8089 ÷ 1	40. 6088 ÷ 82	41. 9944 ÷ 20	42. 553 ÷ 3
43. 4967 ÷ 31	44. 3865 ÷ 44	45. 4902 ÷ 44	46. 7393 ÷ 20	47. 45 ÷ 72	48. 1392 ÷ 22
49. 4812 ÷ 84	50. 2228 ÷ 82	51. 8350 ÷ 45	52. 3416 ÷ 17	53. 1953 ÷ 58	54. 1581 ÷ 26
55. 278 ÷ 92	56. 8201 ÷ 43	57. 8194 ÷ 68	58. 2379 ÷ 99	59. 7154 ÷ 15	60. 5065 ÷ 51

Divison 01 to 999

Name: _____   Date: _____   Score: _____

Start Time: _____   End Time: _____   60

1. 2536 ÷ 48	2. 4092 ÷ 66	3. 7980 ÷ 67	4. 8629 ÷ 85	5. 7399 ÷ 78	6. 2377 ÷ 77
7. 4272 ÷ 93	8. 5991 ÷ 58	9. 7042 ÷ 44	10. 8804 ÷ 29	11. 8636 ÷ 98	12. 1590 ÷ 36
13. 6034 ÷ 17	14. 4986 ÷ 54	15. 8327 ÷ 74	16. 5203 ÷ 92	17. 8124 ÷ 34	18. 9256 ÷ 48
19. 5988 ÷ 63	20. 3843 ÷ 22	21. 1353 ÷ 91	22. 2389 ÷ 2	23. 4854 ÷ 80	24. 6269 ÷ 91
25. 9723 ÷ 86	26. 941 ÷ 29	27. 756 ÷ 90	28. 7809 ÷ 45	29. 8339 ÷ 35	30. 9100 ÷ 30
31. 2346 ÷ 37	32. 4345 ÷ 93	33. 5853 ÷ 46	34. 7654 ÷ 44	35. 6422 ÷ 72	36. 6066 ÷ 56
37. 319 ÷ 77	38. 5118 ÷ 81	39. 4618 ÷ 98	40. 4758 ÷ 61	41. 2197 ÷ 73	42. 9943 ÷ 11
43. 9135 ÷ 84	44. 1696 ÷ 8	45. 5006 ÷ 88	46. 6078 ÷ 40	47. 977 ÷ 86	48. 3733 ÷ 58
49. 4067 ÷ 58	50. 5528 ÷ 60	51. 2961 ÷ 100	52. 3823 ÷ 18	53. 5054 ÷ 42	54. 5421 ÷ 65
55. 3045 ÷ 26	56. 5123 ÷ 75	57. 2209 ÷ 21	58. 6258 ÷ 34	59. 5619 ÷ 88	60. 4003 ÷ 4

Division 01 to 999

Name: _____ Date: _____

Start Time: _____ End Time: _____

Score: _____ / 60

1. 3557 ÷ 47	2. 801 ÷ 77	3. 4469 ÷ 88	4. 6716 ÷ 77	5. 3118 ÷ 84	6. 3284 ÷ 47
7. 5053 ÷ 56	8. 7850 ÷ 93	9. 9967 ÷ 43	10. 1160 ÷ 19	11. 5126 ÷ 84	12. 814 ÷ 94
13. 8764 ÷ 62	14. 5261 ÷ 21	15. 2164 ÷ 69	16. 6435 ÷ 72	17. 6819 ÷ 45	18. 224 ÷ 8
19. 6554 ÷ 64	20. 3107 ÷ 94	21. 7716 ÷ 14	22. 7475 ÷ 89	23. 2034 ÷ 40	24. 3004 ÷ 9
25. 2273 ÷ 74	26. 5547 ÷ 20	27. 3996 ÷ 82	28. 5605 ÷ 12	29. 5046 ÷ 52	30. 9750 ÷ 75
31. 4600 ÷ 62	32. 4332 ÷ 9	33. 6946 ÷ 22	34. 2661 ÷ 86	35. 450 ÷ 30	36. 9742 ÷ 13
37. 4779 ÷ 56	38. 6145 ÷ 57	39. 1159 ÷ 11	40. 8240 ÷ 38	41. 3433 ÷ 7	42. 2186 ÷ 94
43. 6959 ÷ 67	44. 8564 ÷ 21	45. 4150 ÷ 67	46. 3948 ÷ 28	47. 6794 ÷ 98	48. 770 ÷ 67
49. 4566 ÷ 95	50. 9992 ÷ 32	51. 5499 ÷ 75	52. 8385 ÷ 28	53. 1502 ÷ 38	54. 1438 ÷ 44
55. 5573 ÷ 30	56. 4333 ÷ 2	57. 7009 ÷ 34	58. 9313 ÷ 72	59. 6918 ÷ 58	60. 1363 ÷ 30

Division
01 to 999

Name: _____ Date: _____

Start Time: _____ End Time: _____

Score: _____

60

1	2	3	4	5	6
1551 ÷ 58	33 ÷ 16	1221 ÷ 92	1780 ÷ 27	2875 ÷ 19	186 ÷ 60

7	8	9	10	11	12
2539 ÷ 89	9219 ÷ 88	9280 ÷ 88	6279 ÷ 85	2517 ÷ 79	4230 ÷ 53

13	14	15	16	17	18
3088 ÷ 12	2745 ÷ 66	4659 ÷ 27	1091 ÷ 16	8261 ÷ 94	3163 ÷ 64

19	20	21	22	23	24
5468 ÷ 82	6956 ÷ 47	6453 ÷ 92	2245 ÷ 98	652 ÷ 94	4760 ÷ 76

25	26	27	28	29	30
1923 ÷ 69	8535 ÷ 12	2542 ÷ 55	4785 ÷ 83	7723 ÷ 87	3587 ÷ 17

31	32	33	34	35	36
8618 ÷ 10	3137 ÷ 86	2098 ÷ 82	669 ÷ 58	8944 ÷ 61	2322 ÷ 44

37	38	39	40	41	42
820 ÷ 46	9153 ÷ 17	8723 ÷ 68	1602 ÷ 32	6957 ÷ 29	1680 ÷ 35

43	44	45	46	47	48
6891 ÷ 47	1545 ÷ 5	99 ÷ 25	3133 ÷ 15	3863 ÷ 47	2021 ÷ 47

49	50	51	52	53	54
6532 ÷ 89	9449 ÷ 81	1871 ÷ 57	7186 ÷ 94	1046 ÷ 24	9085 ÷ 4

55	56	57	58	59	60
4930 ÷ 12	1416 ÷ 86	9886 ÷ 41	1966 ÷ 80	5039 ÷ 59	9093 ÷ 57

Name: _____ **Date:** _____

Start Time: _____ **End Time:** _____

Score: _____ / 60

1.	2.	3.	4.	5.	6.
8267 ÷ 55	3632 ÷ 77	5692 ÷ 83	3307 ÷ 49	6992 ÷ 22	4913 ÷ 58

7.	8.	9.	10.	11.	12.
1347 ÷ 54	9178 ÷ 99	4360 ÷ 37	7829 ÷ 40	406 ÷ 29	7111 ÷ 34

13.	14.	15.	16.	17.	18.
631 ÷ 35	7335 ÷ 59	7865 ÷ 79	5127 ÷ 66	4058 ÷ 29	5238 ÷ 74

19.	20.	21.	22.	23.	24.
7505 ÷ 94	9858 ÷ 94	2806 ÷ 47	3447 ÷ 24	5497 ÷ 87	6291 ÷ 33

25.	26.	27.	28.	29.	30.
495 ÷ 79	2076 ÷ 4	8011 ÷ 31	9694 ÷ 7	726 ÷ 87	8753 ÷ 31

31.	32.	33.	34.	35.	36.
4728 ÷ 80	3396 ÷ 16	9115 ÷ 70	8567 ÷ 100	6804 ÷ 69	3276 ÷ 85

37.	38.	39.	40.	41.	42.
7549 ÷ 86	7542 ÷ 16	6390 ÷ 72	3436 ÷ 43	4656 ÷ 31	3824 ÷ 58

43.	44.	45.	46.	47.	48.
1523 ÷ 41	1454 ÷ 84	3709 ÷ 70	7806 ÷ 74	7571 ÷ 56	6271 ÷ 54

49.	50.	51.	52.	53.	54.
9548 ÷ 12	3141 ÷ 5	1361 ÷ 76	42 ÷ 40	5862 ÷ 67	3360 ÷ 10

55.	56.	57.	58.	59.	60.
5015 ÷ 40	4103 ÷ 22	1631 ÷ 61	2861 ÷ 100	8392 ÷ 11	1429 ÷ 14

Name: _____ **Date:** _____

Start Time: _____ **End Time:** _____

Score: _____ / 60

Division 01 to 999

1. 2351 ÷ 32	2. 6792 ÷ 97	3. 7361 ÷ 63	4. 2979 ÷ 99	5. 9138 ÷ 23	6. 8494 ÷ 24
7. 9183 ÷ 94	8. 5173 ÷ 20	9. 6482 ÷ 59	10. 187 ÷ 19	11. 4796 ÷ 9	12. 9600 ÷ 79
13. 9409 ÷ 52	14. 4349 ÷ 58	15. 2032 ÷ 92	16. 9814 ÷ 73	17. 424 ÷ 24	18. 9897 ÷ 53
19. 3542 ÷ 82	20. 5414 ÷ 36	21. 1679 ÷ 25	22. 5482 ÷ 68	23. 9034 ÷ 17	24. 7093 ÷ 18
25. 5199 ÷ 99	26. 6285 ÷ 7	27. 9961 ÷ 68	28. 3585 ÷ 81	29. 608 ÷ 9	30. 883 ÷ 51
31. 4491 ÷ 84	32. 8095 ÷ 69	33. 1226 ÷ 54	34. 195 ÷ 73	35. 2129 ÷ 93	36. 7692 ÷ 27
37. 1976 ÷ 20	38. 921 ÷ 63	39. 4783 ÷ 100	40. 4613 ÷ 73	41. 7940 ÷ 7	42. 8906 ÷ 23
43. 7339 ÷ 2	44. 4648 ÷ 78	45. 1699 ÷ 35	46. 7594 ÷ 29	47. 7525 ÷ 19	48. 8707 ÷ 8
49. 4731 ÷ 62	50. 6215 ÷ 91	51. 5993 ÷ 6	52. 9752 ÷ 23	53. 5990 ÷ 92	54. 4537 ÷ 7
55. 9517 ÷ 74	56. 5280 ÷ 74	57. 3122 ÷ 68	58. 8955 ÷ 97	59. 2128 ÷ 63	60. 1451 ÷ 89

Divison 01 to 999

Name: _____ Date: _____

Start Time: _____ End Time: _____

Score: _____

60

#		#		#		#		#		#	
1	2353 ÷ 27	2	3894 ÷ 1	3	2523 ÷ 71	4	666 ÷ 64	5	6511 ÷ 40	6	3264 ÷ 55
7	7128 ÷ 45	8	6701 ÷ 99	9	7853 ÷ 21	10	4630 ÷ 42	11	6336 ÷ 5	12	8482 ÷ 63
13	8248 ÷ 60	14	805 ÷ 21	15	650 ÷ 50	16	2385 ÷ 80	17	7640 ÷ 41	18	2317 ÷ 55
19	4325 ÷ 75	20	9117 ÷ 88	21	3272 ÷ 91	22	3829 ÷ 27	23	7315 ÷ 86	24	9920 ÷ 84
25	2010 ÷ 21	26	289 ÷ 76	27	1518 ÷ 72	28	1820 ÷ 52	29	5299 ÷ 3	30	619 ÷ 37
31	7682 ÷ 17	32	5575 ÷ 73	33	6964 ÷ 20	34	5911 ÷ 2	35	9164 ÷ 30	36	4440 ÷ 24
37	3706 ÷ 62	38	4220 ÷ 7	39	5121 ÷ 63	40	8685 ÷ 42	41	8995 ÷ 97	42	848 ÷ 76
43	4575 ÷ 52	44	8759 ÷ 47	45	9016 ÷ 60	46	568 ÷ 25	47	9282 ÷ 20	48	8987 ÷ 31
49	9975 ÷ 73	50	4519 ÷ 44	51	379 ÷ 38	52	1620 ÷ 89	53	5634 ÷ 44	54	9948 ÷ 15
55	4678 ÷ 51	56	2253 ÷ 13	57	5413 ÷ 82	58	596 ÷ 49	59	4010 ÷ 28	60	2061 ÷ 27

Division 01 to 999

Name: _____ Date: _____

Start Time: _____ End Time: _____

Score: _____

60

#		#		#		#		#		#	
1	3924 ÷ 69	2	4461 ÷ 82	3	9591 ÷ 67	4	938 ÷ 55	5	8283 ÷ 94	6	3923 ÷ 66
7	2995 ÷ 11	8	7667 ÷ 40	9	1770 ÷ 59	10	3164 ÷ 29	11	9776 ÷ 54	12	9427 ÷ 24
13	4047 ÷ 27	14	5251 ÷ 83	15	6479 ÷ 66	16	6050 ÷ 33	17	3870 ÷ 87	18	7438 ÷ 7
19	2495 ÷ 31	20	4390 ÷ 28	21	2073 ÷ 49	22	1136 ÷ 51	23	4973 ÷ 50	24	8312 ÷ 48
25	6134 ÷ 97	26	6880 ÷ 32	27	2716 ÷ 59	28	5767 ÷ 91	29	1038 ÷ 77	30	4012 ÷ 22
31	4234 ÷ 75	32	6378 ÷ 80	33	7174 ÷ 81	34	1137 ÷ 88	35	5457 ÷ 51	36	552 ÷ 79
37	3893 ÷ 1	38	449 ÷ 15	39	9477 ÷ 3	40	1311 ÷ 40	41	7081 ÷ 28	42	9275 ÷ 30
43	3686 ÷ 58	44	9765 ÷ 89	45	5401 ÷ 22	46	3461 ÷ 28	47	6450 ÷ 12	48	3139 ÷ 98
49	9194 ÷ 89	50	8230 ÷ 15	51	8571 ÷ 39	52	3112 ÷ 89	53	7685 ÷ 15	54	2274 ÷ 38
55	7416 ÷ 25	56	1724 ÷ 53	57	9565 ÷ 87	58	2977 ÷ 64	59	8091 ÷ 88	60	274 ÷ 7

Division
01 to 999

Name: _____ Date: _____

Start Time: _____ End Time: _____

Score: _____

60

1	2	3	4	5	6
7918 ÷ 63	5477 ÷ 31	7934 ÷ 6	9113 ÷ 98	1556 ÷ 19	2766 ÷ 54
7	8	9	10	11	12
1369 ÷ 64	2223 ÷ 84	8737 ÷ 31	3397 ÷ 2	80 ÷ 23	9866 ÷ 65
13	14	15	16	17	18
4462 ÷ 40	2557 ÷ 27	9462 ÷ 62	1672 ÷ 29	548 ÷ 24	8802 ÷ 9
19	20	21	22	23	24
8623 ÷ 3	3008 ÷ 20	4327 ÷ 91	539 ÷ 72	4608 ÷ 43	101 ÷ 36
25	26	27	28	29	30
1103 ÷ 43	5769 ÷ 20	3132 ÷ 55	4794 ÷ 46	6238 ÷ 87	7265 ÷ 26
31	32	33	34	35	36
7691 ÷ 45	4521 ÷ 61	1800 ÷ 51	5839 ÷ 60	2873 ÷ 48	1636 ÷ 53
37	38	39	40	41	42
1773 ÷ 40	5963 ÷ 60	6292 ÷ 89	9116 ÷ 34	7512 ÷ 52	8779 ÷ 39
43	44	45	46	47	48
3299 ÷ 7	2848 ÷ 36	7960 ÷ 37	9801 ÷ 9	9329 ÷ 36	1883 ÷ 67
49	50	51	52	53	54
8413 ÷ 84	2227 ÷ 35	3147 ÷ 62	5928 ÷ 25	6670 ÷ 73	4207 ÷ 81
55	56	57	58	59	60
3878 ÷ 81	9397 ÷ 72	2824 ÷ 40	3281 ÷ 32	8973 ÷ 30	1995 ÷ 9

Division 01 to 999

Name: _____ Date: _____ Score: _____

Start Time: _____ End Time: _____   60

#		#		#		#		#		#	
1	1618 ÷ 63	2	1208 ÷ 97	3	4746 ÷ 100	4	6585 ÷ 44	5	1561 ÷ 90	6	6246 ÷ 67
7	8098 ÷ 72	8	6519 ÷ 3	9	1550 ÷ 23	10	7947 ÷ 65	11	3507 ÷ 51	12	5987 ÷ 78
13	8205 ÷ 35	14	4896 ÷ 45	15	6917 ÷ 48	16	4635 ÷ 20	17	1364 ÷ 37	18	3962 ÷ 62
19	2867 ÷ 38	20	8148 ÷ 100	21	1925 ÷ 76	22	8467 ÷ 84	23	8831 ÷ 79	24	1001 ÷ 18
25	3551 ÷ 38	26	7328 ÷ 57	27	7424 ÷ 50	28	2014 ÷ 41	29	4366 ÷ 6	30	1671 ÷ 78
31	8735 ÷ 13	32	7432 ÷ 64	33	748 ÷ 30	34	6140 ÷ 26	35	4362 ÷ 6	36	9004 ÷ 84
37	5796 ÷ 17	38	4823 ÷ 7	39	4055 ÷ 45	40	799 ÷ 27	41	6981 ÷ 49	42	5080 ÷ 75
43	3711 ÷ 79	44	3944 ÷ 66	45	7871 ÷ 49	46	3340 ÷ 13	47	8782 ÷ 48	48	1452 ÷ 45
49	9488 ÷ 71	50	1084 ÷ 14	51	9141 ÷ 32	52	8511 ÷ 34	53	1951 ÷ 41	54	8418 ÷ 45
55	4137 ÷ 63	56	675 ÷ 40	57	9206 ÷ 72	58	5313 ÷ 22	59	6309 ÷ 36	60	4425 ÷ 95

Division 01 to 999

Name: _____ Date: _____

Score: _____

Start Time: _____ End Time: _____

60

1. 8530 ÷ 30	2. 453 ÷ 94	3. 8539 ÷ 71	4. 2852 ÷ 55	5. 9154 ÷ 28	6. 4745 ÷ 29
7. 7840 ÷ 36	8. 1695 ÷ 50	9. 1224 ÷ 18	10. 2950 ÷ 7	11. 1653 ÷ 71	12. 7515 ÷ 61
13. 5175 ÷ 83	14. 9923 ÷ 77	15. 305 ÷ 10	16. 1342 ÷ 21	17. 2874 ÷ 6	18. 5338 ÷ 5
19. 6168 ÷ 71	20. 8223 ÷ 86	21. 6996 ÷ 88	22. 3291 ÷ 22	23. 813 ÷ 16	24. 3693 ÷ 92
25. 3926 ÷ 25	26. 415 ÷ 66	27. 3389 ÷ 89	28. 7294 ÷ 62	29. 2376 ÷ 70	30. 6105 ÷ 74
31. 5472 ÷ 61	32. 2760 ÷ 50	33. 9947 ÷ 41	34. 9119 ÷ 9	35. 7604 ÷ 47	36. 9122 ÷ 79
37. 6054 ÷ 26	38. 5339 ÷ 33	39. 27 ÷ 23	40. 4665 ÷ 75	41. 8277 ÷ 53	42. 1693 ÷ 61
43. 8043 ÷ 96	44. 35 ÷ 8	45. 5570 ÷ 15	46. 3898 ÷ 81	47. 3460 ÷ 97	48. 8686 ÷ 98
49. 3511 ÷ 55	50. 2951 ÷ 48	51. 6458 ÷ 38	52. 1115 ÷ 55	53. 1025 ÷ 5	54. 2414 ÷ 16
55. 5422 ÷ 22	56. 9375 ÷ 85	57. 4252 ÷ 59	58. 5896 ÷ 14	59. 7720 ÷ 34	60. 9092 ÷ 47

Division 01 to 999

Name: _____ Date: _____

Start Time: _____ End Time: _____

Score: _____

60

#		#		#		#		#		#	
1	8843 ÷ 65	2	5845 ÷ 57	3	3196 ÷ 74	4	6922 ÷ 37	5	1855 ÷ 9	6	9678 ÷ 58
7	6723 ÷ 87	8	9514 ÷ 88	9	5463 ÷ 15	10	7088 ÷ 3	11	3102 ÷ 61	12	3171 ÷ 50
13	6442 ÷ 81	14	9628 ÷ 57	15	3183 ÷ 31	16	6203 ÷ 65	17	140 ÷ 70	18	8488 ÷ 98
19	2401 ÷ 91	20	6816 ÷ 96	21	2279 ÷ 39	22	8443 ÷ 6	23	6350 ÷ 60	24	2481 ÷ 93
25	8337 ÷ 71	26	6414 ÷ 57	27	1529 ÷ 2	28	9494 ÷ 6	29	6797 ÷ 75	30	5330 ÷ 57
31	8256 ÷ 89	32	2624 ÷ 21	33	9718 ÷ 98	34	9229 ÷ 100	35	8343 ÷ 43	36	6925 ÷ 98
37	3720 ÷ 84	38	2830 ÷ 93	39	5161 ÷ 31	40	678 ÷ 51	41	3050 ÷ 54	42	1810 ÷ 25
43	4782 ÷ 67	44	5681 ÷ 43	45	3814 ÷ 88	46	8566 ÷ 55	47	1096 ÷ 19	48	9008 ÷ 10
49	5049 ÷ 9	50	2566 ÷ 9	51	5674 ÷ 61	52	6101 ÷ 66	53	6715 ÷ 69	54	1039 ÷ 87
55	87 ÷ 97	56	5666 ÷ 51	57	8922 ÷ 27	58	7359 ÷ 15	59	387 ÷ 90	60	3509 ÷ 27

Division 01 to 999

Name: _____ Date: _____ Score: _____

Start Time: _____ End Time: _____   60

1. $4163 \div 82$	2. $2748 \div 51$	3. $884 \div 49$	4. $5552 \div 59$	5. $3763 \div 69$	6. $1903 \div 63$
7. $6721 \div 22$	8. $8477 \div 12$	9. $9353 \div 15$	10. $7039 \div 66$	11. $1024 \div 19$	12. $3331 \div 8$
13. $3404 \div 5$	14. $6665 \div 54$	15. $9895 \div 33$	16. $8427 \div 56$	17. $6430 \div 29$	18. $5142 \div 24$
19. $8461 \div 15$	20. $8616 \div 22$	21. $7084 \div 50$	22. $6231 \div 38$	23. $2397 \div 90$	24. $1236 \div 37$
25. $8850 \div 81$	26. $3146 \div 29$	27. $2840 \div 26$	28. $4536 \div 50$	29. $4790 \div 95$	30. $117 \div 9$
31. $855 \div 83$	32. $2885 \div 8$	33. $1116 \div 48$	34. $5303 \div 47$	35. $5109 \div 24$	36. $8756 \div 71$
37. $7615 \div 47$	38. $3314 \div 37$	39. $6919 \div 33$	40. $9091 \div 68$	41. $2802 \div 86$	42. $7961 \div 43$
43. $5320 \div 30$	44. $2717 \div 54$	45. $8213 \div 23$	46. $4197 \div 41$	47. $1965 \div 5$	48. $2500 \div 66$
49. $955 \div 10$	50. $2369 \div 46$	51. $4500 \div 73$	52. $5638 \div 50$	53. $3966 \div 24$	54. $719 \div 4$
55. $2529 \div 33$	56. $8123 \div 66$	57. $3887 \div 35$	58. $6306 \div 58$	59. $437 \div 96$	60. $597 \div 71$

Division 01 to 999

Name: _____ Date: _____

Start Time: _____ End Time: _____

Score: _____

60

#		#		#		#		#		#	

1. 961 ÷ 24
2. 3648 ÷ 11
3. 2315 ÷ 98
4. 2219 ÷ 12
5. 7744 ÷ 99
6. 3350 ÷ 11
7. 7658 ÷ 41
8. 6908 ÷ 75
9. 6860 ÷ 95
10. 8553 ÷ 46
11. 8655 ÷ 75
12. 2540 ÷ 91
13. 83 ÷ 46
14. 3379 ÷ 80
15. 1333 ÷ 77
16. 5 ÷ 82
17. 6335 ÷ 54
18. 3159 ÷ 6
19. 1281 ÷ 17
20. 7369 ÷ 4
21. 4502 ÷ 11
22. 9245 ÷ 95
23. 8666 ÷ 15
24. 150 ÷ 97
25. 1694 ÷ 87
26. 795 ÷ 39
27. 1818 ÷ 58
28. 2492 ÷ 38
29. 5594 ÷ 4
30. 7091 ÷ 12
31. 590 ÷ 75
32. 2183 ÷ 45
33. 5283 ÷ 80
34. 9484 ÷ 46
35. 8083 ÷ 30
36. 7443 ÷ 84
37. 757 ÷ 2
38. 2036 ÷ 100
39. 2793 ÷ 60
40. 9632 ÷ 36
41. 5827 ÷ 79
42. 6400 ÷ 79
43. 4322 ÷ 86
44. 6929 ÷ 1
45. 3142 ÷ 59
46. 4918 ÷ 4
47. 5071 ÷ 17
48. 3625 ÷ 75
49. 4707 ÷ 60
50. 2102 ÷ 15
51. 7507 ÷ 36
52. 7259 ÷ 85
53. 8560 ÷ 92
54. 9072 ÷ 21
55. 4249 ÷ 89
56. 5669 ÷ 68
57. 6882 ÷ 26
58. 2280 ÷ 88
59. 1356 ÷ 1
60. 7106 ÷ 76

Name: _____ **Date:** _____

Start Time: _____ **End Time:** _____

Score: _____ / 60

Division 01 to 999

1. 8233 ÷ 62	2. 8972 ÷ 9	3. 5060 ÷ 26	4. 2671 ÷ 90	5. 9357 ÷ 67	6. 5718 ÷ 76
7. 8933 ÷ 34	8. 6684 ÷ 39	9. 1769 ÷ 52	10. 6493 ÷ 39	11. 7563 ÷ 11	12. 7656 ÷ 93
13. 6149 ÷ 36	14. 7796 ÷ 26	15. 4905 ÷ 67	16. 6417 ÷ 98	17. 9294 ÷ 58	18. 8838 ÷ 32
19. 9068 ÷ 68	20. 3290 ÷ 81	21. 9511 ÷ 75	22. 2207 ÷ 35	23. 7005 ÷ 42	24. 7489 ÷ 31
25. 2096 ÷ 64	26. 5273 ÷ 85	27. 2985 ÷ 17	28. 2177 ÷ 58	29. 2576 ÷ 61	30. 6628 ÷ 73
31. 79 ÷ 29	32. 9394 ÷ 44	33. 6650 ÷ 53	34. 6022 ÷ 52	35. 6866 ÷ 55	36. 8688 ÷ 46
37. 3766 ÷ 95	38. 6831 ÷ 50	39. 5661 ÷ 27	40. 9355 ÷ 69	41. 562 ÷ 89	42. 7114 ÷ 43
43. 9200 ÷ 76	44. 9130 ÷ 56	45. 139 ÷ 31	46. 5117 ÷ 96	47. 9800 ÷ 38	48. 5927 ÷ 26
49. 7997 ÷ 61	50. 3740 ÷ 66	51. 1697 ÷ 81	52. 8110 ÷ 100	53. 8306 ÷ 38	54. 9335 ÷ 30
55. 1257 ÷ 18	56. 3023 ÷ 62	57. 8387 ÷ 42	58. 52 ÷ 91	59. 6363 ÷ 32	60. 7375 ÷ 42

Division 01 to 999

Name: _____ Date: _____

Score: _____

Start Time: _____ End Time: _____

60

1. 8897 ÷ 36	2. 388 ÷ 98	3. 3547 ÷ 73	4. 9482 ÷ 14	5. 8924 ÷ 69	6. 5341 ÷ 85
7. 8642 ÷ 81	8. 7068 ÷ 89	9. 3822 ÷ 44	10. 779 ÷ 4	11. 6155 ÷ 86	12. 3268 ÷ 50
13. 6945 ÷ 33	14. 8036 ÷ 60	15. 2902 ÷ 81	16. 6337 ÷ 83	17. 6862 ÷ 21	18. 8051 ÷ 23
19. 6952 ÷ 57	20. 903 ÷ 88	21. 8837 ÷ 21	22. 3723 ÷ 39	23. 240 ÷ 33	24. 1396 ÷ 89
25. 2899 ÷ 67	26. 8408 ÷ 93	27. 705 ÷ 13	28. 8161 ÷ 76	29. 4394 ÷ 16	30. 7336 ÷ 69
31. 8892 ÷ 80	32. 5510 ÷ 24	33. 3888 ÷ 91	34. 6213 ÷ 64	35. 2261 ÷ 45	36. 998 ÷ 18
37. 1677 ÷ 65	38. 4386 ÷ 33	39. 2342 ÷ 13	40. 4780 ÷ 100	41. 3577 ÷ 84	42. 1432 ÷ 99
43. 5787 ÷ 96	44. 6302 ÷ 23	45. 8485 ÷ 69	46. 4722 ÷ 85	47. 4456 ÷ 63	48. 541 ÷ 33
49. 1771 ÷ 90	50. 3020 ÷ 88	51. 1964 ÷ 76	52. 9697 ÷ 66	53. 2749 ÷ 48	54. 3344 ÷ 2
55. 6736 ÷ 3	56. 3603 ÷ 85	57. 973 ÷ 37	58. 3180 ÷ 28	59. 8262 ÷ 86	60. 9571 ÷ 28

Division 01 to 999

Name: _____ Date: _____

Start Time: _____ End Time: _____

Score: _____

60

1. 3691 ÷ 92	2. 5254 ÷ 26	3. 2705 ÷ 70	4. 5415 ÷ 90	5. 9854 ÷ 20	6. 3352 ÷ 68
7. 1990 ÷ 25	8. 5133 ÷ 44	9. 8342 ÷ 21	10. 2704 ÷ 61	11. 7560 ÷ 92	12. 7408 ÷ 7
13. 4273 ÷ 70	14. 6305 ÷ 39	15. 9832 ÷ 99	16. 1666 ÷ 84	17. 4099 ÷ 44	18. 3009 ÷ 81
19. 7473 ÷ 79	20. 7237 ÷ 21	21. 2905 ÷ 36	22. 5842 ÷ 27	23. 6162 ÷ 37	24. 4716 ÷ 23
25. 8751 ÷ 64	26. 5563 ÷ 18	27. 4484 ÷ 45	28. 1168 ÷ 20	29. 8393 ÷ 14	30. 9246 ÷ 74
31. 4241 ÷ 42	32. 5115 ÷ 6	33. 8356 ÷ 36	34. 5616 ÷ 34	35. 2093 ÷ 63	36. 7709 ÷ 68
37. 6664 ÷ 88	38. 4379 ÷ 65	39. 9415 ÷ 72	40. 6506 ÷ 12	41. 275 ÷ 97	42. 5557 ÷ 44
43. 1892 ÷ 98	44. 4640 ÷ 89	45. 1296 ÷ 81	46. 1585 ÷ 9	47. 6186 ÷ 68	48. 4042 ÷ 20
49. 2765 ÷ 85	50. 8543 ÷ 39	51. 9900 ÷ 6	52. 2966 ÷ 74	53. 4050 ÷ 44	54. 2182 ÷ 31
55. 2 ÷ 97	56. 1526 ÷ 75	57. 7556 ÷ 70	58. 9202 ÷ 63	59. 2693 ÷ 22	60. 7389 ÷ 63

Division 01 to 999

Name: _____ Date: _____

Start Time: _____ End Time: _____

Score: _____
60

#		#		#		#		#		#	
1	1553 ÷ 45	2	6164 ÷ 88	3	2999 ÷ 43	4	4216 ÷ 76	5	7319 ÷ 20	6	2139 ÷ 10
7	9382 ÷ 82	8	4762 ÷ 96	9	7452 ÷ 77	10	2192 ÷ 54	11	2393 ÷ 39	12	2952 ÷ 90
13	8794 ÷ 53	14	607 ÷ 19	15	6677 ÷ 92	16	6759 ÷ 12	17	8819 ÷ 64	18	6325 ÷ 57
19	4056 ÷ 35	20	2409 ÷ 22	21	6386 ÷ 1	22	2504 ÷ 45	23	1070 ÷ 50	24	4586 ÷ 62
25	3582 ÷ 38	26	5244 ÷ 83	27	4254 ÷ 14	28	898 ÷ 82	29	3529 ÷ 17	30	2496 ÷ 85
31	4832 ÷ 67	32	2143 ÷ 51	33	3600 ÷ 28	34	5933 ÷ 40	35	929 ÷ 8	36	8894 ÷ 46
37	1223 ÷ 9	38	1390 ÷ 58	39	557 ÷ 16	40	7058 ÷ 46	41	8391 ÷ 13	42	1178 ÷ 82
43	7445 ÷ 36	44	476 ÷ 71	45	7004 ÷ 16	46	7649 ÷ 86	47	4589 ÷ 8	48	6425 ÷ 34
49	4959 ÷ 24	50	6222 ÷ 2	51	1097 ÷ 19	52	4948 ÷ 92	53	4350 ÷ 90	54	1791 ÷ 1
55	8702 ÷ 20	56	8690 ÷ 20	57	1826 ÷ 33	58	7256 ÷ 91	59	7208 ÷ 72	60	1331 ÷ 3

Name: _____ **Date:** _____

Start Time: _____ **End Time:** _____

Score: _____ / 60

1. 6970 ÷ 54	2. 8042 ÷ 80	3. 9253 ÷ 43	4. 8653 ÷ 34	5. 5393 ÷ 41	6. 812 ÷ 26
7. 5712 ÷ 88	8. 8180 ÷ 37	9. 5002 ÷ 43	10. 5832 ÷ 72	11. 3451 ÷ 64	12. 3983 ÷ 9
13. 2154 ÷ 14	14. 6408 ÷ 28	15. 5776 ÷ 36	16. 7569 ÷ 60	17. 1497 ÷ 41	18. 2235 ÷ 90
19. 7791 ÷ 22	20. 654 ÷ 71	21. 7061 ÷ 97	22. 3198 ÷ 7	23. 8249 ÷ 72	24. 1494 ÷ 35
25. 662 ÷ 66	26. 5955 ÷ 43	27. 4995 ÷ 13	28. 4949 ÷ 6	29. 6276 ÷ 1	30. 819 ÷ 88
31. 968 ÷ 27	32. 927 ÷ 40	33. 633 ÷ 94	34. 1102 ÷ 77	35. 2357 ÷ 7	36. 5249 ÷ 9
37. 8722 ÷ 52	38. 2713 ÷ 28	39. 1604 ÷ 19	40. 7756 ÷ 77	41. 6659 ÷ 69	42. 8952 ÷ 53
43. 50 ÷ 19	44. 6045 ÷ 77	45. 6185 ÷ 19	46. 837 ÷ 73	47. 9506 ÷ 7	48. 1560 ÷ 54
49. 8345 ÷ 95	50. 6965 ÷ 24	51. 3300 ÷ 2	52. 341 ÷ 76	53. 4008 ÷ 62	54. 4164 ÷ 25
55. 3552 ÷ 93	56. 4939 ÷ 97	57. 7529 ÷ 58	58. 7912 ÷ 17	59. 268 ÷ 27	60. 4062 ÷ 62

Page 1:

1. 6	2. 9	3. 72	4. 78	5. 61	6. 25	7. 68	8. 11	9. 17	10. 4
11. 84	12. 10	13. 32	14. 50	15. 52	16. 49	17. 53	18. 26	19. 36	20. 56
21. 63	22. 99	23. 60	24. 38	25. 24	26. 42	27. 19	28. 47	29. 22	30. 7
31. 96	32. 62	33. 41	34. 3	35. 97	36. 5	37. 12	38. 55	39. 6	40. 88
41. 82	42. 57	43. 89	44. 33	45. 30	46. 34	47. 40	48. 95	49. 39	50. 1
51. 54	52. 91	53. 35	54. 98	55. 75	56. 2	57. 16	58. 86	59. 92	60. 83

Page 2:

1. 20	2. 10	3. 17	4. 48	5. 19	6. 23	7. 5	8. 37	9. 40	10. 14
11. 18	12. 28	13. 46	14. 7	15. 25	16. 11	17. 42	18. 24	19. 8	20. 12
21. 31	22. 30	23. 47	24. 45	25. 2	26. 22	27. 43	28. 36	29. 35	30. 39
31. 29	32. 13	33. 9	34. 49	35. 32	36. 3	37. 27	38. 41	39. 38	40. 26
41. 21	42. 4	43. 6	44. 16	45. 33	46. 34	47. 1	48. 44	49. 15	50. 2
51. 12	52. 18	53. 28	54. 31	55. 34	56. 49	57. 1	58. 4	59. 6	60. 8

Page 3:

1. 16	2. 4	3. 19	4. 30	5. 3	6. 1	7. 8	8. 22	9. 17	10. 6
11. 29	12. 12	13. 7	14. 2	15. 10	16. 31	17. 11	18. 20	19. 24	20. 14
21. 13	22. 25	23. 18	24. 9	25. 5	26. 15	27. 32	28. 23	29. 26	30. 28
31. 23	32. 26	33. 28	34. 27	35. 33	36. 21	37. 30	38. 3	39. 1	40. 8
41. 22	42. 17	43. 6	44. 29	45. 12	46. 7	47. 2	48. 10	49. 31	50. 11
51. 20	52. 24	53. 14	54. 13	55. 25	56. 18	57. 9	58. 5	59. 15	60. 32

Page 4:

1. 24	2. 4	3. 9	4. 5	5. 19	6. 1	7. 7	8. 21	9. 10	10. 22
11. 15	12. 17	13. 2	14. 16	15. 11	16. 12	17. 23	18. 13	19. 18	20. 6
21. 8	22. 3	23. 14	24. 20	25. 4	26. 1	27. 14	28. 7	29. 12	30. 13
31. 23	32. 20	33. 24	34. 9	35. 15	36. 5	37. 11	38. 22	39. 16	40. 19
41. 3	42. 21	43. 10	44. 18	45. 17	46. 6	47. 2	48. 8	49. 12	50. 8
51. 19	52. 20	53. 24	54. 21	55. 13	56. 10	57. 16	58. 7	59. 1	60. 2

Page 5:

1. 11	2. 1	3. 15	4. 14	5. 17	6. 9	7. 3	8. 8	9. 2	10. 4
11. 12	12. 7	13. 16	14. 18	15. 10	16. 5	17. 6	18. 19	19. 13	20. 16
21. 15	22. 14	23. 9	24. 5	25. 12	26. 6	27. 3	28. 11	29. 7	30. 19
31. 2	32. 18	33. 10	34. 13	35. 4	36. 17	37. 8	38. 1	39. 16	40. 15
41. 14	42. 9	43. 5	44. 12	45. 6	46. 3	47. 11	48. 7	49. 19	50. 2
51. 18	52. 10	53. 13	54. 4	55. 17	56. 8	57. 1	58. 19	59. 1	60. 15

Page 6:

1. 15	2. 5	3. 10	4. 12	5. 14	6. 8	7. 4	8. 13	9. 1	10. 9
11. 2	12. 11	13. 6	14. 3	15. 16	16. 7	17. 2	18. 16	19. 14	20. 7
21. 12	22. 4	23. 15	24. 10	25. 1	26. 5	27. 6	28. 3	29. 8	30. 9
31. 13	32. 11	33. 13	34. 1	35. 2	36. 8	37. 3	38. 14	39. 9	40. 10
41. 5	42. 16	43. 12	44. 6	45. 7	46. 15	47. 4	48. 11	49. 9	50. 5
51. 4	52. 3	53. 11	54. 10	55. 6	56. 16	57. 2	58. 8	59. 13	60. 7

Page 7:

1. 4	2. 6	3. 1	4. 14	5. 3	6. 13	7. 11	8. 12	9. 5	10. 2
11. 7	12. 10	13. 8	14. 9	15. 6	16. 13	17. 1	18. 12	19. 9	20. 2
21. 4	22. 8	23. 7	24. 3	25. 10	26. 11	27. 14	28. 5	29. 10	30. 7
31. 9	32. 1	33. 6	34. 8	35. 14	36. 11	37. 2	38. 5	39. 4	40. 12
41. 13	42. 3	43. 11	44. 5	45. 14	46. 9	47. 8	48. 7	49. 4	50. 1
51. 13	52. 6	53. 2	54. 12	55. 10	56. 12	57. 10	58. 14	59. 3	60. 2

Page 8:

1. 3	2. 7	3. 9	4. 1	5. 10	6. 12	7. 6	8. 2	9. 11	10. 4
11. 8	12. 5	13. 1	14. 2	15. 5	16. 4	17. 6	18. 10	19. 8	20. 12
21. 11	22. 3	23. 9	24. 7	25. 3	26. 12	27. 8	28. 5	29. 7	30. 1
31. 6	32. 9	33. 10	34. 4	35. 2	36. 11	37. 12	38. 6	39. 11	40. 1
41. 10	42. 4	43. 2	44. 8	45. 9	46. 7	47. 3	48. 5	49. 3	50. 5
51. 9	52. 12	53. 2	54. 6	55. 11	56. 10	57. 7	58. 4	59. 1	60. 8

Page 9:

1. 1	2. 7	3. 8	4. 2	5. 10	6. 11	7. 9	8. 4	9. 6	10. 3
11. 5	12. 8	13. 6	14. 11	15. 1	16. 10	17. 4	18. 7	19. 3	20. 5
21. 9	22. 2	23. 8	24. 6	25. 11	26. 1	27. 10	28. 4	29. 7	30. 3
31. 5	32. 9	33. 2	34. 3	35. 10	36. 6	37. 8	38. 9	39. 11	40. 5
41. 1	42. 4	43. 7	44. 2	45. 4	46. 6	47. 1	48. 11	49. 8	50. 9
51. 5	52. 2	53. 3	54. 7	55. 10	56. 2	57. 3	58. 10	59. 1	60. 2

Page 10:

1. 55	2. 98	3. 76	4. 71	5. 43	6. 67	7. 79	8. 10	9. 41	10. 57
11. 70	12. 29	13. 56	14. 89	15. 46	16. 39	17. 30	18. 83	19. 38	20. 97
21. 54	22. 94	23. 51	24. 99	25. 28	26. 73	27. 65	28. 21	29. 27	30. 14
31. 42	32. 34	33. 12	34. 22	35. 93	36. 53	37. 23	38. 58	39. 86	40. 78
41. 48	42. 85	43. 66	44. 44	45. 74	46. 24	47. 36	48. 45	49. 47	50. 60
51. 90	52. 33	53. 35	54. 92	55. 16	56. 75	57. 15	58. 31	59. 25	60. 30

Page 11:

1. 11	2. 59	3. 47	4. 69	5. 6	6. 15	7. 50	8. 68	9. 55	10. 79
11. 53	12. 58	13. 78	14. 10	15. 90	16. 37	17. 41	18. 23	19. 7	20. 71
21. 29	22. 77	23. 67	24. 74	25. 62	26. 19	27. 76	28. 86	29. 52	30. 60
31. 48	32. 64	33. 46	34. 8	35. 1	36. 45	37. 1	38. 75	39. 42	40. 51
41. 2	42. 13	43. 24	44. 88	45. 70	46. 25	47. 20	48. 73	49. 21	50. 34
51. 49	52. 32	53. 16	54. 9	55. 89	56. 30	57. 43	58. 80	59. 82	60. 10

Page 12:

1. 14	2. 35	3. 49	4. 66	5. 39	6. 55	7. 65	8. 47	9. 74	10. 33
11. 10	12. 26	13. 80	14. 30	15. 57	16. 12	17. 34	18. 79	19. 68	20. 19
21. 17	22. 15	23. 71	24. 41	25. 73	26. 40	27. 21	28. 44	29. 36	30. 29
31. 28	32. 9	33. 69	34. 78	35. 31	36. 22	37. 50	38. 43	39. 67	40. 32
41. 16	42. 53	43. 25	44. 58	45. 83	46. 38	47. 42	48. 62	49. 60	50. 75
51. 77	52. 61	53. 20	54. 56	55. 27	56. 54	57. 24	58. 72	59. 37	60. 12

Page 13:

1. 33	2. 61	3. 57	4. 53	5. 52	6. 43	7. 31	8. 62	9. 76	10. 11
11. 38	12. 65	13. 59	14. 48	15. 58	16. 47	17. 25	18. 71	19. 17	20. 24
21. 12	22. 49	23. 18	24. 63	25. 26	26. 19	27. 21	28. 45	29. 68	30. 60
31. 44	32. 56	33. 10	34. 9	35. 14	36. 50	37. 20	38. 75	39. 41	40. 34
41. 54	42. 51	43. 30	44. 35	45. 40	46. 28	47. 73	48. 13	49. 74	50. 72
51. 69	52. 32	53. 23	54. 64	55. 22	56. 39	57. 29	58. 66	59. 67	60. 65

Page 14:

1. 64	2. 51	3. 55	4. 62	5. 70	6. 46	7. 15	8. 20	9. 68	10. 27
11. 33	12. 49	13. 24	14. 42	15. 9	16. 30	17. 50	18. 36	19. 71	20. 48
21. 32	22. 16	23. 28	24. 54	25. 67	26. 63	27. 60	28. 45	29. 14	30. 37
31. 57	32. 58	33. 40	34. 52	35. 12	36. 23	37. 21	38. 10	39. 17	40. 18
41. 69	42. 26	43. 39	44. 66	45. 59	46. 34	47. 43	48. 56	49. 47	50. 53
51. 13	52. 38	53. 22	54. 35	55. 61	56. 44	57. 19	58. 25	59. 31	60. 41

Page 15:

1. 31	2. 30	3. 51	4. 7	5. 64	6. 53	7. 56	8. 59	9. 60	10. 35
11. 18	12. 15	13. 38	14. 34	15. 36	16. 47	17. 48	18. 61	19. 63	20. 65
21. 62	22. 52	23. 22	24. 23	25. 26	26. 57	27. 9	28. 25	29. 43	30. 54
31. 40	32. 42	33. 24	34. 10	35. 21	36. 45	37. 28	38. 46	39. 27	40. 20
41. 14	42. 33	43. 16	44. 19	45. 50	46. 12	47. 44	48. 11	49. 37	50. 49
51. 13	52. 66	53. 32	54. 29	55. 58	56. 55	57. 8	58. 17	59. 39	60. 8

Page 16:

1. 56	2. 55	3. 24	4. 36	5. 14	6. 27	7. 15	8. 13	9. 11	10. 48
11. 31	12. 37	13. 59	14. 58	15. 46	16. 25	17. 52	18. 32	19. 45	20. 28
21. 51	22. 34	23. 41	24. 38	25. 19	26. 30	27. 57	28. 26	29. 29	30. 60
31. 16	32. 17	33. 61	34. 44	35. 40	36. 22	37. 10	38. 42	39. 7	40. 35
41. 18	42. 47	43. 49	44. 43	45. 9	46. 50	47. 33	48. 54	49. 20	50. 53
51. 21	52. 62	53. 23	54. 12	55. 39	56. 35	57. 18	58. 47	59. 43	60. 37

Page 17:

1. 11	2. 7	3. 40	4. 58	5. 10	6. 49	7. 38	8. 50	9. 56	10. 25
11. 51	12. 42	13. 27	14. 18	15. 9	16. 57	17. 21	18. 48	19. 20	20. 47
21. 29	22. 6	23. 36	24. 39	25. 31	26. 8	27. 28	28. 34	29. 41	30. 52
31. 24	32. 33	33. 12	34. 15	35. 43	36. 26	37. 55	38. 23	39. 32	40. 44
41. 53	42. 54	43. 30	44. 46	45. 14	46. 45	47. 35	48. 16	49. 19	50. 13
51. 22	52. 17	53. 8	54. 28	55. 34	56. 21	57. 43	58. 29	59. 6	60. 40

Page 18:

1. 31	2. 46	3. 34	4. 49	5. 50	6. 44	7. 17	8. 32	9. 25	10. 29
11. 42	12. 9	13. 27	14. 8	15. 55	16. 15	17. 38	18. 39	19. 16	20. 35
21. 12	22. 11	23. 10	24. 13	25. 21	26. 48	27. 23	28. 19	29. 52	30. 36
31. 7	32. 18	33. 47	34. 33	35. 53	36. 24	37. 37	38. 6	39. 26	40. 20
41. 41	42. 51	43. 54	44. 45	45. 43	46. 28	47. 22	48. 30	49. 14	50. 10
51. 13	52. 21	53. 48	54. 23	55. 19	56. 52	57. 51	58. 54	59. 12	60. 24

Page 19:

1. 7	2. 44	3. 16	4. 17	5. 46	6. 33	7. 45	8. 48	9. 40	10. 35
11. 41	12. 21	13. 31	14. 15	15. 42	16. 43	17. 22	18. 11	19. 37	20. 12
21. 38	22. 28	23. 27	24. 18	25. 47	26. 9	27. 20	28. 6	29. 39	30. 52
31. 19	32. 14	33. 49	34. 29	35. 23	36. 26	37. 10	38. 34	39. 30	40. 51
41. 25	42. 8	43. 13	44. 36	45. 32	46. 50	47. 33	48. 45	49. 48	50. 40
51. 35	52. 41	53. 21	54. 31	55. 15	56. 42	57. 43	58. 28	59. 27	60. 46

Page 20:

1. 21	2. 31	3. 28	4. 48	5. 14	6. 35	7. 42	8. 43	9. 29	10. 16
11. 8	12. 46	13. 40	14. 7	15. 9	16. 45	17. 33	18. 18	19. 17	20. 34
21. 10	22. 37	23. 11	24. 5	25. 38	26. 39	27. 12	28. 27	29. 19	30. 23
31. 49	32. 26	33. 24	34. 44	35. 47	36. 6	37. 30	38. 25	39. 41	40. 36
41. 20	42. 15	43. 13	44. 32	45. 14	46. 35	47. 42	48. 43	49. 29	50. 16
51. 8	52. 46	53. 40	54. 34	55. 10	56. 37	57. 11	58. 5	59. 38	60. 15

Page 21:

1. 38	2. 30	3. 7	4. 37	5. 13	6. 11	7. 12	8. 6	9. 45	10. 21
11. 18	12. 22	13. 41	14. 33	15. 15	16. 24	17. 36	18. 40	19. 9	20. 39
21. 31	22. 46	23. 10	24. 26	25. 43	26. 16	27. 35	28. 20	29. 19	30. 27
31. 32	32. 17	33. 8	34. 23	35. 44	36. 14	37. 47	38. 34	39. 25	40. 42
41. 29	42. 5	43. 34	44. 35	45. 30	46. 18	47. 29	48. 21	49. 41	50. 23
51. 45	52. 42	53. 12	54. 13	55. 44	56. 47	57. 15	58. 11	59. 25	60. 23

Page 22:

1. 19	2. 8	3. 43	4. 20	5. 10	6. 34	7. 26	8. 37	9. 28	10. 33
11. 41	12. 5	13. 16	14. 38	15. 6	16. 21	17. 32	18. 42	19. 19	20. 22
21. 35	22. 12	23. 44	24. 39	25. 11	26. 14	27. 25	28. 30	29. 7	30. 18
31. 36	32. 17	33. 27	34. 13	35. 15	36. 45	37. 9	38. 31	39. 24	40. 40
41. 17	42. 31	43. 10	44. 18	45. 36	46. 42	47. 33	48. 34	49. 14	50. 20
51. 19	52. 23	53. 28	54. 39	55. 35	56. 12	57. 11	58. 32	59. 7	60. 37

Page 23:

1. 43	2. 14	3. 6	4. 22	5. 15	6. 5	7. 16	8. 7	9. 35	10. 30
11. 41	12. 27	13. 12	14. 17	15. 21	16. 35	17. 13	18. 32	19. 23	20. 25
21. 42	22. 24	23. 18	24. 11	25. 20	26. 8	27. 9	28. 19	29. 38	30. 26
31. 34	32. 40	33. 36	34. 39	35. 28	36. 33	37. 31	38. 29	39. 12	40. 40
41. 13	42. 28	43. 24	44. 17	45. 20	46. 34	47. 38	48. 19	49. 11	50. 9
51. 6	52. 42	53. 16	54. 8	55. 21	56. 30	57. 7	58. 43	59. 26	60. 21

Page 24:

1. 37	2. 6	3. 32	4. 30	5. 33	6. 31	7. 41	8. 5	9. 19	10. 8
11. 35	12. 11	13. 29	14. 28	15. 23	16. 20	17. 14	18. 17	19. 36	20. 26
21. 24	22. 39	23. 9	24. 41	25. 12	26. 7	27. 18	28. 10	29. 15	30. 13
31. 38	32. 22	33. 16	34. 25	35. 34	36. 40	37. 23	38. 13	39. 33	40. 12
41. 36	42. 18	43. 17	44. 38	45. 31	46. 16	47. 7	48. 26	49. 30	50. 22
51. 21	52. 19	53. 6	54. 29	55. 9	56. 20	57. 40	58. 14	59. 11	60. 5

Page 25:

1. 18	2. 9	3. 29	4. 35	5. 22	6. 15	7. 32	8. 16	9. 12	10. 34
11. 17	12. 22	13. 36	14. 7	15. 33	16. 14	17. 25	18. 27	19. 37	20. 21
21. 30	22. 11	23. 20	24. 6	25. 10	26. 38	27. 39	28. 26	29. 24	30. 28
31. 4	32. 19	33. 23	34. 8	35. 31	36. 15	37. 20	38. 14	39. 38	40. 12
41. 19	42. 31	43. 35	44. 7	45. 8	46. 27	47. 39	48. 23	49. 4	50. 34
51. 29	52. 10	53. 13	54. 36	55. 25	56. 17	57. 30	58. 24	59. 26	60. 7

Page 26:

1. 20	2. 13	3. 30	4. 28	5. 33	6. 5	7. 22	8. 19	9. 11	10. 8
11. 16	12. 14	13. 37	14. 9	15. 18	16. 6	17. 21	18. 23	19. 26	20. 25
21. 24	22. 36	23. 38	24. 4	25. 34	26. 29	27. 31	28. 10	29. 17	30. 27
31. 32	32. 9	33. 12	34. 35	35. 22	36. 38	37. 18	38. 26	39. 16	40. 17
41. 24	42. 36	43. 33	44. 35	45. 15	46. 6	47. 5	48. 27	49. 13	50. 21
51. 12	52. 23	53. 37	54. 20	55. 25	56. 28	57. 7	58. 14	59. 4	60. 35

Page 27:

1. 37	2. 24	3. 29	4. 22	5. 7	6. 19	7. 9	8. 17	9. 33	10. 27
11. 30	12. 13	13. 15	14. 8	15. 36	16. 21	17. 34	18. 25	19. 5	20. 26
21. 23	22. 16	23. 6	24. 12	25. 10	26. 20	27. 32	28. 11	29. 18	30. 4
31. 14	32. 34	33. 28	34. 34	35. 21	36. 7	37. 10	38. 27	39. 29	40. 6
41. 28	42. 35	43. 18	44. 23	45. 8	46. 4	47. 16	48. 37	49. 22	50. 30
51. 12	52. 17	53. 19	54. 25	55. 33	56. 15	57. 11	58. 31	59. 13	60. 16

Page 28:

1. 21	2. 11	3. 5	4. 35	5. 22	6. 9	7. 13	8. 26	9. 7	10. 14
11. 8	12. 4	13. 34	14. 28	15. 25	16. 6	17. 12	18. 19	19. 33	20. 27
21. 15	22. 24	23. 10	24. 17	25. 20	26. 23	27. 33	28. 30	29. 32	30. 31
31. 29	32. 25	33. 13	34. 4	35. 33	36. 17	37. 15	38. 35	39. 20	40. 21
41. 11	42. 14	43. 22	44. 12	45. 30	46. 34	47. 28	48. 31	49. 6	50. 10
51. 23	52. 18	53. 5	54. 7	55. 16	56. 24	57. 19	58. 26	59. 29	60. 26

Page 29:

1. 12	2. 19	3. 4	4. 6	5. 28	6. 11	7. 20	8. 13	9. 17	10. 24
11. 34	12. 27	13. 15	14. 32	15. 30	16. 29	17. 33	18. 22	19. 9	20. 10
21. 16	22. 18	23. 21	24. 17	25. 23	26. 31	27. 7	28. 5	29. 8	30. 14
31. 31	32. 5	33. 6	34. 16	35. 18	36. 4	37. 34	38. 8	39. 12	40. 11
41. 26	42. 32	43. 28	44. 25	45. 9	46. 22	47. 15	48. 33	49. 10	50. 14
51. 17	52. 24	53. 21	54. 23	55. 7	56. 30	57. 20	58. 13	59. 29	60. 5

Page 30:

1. 15	2. 17	3. 8	4. 12	5. 27	6. 30	7. 9	8. 32	9. 24	10. 10
11. 19	12. 25	13. 7	14. 31	15. 29	16. 18	17. 33	18. 21	19. 6	20. 4
21. 11	22. 26	23. 23	24. 20	25. 13	26. 22	27. 28	28. 19	29. 14	30. 18
31. 12	32. 8	33. 10	34. 28	35. 33	36. 5	37. 20	38. 14	39. 15	40. 29
41. 11	42. 30	43. 24	44. 6	45. 19	46. 32	47. 21	48. 17	49. 25	50. 4
51. 26	52. 9	53. 13	54. 23	55. 27	56. 22	57. 15	58. 31	59. 7	60. 20

Page 31:

1. 13	2. 17	3. 28	4. 19	5. 4	6. 25	7. 16	8. 7	9. 12	10. 30
11. 21	12. 29	13. 10	14. 8	15. 22	16. 5	17. 11	18. 26	19. 6	20. 18
21. 23	22. 32	23. 31	24. 27	25. 15	26. 9	27. 14	28. 13	29. 24	30. 10
31. 22	32. 14	33. 28	34. 11	35. 23	36. 29	37. 12	38. 25	39. 30	40. 4
41. 27	42. 19	43. 18	44. 26	45. 20	46. 21	47. 31	48. 16	49. 6	50. 32
51. 8	52. 7	53. 22	54. 15	55. 9	56. 5	57. 17	58. 6	59. 32	60. 30

Page 32:

1. 18	2. 26	3. 6	4. 15	5. 9	6. 27	7. 13	8. 10	9. 20	10. 17
11. 12	12. 19	13. 28	14. 5	15. 11	16. 7	17. 4	18. 8	19. 29	20. 23
21. 31	22. 24	23. 16	24. 9	25. 25	26. 22	27. 14	28. 5	29. 21	30. 26
31. 31	32. 20	33. 11	34. 28	35. 16	36. 8	37. 13	38. 24	39. 19	40. 22
41. 9	42. 17	43. 30	44. 10	45. 18	46. 29	47. 14	48. 6	49. 15	50. 23
51. 25	52. 7	53. 12	54. 27	55. 4	56. 29	57. 14	58. 6	59. 29	60. 14

Page 33:

1. 7	2. 28	3. 6	4. 23	5. 22	6. 10	7. 12	8. 21	9. 19	10. 20
11. 18	12. 8	13. 15	14. 24	15. 27	16. 9	17. 16	18. 25	19. 11	20. 25
21. 26	22. 4	23. 3	24. 17	25. 5	26. 13	27. 30	28. 6	29. 15	30. 27
31. 4	32. 20	33. 12	34. 23	35. 26	36. 5	37. 25	38. 22	39. 14	40. 3
41. 29	42. 24	43. 13	44. 7	45. 8	46. 16	47. 10	48. 28	49. 19	50. 11
51. 17	52. 21	53. 30	54. 18	55. 9	56. 24	57. 13	58. 7	59. 8	60. 4

Page 34:

1. 20	2. 24	3. 6	4. 25	5. 23	6. 19	7. 26	8. 12	9. 28	10. 17
11. 13	12. 5	13. 3	14. 27	15. 14	16. 21	17. 16	18. 18	19. 29	20. 9
21. 11	22. 8	23. 22	24. 10	25. 7	26. 15	27. 10	28. 24	29. 27	30. 7
31. 9	32. 4	33. 18	34. 13	35. 23	36. 20	37. 12	38. 28	39. 26	40. 14
41. 21	42. 22	43. 3	44. 17	45. 9	46. 6	47. 19	48. 11	49. 16	50. 25
51. 8	52. 29	53. 5	54. 13	55. 9	56. 6	57. 25	58. 21	59. 20	60. 9

Page 35:

1. 11	2. 8	3. 25	4. 10	5. 18	6. 26	7. 4	8. 17	9. 12	10. 19
11. 3	12. 13	13. 23	14. 27	15. 27	16. 28	17. 7	18. 14	19. 20	20. 15
21. 22	22. 24	23. 21	24. 6	25. 5	26. 4	27. 22	28. 7	29. 5	30. 15
31. 6	32. 14	33. 26	34. 25	35. 19	36. 12	37. 27	38. 3	39. 21	40. 13
41. 11	42. 20	43. 17	44. 9	45. 10	46. 8	47. 28	48. 18	49. 23	50. 24
51. 16	52. 23	53. 25	54. 12	55. 20	56. 9	57. 13	58. 27	59. 6	60. 5

Page 36:

1. 27	2. 20	3. 21	4. 7	5. 6	6. 24	7. 8	8. 13	9. 26	10. 22
11. 11	12. 18	13. 4	14. 10	15. 25	16. 3	17. 27	18. 23	19. 9	20. 14
21. 19	22. 15	23. 12	24. 16	25. 16	26. 7	27. 19	28. 15	29. 6	30. 13
31. 14	32. 26	33. 9	34. 22	35. 27	36. 17	37. 3	38. 8	39. 24	40. 10
41. 25	42. 23	43. 21	44. 5	45. 18	46. 20	47. 11	48. 4	49. 12	50. 26
51. 19	52. 17	53. 27	54. 4	55. 24	56. 12	57. 8	58. 18	59. 7	60. 11

Page 37:

1. 9	2. 4	3. 24	4. 21	5. 16	6. 19	7. 5	8. 15	9. 12	10. 22
11. 8	12. 7	13. 17	14. 13	15. 27	16. 23	17. 25	18. 18	19. 25	20. 26
21. 6	22. 14	23. 3	24. 20	25. 7	26. 16	27. 18	28. 8	29. 15	30. 14
31. 25	32. 21	33. 23	34. 6	35. 11	36. 22	37. 10	38. 5	39. 24	40. 19
41. 3	42. 27	43. 20	44. 26	45. 4	46. 17	47. 12	48. 9	49. 13	50. 9
51. 16	52. 7	53. 23	54. 22	55. 21	56. 24	57. 25	58. 27	59. 26	60. 10

Page 38:

1. 7	2. 12	3. 21	4. 11	5. 18	6. 19	7. 8	8. 9	9. 25	10. 4
11. 13	12. 26	13. 6	14. 23	15. 24	16. 3	17. 14	18. 22	19. 5	20. 15
21. 20	22. 4	23. 16	24. 24	25. 5	26. 21	27. 15	28. 7	29. 26	30. 17
31. 12	32. 9	33. 22	34. 14	35. 23	36. 25	37. 20	38. 19	39. 8	40. 13
41. 10	42. 18	43. 3	44. 4	45. 16	46. 6	47. 11	48. 25	49. 23	50. 22
51. 11	52. 6	53. 14	54. 26	55. 8	56. 21	57. 10	58. 12	59. 7	60. 9

Page 39:

1. 22	2. 18	3. 14	4. 13	5. 6	6. 11	7. 12	8. 21	9. 15	10. 19
11. 8	12. 24	13. 17	14. 3	15. 23	16. 20	17. 10	18. 16	19. 5	20. 4
21. 7	22. 25	23. 8	24. 15	25. 16	26. 5	27. 25	28. 10	29. 23	30. 7
31. 12	32. 14	33. 21	34. 9	35. 3	36. 6	37. 19	38. 17	39. 20	40. 18
41. 11	42. 4	43. 22	44. 24	45. 13	46. 7	47. 12	48. 3	49. 17	50. 15
51. 16	52. 21	53. 4	54. 11	55. 8	56. 9	57. 10	58. 24	59. 14	60. 22

Page 40:

1. 5	2. 6	3. 11	4. 14	5. 12	6. 18	7. 17	8. 15	9. 4	10. 21
11. 10	12. 24	13. 19	14. 20	15. 23	16. 13	17. 8	18. 16	19. 20	20. 9
21. 3	22. 15	23. 12	24. 21	25. 16	26. 9	27. 17	28. 4	29. 5	30. 23
31. 20	32. 22	33. 7	34. 13	35. 10	36. 14	37. 8	38. 19	39. 6	40. 11
41. 18	42. 3	43. 24	44. 23	45. 4	46. 11	47. 13	48. 3	49. 21	50. 6
51. 14	52. 19	53. 24	54. 15	55. 18	56. 5	57. 12	58. 8	59. 10	60. 18

Page 41:

1. 3	2. 7	3. 17	4. 9	5. 6	6. 5	7. 23	8. 8	9. 10	10. 14
11. 14	12. 12	13. 15	14. 22	15. 20	16. 21	17. 24	18. 13	19. 19	20. 15
21. 11	22. 14	23. 21	24. 3	25. 12	26. 23	27. 17	28. 16	29. 6	30. 15
31. 8	32. 11	33. 13	34. 9	35. 7	36. 24	37. 10	38. 4	39. 22	40. 13
41. 5	42. 19	43. 20	44. 4	45. 15	46. 5	47. 23	48. 6	49. 8	50. 10
51. 16	52. 22	53. 18	54. 3	55. 21	56. 12	57. 20	58. 17	59. 11	60. 16

Page 42:

1. 8	2. 3	3. 23	4. 12	5. 15	6. 4	7. 11	8. 17	9. 10	10. 7
11. 9	12. 5	13. 18	14. 19	15. 13	16. 21	17. 22	18. 6	19. 9	20. 20
21. 17	22. 7	23. 3	24. 9	25. 19	26. 18	27. 12	28. 22	29. 14	30. 4
31. 10	32. 23	33. 8	34. 11	35. 16	36. 15	37. 13	38. 6	39. 20	40. 5
41. 21	42. 14	43. 22	44. 8	45. 7	46. 9	47. 19	48. 12	49. 5	50. 13
51. 4	52. 11	53. 17	54. 18	55. 3	56. 16	57. 21	58. 15	59. 10	60. 20

Page 43:

1. 19	2. 11	3. 13	4. 14	5. 18	6. 10	7. 12	8. 17	9. 15	10. 23
11. 9	12. 5	13. 4	14. 16	15. 23	16. 6	17. 7	18. 8	19. 22	20. 3
21. 9	22. 21	23. 7	24. 11	25. 23	26. 10	27. 5	28. 13	29. 6	30. 15
31. 14	32. 4	33. 16	34. 17	35. 20	36. 3	37. 8	38. 22	39. 12	40. 19
41. 18	42. 10	43. 22	44. 15	45. 16	46. 8	47. 6	48. 7	49. 13	50. 19
51. 23	52. 17	53. 18	54. 3	55. 21	56. 4	57. 12	58. 14	59. 9	60. 14

Page 44:

1. 19	2. 22	3. 4	4. 10	5. 8	6. 21	7. 6	8. 17	9. 7	10. 22
11. 18	12. 3	13. 5	14. 12	15. 13	16. 9	17. 20	18. 15	19. 16	20. 13
21. 6	22. 22	23. 4	24. 9	25. 5	26. 14	27. 15	28. 17	29. 3	30. 10
31. 19	32. 11	33. 18	34. 16	35. 12	36. 21	37. 20	38. 8	39. 7	40. 12
41. 20	42. 5	43. 14	44. 10	45. 17	46. 9	47. 19	48. 18	49. 13	50. 3
51. 21	52. 16	53. 6	54. 4	55. 11	56. 22	57. 15	58. 8	59. 7	60. 5

Page 45:

1. 19	2. 7	3. 17	4. 8	5. 4	6. 16	7. 18	8. 14	9. 10	10. 20
11. 15	12. 11	13. 9	14. 21	15. 4	16. 13	17. 6	18. 22	19. 3	20. 12
21. 5	22. 17	23. 11	24. 10	25. 22	26. 19	27. 18	28. 3	29. 4	30. 16
31. 13	32. 15	33. 6	34. 7	35. 20	36. 14	37. 9	38. 8	39. 21	40. 7
41. 3	42. 18	43. 14	44. 16	45. 10	46. 6	47. 9	48. 21	49. 4	50. 22
51. 19	52. 5	53. 13	54. 11	55. 15	56. 17	57. 12	58. 20	59. 8	60. 13

Page 46:

1. 20	2. 15	3. 14	4. 3	5. 17	6. 8	7. 21	8. 11	9. 5	10. 10
11. 4	12. 19	13. 6	14. 18	15. 16	16. 6	17. 9	18. 12	19. 5	20. 21
21. 15	22. 7	23. 14	24. 9	25. 10	26. 11	27. 4	28. 17	29. 6	30. 3
31. 18	32. 8	33. 12	34. 19	35. 13	36. 20	37. 16	38. 10	39. 3	40. 16
41. 6	42. 17	43. 19	44. 13	45. 18	46. 8	47. 12	48. 4	49. 14	50. 7
51. 20	52. 11	53. 5	54. 9	55. 15	56. 21	57. 19	58. 13	59. 18	60. 19

Page 47:

1. 3	2. 6	3. 8	4. 12	5. 21	6. 5	7. 7	8. 4	9. 16	10. 18
11. 15	12. 10	13. 11	14. 14	15. 20	16. 9	17. 17	18. 4	19. 19	20. 13
21. 14	22. 20	23. 9	24. 21	25. 8	26. 12	27. 15	28. 18	29. 17	30. 11
31. 10	32. 6	33. 7	34. 16	35. 17	36. 5	37. 3	38. 9	39. 11	40. 4
41. 14	42. 20	43. 9	44. 21	45. 8	46. 12	47. 15	48. 15	49. 12	50. 3
51. 18	52. 19	53. 18	54. 17	55. 5	56. 3	57. 9	58. 10	59. 13	60. 12

Page 48:

1. 3	2. 20	3. 18	4. 14	5. 15	6. 4	7. 8	8. 17	9. 5	10. 10
11. 20	12. 11	13. 16	14. 19	15. 13	16. 7	17. 9	18. 4	19. 8	20. 12
21. 9	22. 17	23. 19	24. 16	25. 11	26. 5	27. 6	28. 3	29. 7	30. 10
31. 14	32. 20	33. 18	34. 15	35. 13	36. 18	37. 7	38. 20	39. 19	40. 13
41. 4	42. 5	43. 16	44. 10	45. 14	46. 6	47. 12	48. 3	49. 9	50. 8
51. 15	52. 11	53. 17	54. 16	55. 10	56. 14	57. 5	58. 13	59. 4	60. 4

Page 49:

1. 6	2. 13	3. 5	4. 18	5. 8	6. 17	7. 20	8. 3	9. 7	10. 19
11. 9	12. 11	13. 15	14. 14	15. 16	16. 12	17. 8	18. 7	19. 15	20. 5
21. 18	22. 17	23. 3	24. 19	25. 12	26. 6	27. 13	28. 16	29. 9	30. 14
31. 11	32. 10	33. 20	34. 4	35. 12	36. 20	37. 3	38. 11	39. 16	40. 19
41. 5	42. 17	43. 8	44. 15	45. 6	46. 10	47. 4	48. 18	49. 9	50. 7
51. 12	52. 14	53. 13	54. 6	55. 10	56. 12	57. 5	58. 7	59. 20	60. 11

Page 50:

1. 8	2. 12	3. 7	4. 15	5. 2	6. 17	7. 3	8. 18	9. 4	10. 14
11. 16	12. 2	13. 11	14. 6	15. 9	16. 5	17. 19	18. 10	19. 13	20. 4
21. 17	22. 3	23. 2	24. 19	25. 7	26. 15	27. 14	28. 12	29. 9	30. 8
31. 6	32. 18	33. 5	34. 16	35. 11	36. 10	37. 11	38. 3	39. 19	40. 18
41. 7	42. 2	43. 17	44. 12	45. 9	46. 16	47. 15	48. 13	49. 17	50. 2
51. 3	52. 5	53. 12	54. 18	55. 15	56. 8	57. 7	58. 13	59. 4	60. 11

Page 51:

1. 185	2. 115	3. 135	4. 71	5. 146	6. 138	7. 32	8. 36	9. 50	10. 39
11. 120	12. 180	13. 154	14. 162	15. 57	16. 66	17. 122	18. 153	19. 88	20. 165
21. 87	22. 109	23. 62	24. 25	25. 61	26. 196	27. 151	28. 171	29. 24	30. 184
31. 168	32. 47	33. 20	34. 175	35. 132	36. 158	37. 37	38. 38	39. 58	40. 46
41. 96	42. 27	43. 80	44. 144	45. 22	46. 114	47. 75	48. 188	49. 63	50. 137
51. 33	52. 116	53. 179	54. 117	55. 67	56. 21	57. 172	58. 86	59. 128	60. 141

Page 52:

1. 180	2. 187	3. 151	4. 51	5. 118	6. 57	7. 139	8. 96	9. 99	10. 153
11. 22	12. 82	13. 155	14. 29	15. 94	16. 24	17. 179	18. 116	19. 137	20. 38
21. 54	22. 33	23. 68	24. 185	25. 86	26. 173	27. 44	28. 130	29. 111	30. 183
31. 120	32. 30	33. 191	34. 74	35. 109	36. 104	37. 150	38. 61	39. 158	40. 97
41. 171	42. 89	43. 25	44. 134	45. 144	46. 127	47. 125	48. 75	49. 77	50. 102
51. 62	52. 182	53. 50	54. 91	55. 47	56. 157	57. 192	58. 21	59. 177	60. 172

Page 53:

1. 34	2. 121	3. 84	4. 152	5. 124	6. 120	7. 122	8. 135	9. 164	10. 58
11. 102	12. 92	13. 51	14. 89	15. 127	16. 109	17. 103	18. 156	19. 54	20. 174
21. 160	22. 36	23. 71	24. 149	25. 61	26. 107	27. 134	28. 123	29. 99	30. 125
31. 63	32. 50	33. 82	34. 55	35. 39	36. 69	37. 133	38. 166	39. 74	40. 155
41. 139	42. 45	43. 175	44. 38	45. 161	46. 26	47. 171	48. 80	49. 65	50. 87
51. 78	52. 115	53. 137	54. 46	55. 188	56. 114	57. 93	58. 44	59. 90	60. 88

Page 54:

1. 104	2. 172	3. 123	4. 159	5. 31	6. 93	7. 131	8. 62	9. 140	10. 118
11. 165	12. 121	13. 29	14. 111	15. 124	16. 63	17. 145	18. 22	19. 94	20. 95
21. 115	22. 109	23. 120	24. 149	25. 163	26. 98	27. 35	28. 184	29. 185	30. 150
31. 66	32. 83	33. 72	34. 30	35. 180	36. 84	37. 176	38. 139	39. 25	40. 64
41. 74	42. 135	43. 113	44. 54	45. 110	46. 144	47. 107	48. 45	49. 21	50. 90
51. 77	52. 58	53. 86	54. 53	55. 114	56. 164	57. 127	58. 76	59. 125	60. 44

Page 55:

1. 169	2. 72	3. 159	4. 57	5. 135	6. 41	7. 118	8. 95	9. 47	10. 22
11. 68	12. 100	13. 87	14. 150	15. 144	16. 96	17. 160	18. 90	19. 76	20. 141
21. 149	22. 73	23. 107	24. 98	25. 167	26. 94	27. 83	28. 58	29. 84	30. 42
31. 97	32. 20	33. 168	34. 121	35. 164	36. 71	37. 67	38. 101	39. 133	40. 128
41. 60	42. 110	43. 158	44. 157	45. 70	46. 26	47. 80	48. 77	49. 78	50. 69
51. 113	52. 108	53. 88	54. 66	55. 147	56. 51	57. 46	58. 53	59. 125	60. 109

Page 56:

1. 87	2. 85	3. 72	4. 90	5. 31	6. 74	7. 140	8. 81	9. 176	10. 36
11. 177	12. 37	13. 103	14. 38	15. 77	16. 160	17. 78	18. 43	19. 91	20. 30
21. 71	22. 149	23. 84	24. 137	25. 42	26. 92	27. 147	28. 83	29. 59	30. 155
31. 51	32. 158	33. 175	34. 55	35. 79	36. 49	37. 142	38. 28	39. 110	40. 62
41. 73	42. 148	43. 116	44. 65	45. 67	46. 27	47. 52	48. 174	49. 128	50. 152
51. 127	52. 133	53. 22	54. 98	55. 40	56. 33	57. 165	58. 151	59. 115	60. 166

Page 57:

1. 68	2. 66	3. 121	4. 104	5. 150	6. 40	7. 57	8. 174	9. 89	10. 33
11. 32	12. 115	13. 35	14. 42	15. 175	16. 161	17. 168	18. 93	19. 70	20. 72
21. 79	22. 59	23. 90	24. 143	25. 119	26. 99	27. 109	28. 36	29. 73	30. 21
31. 146	32. 27	33. 164	34. 114	35. 74	36. 37	37. 102	38. 56	39. 69	40. 136
41. 172	42. 131	43. 169	44. 111	45. 100	46. 34	47. 65	48. 157	49. 95	50. 87
51. 22	52. 82	53. 142	54. 78	55. 106	56. 43	57. 112	58. 85	59. 39	60. 133

Page 58:

1. 107	2. 151	3. 143	4. 119	5. 163	6. 116	7. 49	8. 63	9. 158	10. 59
11. 129	12. 78	13. 154	14. 43	15. 142	16. 56	17. 98	18. 138	19. 39	20. 145
21. 101	22. 135	23. 171	24. 34	25. 27	26. 33	27. 51	28. 30	29. 64	30. 131
31. 100	32. 153	33. 23	34. 88	35. 60	36. 146	37. 104	38. 55	39. 112	40. 66
41. 37	42. 126	43. 110	44. 72	45. 170	46. 162	47. 83	48. 25	49. 76	50. 42
51. 128	52. 159	53. 89	54. 156	55. 65	56. 79	57. 47	58. 50	59. 115	60. 166

Page 59:

1. 140	2. 86	3. 31	4. 77	5. 89	6. 81	7. 46	8. 58	9. 50	10. 63
11. 116	12. 111	13. 147	14. 35	15. 139	16. 98	17. 100	18. 42	19. 123	20. 141
21. 38	22. 37	23. 73	24. 99	25. 159	26. 75	27. 47	28. 43	29. 164	30. 154
31. 118	32. 48	33. 84	34. 62	35. 127	36. 137	37. 156	38. 128	39. 82	40. 30
41. 153	42. 64	43. 143	44. 26	45. 113	46. 23	47. 85	48. 114	49. 51	50. 55
51. 155	52. 151	53. 33	54. 105	55. 49	56. 28	57. 96	58. 53	59. 110	60. 93

Page 60:

1. 89	2. 59	3. 22	4. 146	5. 164	6. 103	7. 23	8. 24	9. 40	10. 115
11. 78	12. 116	13. 153	14. 141	15. 45	16. 20	17. 79	18. 117	19. 76	20. 18
21. 121	22. 119	23. 137	24. 111	25. 49	26. 34	27. 101	28. 113	29. 152	30. 27
31. 109	32. 105	33. 17	34. 52	35. 29	36. 124	37. 71	38. 38	39. 158	40. 31
41. 50	42. 72	43. 67	44. 165	45. 151	46. 163	47. 122	48. 112	49. 82	50. 160
51. 128	52. 118	53. 154	54. 99	55. 147	56. 48	57. 91	58. 131	59. 44	60. 114

Page 61:

1. 150	2. 25	3. 29	4. 120	5. 114	6. 161	7. 116	8. 148	9. 163	10. 154
11. 74	12. 107	13. 26	14. 65	15. 30	16. 158	17. 82	18. 99	19. 76	20. 91
21. 100	22. 47	23. 141	24. 73	25. 145	26. 147	27. 132	28. 101	29. 21	30. 153
31. 54	32. 60	33. 159	34. 62	35. 112	36. 151	37. 136	38. 138	39. 118	40. 162
41. 152	42. 86	43. 56	44. 133	45. 19	46. 89	47. 39	48. 61	49. 57	50. 135
51. 155	52. 51	53. 127	54. 144	55. 119	56. 50	57. 81	58. 23	59. 37	60. 32

Page 62:

1. 39	2. 107	3. 23	4. 132	5. 96	6. 111	7. 37	8. 158	9. 116	10. 77
11. 115	12. 123	13. 69	14. 50	15. 124	16. 31	17. 98	18. 49	19. 92	20. 55
21. 29	22. 35	23. 114	24. 40	25. 100	26. 101	27. 30	28. 65	29. 58	30. 54
31. 63	32. 48	33. 28	34. 66	35. 153	36. 52	37. 129	38. 85	39. 143	40. 151
41. 159	42. 138	43. 157	44. 89	45. 71	46. 24	47. 80	48. 17	49. 44	50. 131
51. 145	52. 141	53. 135	54. 140	55. 47	56. 102	57. 154	58. 147	59. 117	60. 67

Page 63:

1. 24	2. 101	3. 43	4. 42	5. 41	6. 128	7. 58	8. 91	9. 93	10. 75
11. 99	12. 106	13. 40	14. 148	15. 153	16. 76	17. 73	18. 70	19. 132	20. 81
21. 79	22. 143	23. 103	24. 44	25. 48	26. 49	27. 155	28. 36	29. 55	30. 144
31. 33	32. 56	33. 64	34. 133	35. 135	36. 138	37. 82	38. 146	39. 113	40. 126
41. 68	42. 145	43. 150	44. 72	45. 74	46. 71	47. 60	48. 102	49. 104	50. 32
51. 152	52. 111	53. 105	54. 112	55. 78	56. 19	57. 141	58. 108	59. 118	60. 18

Page 64:

1. 21	2. 83	3. 29	4. 33	5. 42	6. 20	7. 59	8. 63	9. 84	10. 121
11. 123	12. 99	13. 69	14. 108	15. 45	16. 125	17. 39	18. 134	19. 31	20. 43
21. 28	22. 90	23. 62	24. 35	25. 135	26. 18	27. 86	28. 78	29. 137	30. 81
31. 57	32. 85	33. 75	34. 145	35. 156	36. 103	37. 115	38. 48	39. 146	40. 91
41. 70	42. 53	43. 32	44. 40	45. 24	46. 37	47. 77	48. 120	49. 136	50. 26
51. 73	52. 47	53. 25	54. 89	55. 49	56. 94	57. 130	58. 88	59. 54	60. 95

Page 65:

1. 26	2. 144	3. 77	4. 125	5. 78	6. 137	7. 127	8. 117	9. 146	10. 150
11. 37	12. 89	13. 113	14. 152	15. 120	16. 23	17. 22	18. 81	19. 99	20. 32
21. 107	22. 118	23. 105	24. 30	25. 123	26. 90	27. 97	28. 91	29. 149	30. 94
31. 116	32. 106	33. 86	34. 114	35. 31	36. 73	37. 27	38. 80	39. 148	40. 65
41. 66	42. 88	43. 42	44. 53	45. 138	46. 101	47. 126	48. 39	49. 76	50. 28
51. 83	52. 109	53. 18	54. 111	55. 16	56. 95	57. 131	58. 24	59. 35	60. 68

Page 66:

1. 86	2. 16	3. 60	4. 94	5. 134	6. 57	7. 130	8. 115	9. 105	10. 29
11. 64	12. 92	13. 36	14. 17	15. 103	16. 54	17. 55	18. 43	19. 138	20. 112
21. 34	22. 95	23. 93	24. 100	25. 84	26. 110	27. 40	28. 46	29. 26	30. 74
31. 59	32. 107	33. 120	34. 89	35. 21	36. 33	37. 127	38. 119	39. 91	40. 93
41. 139	42. 24	43. 143	44. 65	45. 73	46. 118	47. 83	48. 150	49. 20	50. 77
51. 106	52. 151	53. 128	54. 28	55. 108	56. 85	57. 71	58. 39	59. 45	60. 43

Page 67:

1. 81	2. 141	3. 117	4. 57	5. 43	6. 137	7. 15	8. 50	9. 32	10. 35
11. 101	12. 56	13. 125	14. 33	15. 31	16. 75	17. 146	18. 96	19. 107	20. 55
21. 115	22. 16	23. 147	24. 98	25. 85	26. 47	27. 19	28. 142	29. 48	30. 84
31. 67	32. 131	33. 138	34. 128	35. 44	36. 26	37. 79	38. 135	39. 52	40. 42
41. 17	42. 105	43. 143	44. 54	45. 69	46. 38	47. 91	48. 119	49. 34	50. 108
51. 78	52. 82	53. 106	54. 149	55. 70	56. 80	57. 95	58. 20	59. 144	60. 63

Page 68:

1. 84	2. 26	3. 55	4. 136	5. 70	6. 144	7. 67	8. 143	9. 94	10. 131
11. 110	12. 98	13. 22	14. 44	15. 83	16. 99	17. 124	18. 16	19. 17	20. 51
21. 112	22. 43	23. 88	24. 21	25. 87	26. 59	27. 100	28. 63	29. 56	30. 96
31. 123	32. 34	33. 24	34. 93	35. 53	36. 78	37. 90	38. 37	39. 61	40. 49
41. 85	42. 95	43. 117	44. 18	45. 89	46. 28	47. 15	48. 36	49. 101	50. 31
51. 58	52. 116	53. 69	54. 145	55. 80	56. 130	57. 134	58. 41	59. 140	60. 107

Page 69:

1. 75	2. 50	3. 95	4. 19	5. 53	6. 55	7. 37	8. 105	9. 137	10. 94
11. 138	12. 24	13. 77	14. 83	15. 41	16. 65	17. 61	18. 142	19. 115	20. 35
21. 48	22. 84	23. 62	24. 26	25. 47	26. 72	27. 100	28. 28	29. 125	30. 130
31. 71	32. 108	33. 58	34. 17	35. 114	36. 139	37. 113	38. 123	39. 87	40. 60
41. 98	42. 124	43. 135	44. 80	45. 144	46. 31	47. 117	48. 104	49. 43	50. 116
51. 92	52. 22	53. 128	54. 81	55. 111	56. 57	57. 49	58. 51	59. 44	60. 46

Page 70:

1. 74	2. 37	3. 135	4. 111	5. 133	6. 61	7. 66	8. 105	9. 51	10. 132
11. 20	12. 118	13. 124	14. 122	15. 117	16. 69	17. 41	18. 134	19. 136	20. 84
21. 56	22. 88	23. 30	24. 80	25. 94	26. 142	27. 53	28. 123	29. 45	30. 57
31. 72	32. 140	33. 116	34. 131	35. 44	36. 100	37. 79	38. 54	39. 63	40. 52
41. 85	42. 49	43. 114	44. 68	45. 43	46. 50	47. 104	48. 29	49. 109	50. 97
51. 15	52. 121	53. 59	54. 27	55. 82	56. 90	57. 39	58. 22	59. 112	60. 77

Page 71:

1. 86	2. 63	3. 42	4. 69	5. 111	6. 75	7. 29	8. 67	9. 18	10. 58
11. 40	12. 26	13. 102	14. 118	15. 93	16. 88	17. 85	18. 130	19. 133	20. 96
21. 45	22. 15	23. 73	24. 64	25. 95	26. 81	27. 57	28. 62	29. 36	30. 21
31. 112	32. 122	33. 22	34. 82	35. 20	36. 110	37. 51	38. 59	39. 103	40. 65
41. 24	42. 30	43. 16	44. 100	45. 77	46. 131	47. 27	48. 38	49. 97	50. 80
51. 47	52. 61	53. 83	54. 33	55. 132	56. 127	57. 84	58. 94	59. 128	60. 114

Page 72:

1. 58	2. 84	3. 31	4. 121	5. 129	6. 105	7. 40	8. 93	9. 65	10. 71
11. 111	12. 96	13. 137	14. 101	15. 49	16. 78	17. 57	18. 106	19. 83	20. 109
21. 85	22. 17	23. 15	24. 50	25. 28	26. 51	27. 107	28. 32	29. 110	30. 116
31. 79	32. 127	33. 130	34. 54	35. 42	36. 43	37. 88	38. 72	39. 115	40. 91
41. 128	42. 46	43. 39	44. 59	45. 118	46. 26	47. 89	48. 138	49. 125	50. 18
51. 73	52. 62	53. 131	54. 25	55. 29	56. 48	57. 45	58. 44	59. 75	60. 117

Page 73:

1. 52	2. 31	3. 86	4. 96	5. 50	6. 36	7. 83	8. 129	9. 91	10. 111
11. 58	12. 100	13. 29	14. 106	15. 119	16. 116	17. 128	18. 57	19. 43	20. 37
21. 72	22. 107	23. 68	24. 134	25. 21	26. 38	27. 14	28. 102	29. 34	30. 53
31. 109	32. 70	33. 64	34. 32	35. 66	36. 93	37. 78	38. 67	39. 92	40. 26
41. 99	42. 82	43. 56	44. 104	45. 16	46. 69	47. 44	48. 103	49. 27	50. 45
51. 62	52. 136	53. 17	54. 54	55. 135	56. 30	57. 22	58. 132	59. 89	60. 60

Page 74:

1. 125	2. 50	3. 15	4. 96	5. 87	6. 109	7. 55	8. 128	9. 127	10. 45
11. 75	12. 20	13. 132	14. 30	15. 100	16. 110	17. 131	18. 101	19. 54	20. 126
21. 124	22. 93	23. 84	24. 49	25. 123	26. 47	27. 104	28. 19	29. 99	30. 22
31. 120	32. 53	33. 112	34. 59	35. 79	36. 21	37. 39	38. 83	39. 29	40. 62
41. 134	42. 70	43. 135	44. 117	45. 58	46. 52	47. 91	48. 73	49. 44	50. 51
51. 61	52. 23	53. 106	54. 72	55. 14	56. 88	57. 95	58. 36	59. 66	60. 121

Page 75:

1. 87	2. 123	3. 114	4. 121	5. 113	6. 44	7. 95	8. 89	9. 24	10. 29
11. 85	12. 73	13. 38	14. 23	15. 49	16. 128	17. 86	18. 18	19. 78	20. 11
21. 110	22. 39	23. 105	24. 119	25. 59	26. 67	27. 35	28. 104	29. 40	30. 52
31. 30	32. 48	33. 82	34. 79	35. 42	36. 41	37. 126	38. 28	39. 96	40. 57
41. 56	42. 43	43. 91	44. 101	45. 36	46. 81	47. 19	48. 46	49. 16	50. 26
51. 53	52. 64	53. 98	54. 125	55. 103	56. 61	57. 72	58. 69	59. 37	60. 62

Page 76:

1. 65	2. 30	3. 54	4. 97	5. 42	6. 64	7. 74	8. 56	9. 125	10. 77
11. 106	12. 86	13. 45	14. 59	15. 34	16. 90	17. 101	18. 73	19. 110	20. 14
21. 70	22. 126	23. 43	24. 78	25. 29	26. 68	27. 87	28. 112	29. 36	30. 107
31. 113	32. 85	33. 118	34. 127	35. 18	36. 31	37. 92	38. 48	39. 57	40. 21
41. 76	42. 40	43. 39	44. 69	45. 58	46. 83	47. 67	48. 96	49. 123	50. 41
51. 130	52. 89	53. 20	54. 26	55. 37	56. 95	57. 79	58. 66	59. 49	60. 88

Page 77:

1. 128	2. 14	3. 125	4. 66	5. 98	6. 27	7. 113	8. 114	9. 59	10. 54
11. 92	12. 107	13. 19	14. 39	15. 87	16. 32	17. 25	18. 65	19. 38	20. 120
21. 97	22. 31	23. 40	24. 49	25. 73	26. 93	27. 36	28. 75	29. 33	30. 47
31. 26	32. 96	33. 69	34. 51	35. 53	36. 18	37. 57	38. 61	39. 41	40. 105
41. 116	42. 72	43. 127	44. 94	45. 101	46. 67	47. 16	48. 109	49. 20	50. 13
51. 118	52. 99	53. 110	54. 104	55. 48	56. 22	57. 102	58. 115	59. 71	60. 34

Page 78:

1. 66	2. 77	3. 51	4. 72	5. 115	6. 118	7. 61	8. 79	9. 80	10. 28
11. 33	12. 60	13. 75	14. 45	15. 90	16. 96	17. 110	18. 64	19. 123	20. 18
21. 84	22. 58	23. 91	24. 65	25. 59	26. 27	27. 21	28. 76	29. 25	30. 94
31. 85	32. 55	33. 38	34. 100	35. 37	36. 23	37. 68	38. 36	39. 104	40. 19
41. 113	42. 74	43. 57	44. 93	45. 92	46. 54	47. 121	48. 109	49. 29	50. 127
51. 67	52. 56	53. 73	54. 13	55. 17	56. 14	57. 111	58. 97	59. 34	60. 81

Page 79:

1. 39	2. 64	3. 51	4. 58	5. 26	6. 95	7. 94	8. 118	9. 110	10. 53
11. 77	12. 63	13. 62	14. 48	15. 97	16. 34	17. 18	18. 72	19. 112	20. 74
21. 46	22. 40	23. 89	24. 122	25. 105	26. 20	27. 28	28. 115	29. 121	30. 16
31. 69	32. 75	33. 56	34. 104	35. 70	36. 68	37. 33	38. 86	39. 90	40. 27
41. 83	42. 99	43. 49	44. 119	45. 24	46. 14	47. 61	48. 36	49. 96	50. 21
51. 103	52. 54	53. 50	54. 13	55. 32	56. 17	57. 25	58. 44	59. 93	60. 92

Page 80:

1. 114	2. 118	3. 39	4. 33	5. 115	6. 16	7. 94	8. 93	9. 57	10. 23
11. 35	12. 19	13. 41	14. 102	15. 20	16. 86	17. 49	18. 27	19. 89	20. 109
21. 84	22. 117	23. 26	24. 18	25. 34	26. 25	27. 13	28. 95	29. 92	30. 120
31. 82	32. 77	33. 75	34. 123	35. 63	36. 81	37. 122	38. 14	39. 45	40. 73
41. 72	42. 22	43. 61	44. 83	45. 88	46. 64	47. 69	48. 54	49. 111	50. 80
51. 65	52. 37	53. 71	54. 98	55. 36	56. 48	57. 108	58. 42	59. 74	60. 67

Page 81:

1. 51	2. 38	3. 98	4. 79	5. 118	6. 81	7. 119	8. 90	9. 97	10. 84
11. 35	12. 27	13. 47	14. 70	15. 117	16. 54	17. 95	18. 53	19. 64	20. 78
21. 93	22. 122	23. 14	24. 74	25. 40	26. 19	27. 24	28. 29	29. 22	30. 111
31. 107	32. 31	33. 67	34. 83	35. 69	36. 92	37. 33	38. 96	39. 105	40. 17
41. 102	42. 46	43. 104	44. 52	45. 86	46. 112	47. 18	48. 68	49. 85	50. 58
51. 49	52. 61	53. 28	54. 116	55. 30	56. 88	57. 100	58. 99	59. 42	60. 91

Page 82:

1. 41	2. 110	3. 100	4. 58	5. 104	6. 83	7. 43	8. 101	9. 45	10. 81
11. 18	12. 51	13. 107	14. 33	15. 96	16. 76	17. 34	18. 70	19. 54	20. 95
21. 94	22. 48	23. 93	24. 112	25. 44	26. 49	27. 109	28. 114	29. 99	30. 22
31. 91	32. 89	33. 13	34. 53	35. 67	36. 102	37. 66	38. 38	39. 47	40. 92
41. 72	42. 86	43. 52	44. 62	45. 30	46. 78	47. 42	48. 103	49. 35	50. 85
51. 121	52. 39	53. 40	54. 17	55. 80	56. 74	57. 26	58. 29	59. 97	60. 108

Page 83:

1. 83	2. 89	3. 55	4. 73	5. 15	6. 88	7. 91	8. 118	9. 22	10. 44
11. 102	12. 26	13. 56	14. 104	15. 109	16. 71	17. 79	18. 66	19. 90	20. 43
21. 80	22. 51	23. 95	24. 75	25. 101	26. 116	27. 16	28. 99	29. 63	30. 110
31. 98	32. 108	33. 82	34. 27	35. 120	36. 62	37. 54	38. 21	39. 92	40. 78
41. 39	42. 81	43. 52	44. 57	45. 33	46. 46	47. 76	48. 30	49. 50	50. 68
51. 42	52. 67	53. 97	54. 117	55. 45	56. 87	57. 31	58. 61	59. 69	60. 13

Page 84:

1. 42	2. 112	3. 110	4. 34	5. 119	6. 28	7. 33	8. 53	9. 74	10. 20
11. 86	12. 111	13. 67	14. 93	15. 71	16. 16	17. 65	18. 55	19. 12	20. 23
21. 108	22. 91	23. 98	24. 32	25. 77	26. 52	27. 101	28. 68	29. 103	30. 21
31. 118	32. 27	33. 96	34. 37	35. 73	36. 50	37. 114	38. 64	39. 63	40. 80
41. 61	42. 54	43. 57	44. 40	45. 56	46. 51	47. 30	48. 13	49. 76	50. 102
51. 78	52. 75	53. 60	54. 87	55. 59	56. 62	57. 79	58. 58	59. 26	60. 19

Page 85:

1. 54	2. 116	3. 92	4. 24	5. 47	6. 26	7. 36	8. 37	9. 17	10. 105
11. 45	12. 20	13. 16	14. 111	15. 110	16. 78	17. 30	18. 25	19. 61	20. 32
21. 107	22. 31	23. 52	24. 83	25. 33	26. 109	27. 114	28. 89	29. 12	30. 62
31. 80	32. 19	33. 66	34. 50	35. 95	36. 38	37. 35	38. 100	39. 41	40. 99
41. 68	42. 55	43. 108	44. 13	45. 18	46. 63	47. 90	48. 77	49. 67	50. 59
51. 94	52. 91	53. 69	54. 46	55. 39	56. 22	57. 44	58. 53	59. 106	60. 29

Page 86:

1. 99	2. 91	3. 13	4. 56	5. 28	6. 110	7. 15	8. 70	9. 68	10. 93
11. 95	12. 58	13. 26	14. 67	15. 79	16. 84	17. 35	18. 87	19. 33	20. 44
21. 47	22. 62	23. 51	24. 41	25. 100	26. 54	27. 108	28. 50	29. 52	30. 49
31. 39	32. 116	33. 85	34. 78	35. 92	36. 53	37. 74	38. 107	39. 66	40. 43
41. 72	42. 29	43. 34	44. 115	45. 25	46. 102	47. 63	48. 81	49. 113	50. 48
51. 38	52. 69	53. 88	54. 101	55. 36	56. 20	57. 22	58. 55	59. 19	60. 106

Page 87:

1. 59	2. 34	3. 41	4. 55	5. 44	6. 19	7. 100	8. 38	9. 30	10. 103
11. 82	12. 50	13. 43	14. 86	15. 49	16. 39	17. 61	18. 87	19. 77	20. 112
21. 42	22. 62	23. 65	24. 56	25. 26	26. 83	27. 101	28. 57	29. 85	30. 66
31. 18	32. 80	33. 20	34. 58	35. 92	36. 84	37. 93	38. 33	39. 108	40. 24
41. 36	42. 25	43. 13	44. 48	45. 81	46. 78	47. 67	48. 95	49. 28	50. 89
51. 45	52. 110	53. 35	54. 60	55. 21	56. 47	57. 102	58. 51	59. 96	60. 31

Page 88:

1. 62	2. 85	3. 17	4. 23	5. 32	6. 77	7. 79	8. 31	9. 42	10. 81
11. 87	12. 102	13. 109	14. 30	15. 66	16. 78	17. 105	18. 68	19. 90	20. 28
21. 83	22. 76	23. 29	24. 21	25. 92	26. 65	27. 106	28. 49	29. 20	30. 54
31. 70	32. 43	33. 48	34. 82	35. 13	36. 111	37. 107	38. 101	39. 18	40. 24
41. 40	42. 51	43. 71	44. 55	45. 25	46. 41	47. 96	48. 60	49. 59	50. 88
51. 22	52. 33	53. 53	54. 46	55. 103	56. 94	57. 12	58. 97	59. 108	60. 39

Page 89:

1. 74	2. 76	3. 23	4. 27	5. 67	6. 107	7. 88	8. 79	9. 28	10. 22
11. 104	12. 42	13. 66	14. 43	15. 81	16. 87	17. 19	18. 101	19. 36	20. 64
21. 55	22. 84	23. 108	24. 48	25. 54	26. 92	27. 71	28. 97	29. 18	30. 103
31. 37	32. 24	33. 61	34. 44	35. 62	36. 69	37. 73	38. 30	39. 29	40. 63
41. 20	42. 86	43. 98	44. 33	45. 14	46. 16	47. 45	48. 12	49. 102	50. 85
51. 21	52. 35	53. 17	54. 41	55. 110	56. 15	57. 60	58. 72	59. 111	60. 65

Page 90:

1. 20	2. 60	3. 100	4. 93	5. 98	6. 31	7. 21	8. 23	9. 99	10. 55
11. 87	12. 109	13. 26	14. 66	15. 92	16. 107	17. 105	18. 54	19. 46	20. 74
21. 86	22. 43	23. 42	24. 90	25. 50	26. 28	27. 38	28. 30	29. 62	30. 103
31. 13	32. 102	33. 81	34. 52	35. 47	36. 36	37. 80	38. 91	39. 101	40. 72
41. 83	42. 14	43. 88	44. 96	45. 84	46. 104	47. 16	48. 32	49. 17	50. 70
51. 58	52. 22	53. 48	54. 51	55. 19	56. 85	57. 76	58. 106	59. 110	60. 63

Page 91:

1. 103	2. 25	3. 62	4. 11	5. 22	6. 39	7. 86	8. 37	9. 30	10. 96
11. 42	12. 46	13. 16	14. 19	15. 95	16. 67	17. 99	18. 105	19. 29	20. 90
21. 58	22. 35	23. 60	24. 26	25. 91	26. 41	27. 14	28. 78	29. 48	30. 31
31. 70	32. 101	33. 94	34. 109	35. 36	36. 87	37. 12	38. 38	39. 51	40. 15
41. 79	42. 72	43. 23	44. 17	45. 82	46. 33	47. 13	48. 24	49. 88	50. 63
51. 107	52. 64	53. 32	54. 57	55. 73	56. 71	57. 53	58. 40	59. 28	60. 20

Page 92:

1. 20	2. 51	3. 37	4. 70	5. 27	6. 48	7. 81	8. 62	9. 92	10. 67
11. 73	12. 43	13. 39	14. 33	15. 77	16. 93	17. 66	18. 57	19. 23	20. 80
21. 30	22. 13	23. 101	24. 61	25. 108	26. 88	27. 17	28. 35	29. 15	30. 38
31. 34	32. 22	33. 56	34. 72	35. 95	36. 11	37. 42	38. 36	39. 83	40. 64
41. 26	42. 98	43. 74	44. 28	45. 31	46. 94	47. 40	48. 19	49. 87	50. 55
51. 59	52. 102	53. 58	54. 49	55. 50	56. 71	57. 53	58. 86	59. 21	60. 12

Page 93:

1. 79	2. 91	3. 14	4. 20	5. 46	6. 30	7. 63	8. 95	9. 69	10. 22
11. 62	12. 26	13. 50	14. 96	15. 43	16. 70	17. 65	18. 17	19. 58	20. 93
21. 56	22. 97	23. 34	24. 48	25. 98	26. 18	27. 81	28. 68	29. 101	30. 80
31. 85	32. 35	33. 11	34. 77	35. 32	36. 100	37. 31	38. 102	39. 28	40. 90
41. 66	42. 12	43. 86	44. 75	45. 39	46. 52	47. 57	48. 99	49. 51	50. 83
51. 89	52. 105	53. 38	54. 94	55. 74	56. 29	57. 87	58. 59	59. 106	60. 33

Page 94:

1. 66	2. 91	3. 93	4. 42	5. 20	6. 71	7. 37	8. 88	9. 18	10. 14
11. 68	12. 39	13. 53	14. 50	15. 43	16. 40	17. 38	18. 73	19. 77	20. 25
21. 78	22. 86	23. 46	24. 17	25. 49	26. 100	27. 59	28. 75	29. 98	30. 19
31. 26	32. 22	33. 35	34. 13	35. 56	36. 23	37. 99	38. 85	39. 80	40. 96
41. 15	42. 33	43. 34	44. 36	45. 87	46. 54	47. 65	48. 95	49. 82	50. 90
51. 105	52. 16	53. 60	54. 62	55. 52	56. 74	57. 70	58. 76	59. 44	60. 63

Page 95:

1. 81	2. 21	3. 94	4. 60	5. 40	6. 19	7. 83	8. 45	9. 48	10. 46
11. 34	12. 18	13. 102	14. 26	15. 90	16. 100	17. 30	18. 33	19. 105	20. 20
21. 51	22. 104	23. 35	24. 28	25. 61	26. 14	27. 41	28. 22	29. 58	30. 63
31. 49	32. 86	33. 67	34. 23	35. 36	36. 31	37. 95	38. 84	39. 97	40. 82
41. 88	42. 24	43. 71	44. 59	45. 96	46. 62	47. 73	48. 66	49. 38	50. 17
51. 11	52. 76	53. 91	54. 16	55. 85	56. 25	57. 93	58. 56	59. 68	60. 89

Page 96:

1. 30	2. 89	3. 14	4. 17	5. 91	6. 54	7. 36	8. 96	9. 68	10. 87
11. 48	12. 72	13. 83	14. 37	15. 27	16. 50	17. 75	18. 74	19. 79	20. 13
21. 88	22. 26	23. 76	24. 93	25. 95	26. 12	27. 33	28. 64	29. 99	30. 66
31. 59	32. 90	33. 32	34. 53	35. 43	36. 24	37. 35	38. 102	39. 46	40. 28
41. 49	42. 62	43. 57	44. 70	45. 23	46. 80	47. 44	48. 15	49. 56	50. 77
51. 103	52. 18	53. 29	54. 47	55. 22	56. 69	57. 21	58. 41	59. 82	60. 40

Page 97:

1. 25
2. 77
3. 87
4. 61
5. 63
6. 13
7. 14
8. 43
9. 33
10. 70
11. 39
12. 19
13. 42
14. 85
15. 80
16. 37
17. 71
18. 30
19. 94
20. 17
21. 45
22. 66
23. 98
24. 101
25. 65
26. 78
27. 97
28. 86
29. 54
30. 38
31. 34
32. 91
33. 90
34. 84
35. 99
36. 58
37. 92
38. 40
39. 29
40. 47
41. 36
42. 28
43. 93
44. 89
45. 31
46. 21
47. 16
48. 74
49. 100
50. 64
51. 15
52. 12
53. 82
54. 73
55. 81
56. 75
57. 60
58. 26
59. 88
60. 68

Page 98:

1. 56
2. 95
3. 37
4. 47
5. 19
6. 43
7. 89
8. 38
9. 53
10. 15
11. 82
12. 51
13. 28
14. 75
15. 16
16. 61
17. 11
18. 73
19. 20
20. 54
21. 25
22. 85
23. 14
24. 87
25. 23
26. 72
27. 93
28. 88
29. 18
30. 101
31. 90
32. 100
33. 92
34. 36
35. 66
36. 48
37. 60
38. 42
39. 34
40. 50
41. 27
42. 63
43. 44
44. 64
45. 58
46. 69
47. 57
48. 74
49. 24
50. 32
51. 39
52. 70
53. 71
54. 35
55. 83
56. 31
57. 13
58. 80
59. 81
60. 94

Page 99:

1. 81
2. 23
3. 27
4. 63
5. 54
6. 50
7. 34
8. 37
9. 40
10. 28
11. 43
12. 30
13. 67
14. 89
15. 101
16. 12
17. 69
18. 45
19. 59
20. 86
21. 26
22. 17
23. 82
24. 57
25. 32
26. 90
27. 62
28. 60
29. 31
30. 71
31. 15
32. 65
33. 75
34. 92
35. 14
36. 11
37. 47
38. 52
39. 49
40. 21
41. 94
42. 73
43. 24
44. 20
45. 96
46. 18
47. 95
48. 70
49. 64
50. 78
51. 35
52. 46
53. 91
54. 98
55. 53
56. 80
57. 51
58. 42
59. 83
60. 85

Page 100:

1. 70
2. 51
3. 39
4. 30
5. 90
6. 44
7. 18
8. 75
9. 98
10. 25
11. 56
12. 36
13. 43
14. 19
15. 66
16. 23
17. 85
18. 61
19. 74
20. 96
21. 26
22. 87
23. 95
24. 49
25. 33
26. 64
27. 12
28. 21
29. 27
30. 50
31. 29
32. 13
33. 16
34. 76
35. 86
36. 35
37. 45
38. 54
39. 53
40. 99
41. 41
42. 11
43. 52
44. 97
45. 20
46. 17
47. 81
48. 73
49. 71
50. 69
51. 80
52. 57
53. 62
54. 34
55. 60
56. 92
57. 48
58. 89
59. 88
60. 63

Page 101:

1. 27.42105263
2. 139.4
3. 252.8333333
4. 2356
5. 236.2
6. 168.2
7. 138.8571429
8. 194.8181818
9. 241.9230769
10. 59.45588235
11. 197.1875
12. 96.7027027
13. 196.5102041
14. 96.07446809
15. 165.3703704
16. 149.1333333
17. 65.11235955
18. 476.5833333
19. 158.1428571
20. 733.4166667
21. 333.826087
22. 133.0714286
23. 24.28571429
24. 62.40277778
25. 68.09677419
26. 125.984127
27. 431.952381
28. 433
29. 123.9615385
30. 101.4126984
31. 13.84705882
32. 76.27868852
33. 159.0943396
34. 93
35. 46.5
36. 24.70833333
37. 85.38043478
38. 346.7222222
39. 1611
40. 245.3333333
41. 41.51086957
42. 372.0526316
43. 80.48484848
44. 10.95833333
45. 218.9268293
46. 1819.2
47. 23.03571429
48. 31.50847458
49. 18.15189873
50. 68.64772727
51. 1108
52. 55
53. 228.5277778
54. 86.22535211
55. 46.30555556
56. 339.1111111
57. 61.18918919
58. 14.59550562
59. 1249.833333
60. 163.1

Page 102:

1. 200.2222222
2. 21.97435897
3. 157.52
4. 125.7368421
5. 886.3333333
6. 69.45333333
7. 76.32954545
8. 102.9367089
9. 94.75555556
10. 123.3333333
11. 179.3414634
12. 111.3625
13. 226.1578947
14. 18.14035088
15. 794.3
16. 4609
17. 42.73333333
18. 8.684210526
19. 133.2647059
20. 141.1935484
21. 27.70114943
22. 73.35555556
23. 241.75
24. 199.0645161
25. 223.6666667
26. 122.5609756
27. 148.0327869
28. 80.32183908
29. 4.506849315
30. 62.93975904
31. 61.78688525
32. 12.53333333
33. 269.2727273
34. 113.5135135
35. 42.60416667
36. 189.0769231
37. 54.4375
38. 51.83636364
39. 62.27272727
40. 87.08433735
41. 43.9787234
42. 19.68831169
43. 18.34482759
44. 1.734375
45. 250.75
46. 34.94936709
47. 203.3529412
48. 4.583333333
49. 840
50. 104.6904762
51. 125.5333333
52. 348.25
53. 115.85
54. 0.494949495
55. 8.476190476
56. 167
57. 277.8125
58. 1445.25
59. 58.51515152
60. 178.8181818

Pg. 195

Page 103:

1. 216.05
2. 29.56140351
3. 62.43103448
4. 24.72222222
5. 15.26153846
6. 146.7346939
7. 540.75
8. 3.877192982
9. 88.52808989
10. 171.6511628
11. 178.3125
12. 305.0645161
13. 90.78947368
14. 218.8809524
15. 146.8688525
16. 132.9047619
17. 60.55072464
18. 56.40983607
19. 91.71590909
20. 285.8181818
21. 136.8928571
22. 38.88888889
23. 184.2368421
24. 30.91666667
25. 84.26760563
26. 526.3333333
27. 143.4047619
28. 628.375
29. 10.04255319
30. 3.418181818
31. 236.9583333
32. 278.3870968
33. 48.17391304
34. 121.1632653
35. 99.65
36. 80.50980392
37. 40.95789474
38. 502.6666667
39. 49.35185185
40. 106.8181818
41. 1088.75
42. 338.8571429
43. 32.25
44. 76.85106383
45. 166.5714286
46. 22.65909091
47. 135.3768116
48. 105.48
49. 13.35714286
50. 167.06
51. 185.6071429
52. 51.93103448
53. 108.8170732
54. 106.6043956
55. 205.95
56. 80.64285714
57. 96.76923077
58. 470.4375
59. 35.78
60. 636.2727273

Page 104:

1. 12.44565217
2. 343.7857143
3. 127.1025641
4. 58.73972603
5. 16.07865169
6. 34.65789474
7. 6.695652174
8. 214.5333333
9. 5.337209302
10. 91.07608696
11. 58.4875
12. 26.55555556
13. 1527
14. 38.15217391
15. 55.97752809
16. 1895
17. 18.92222222
18. 559.8181818
19. 86.26923077
20. 147.3529412
21. 166.1666667
22. 8.878787879
23. 81.42268041
24. 94.63043478
25. 1133.666667
26. 305.9655172
27. 7.56
28. 126.4230769
29. 7.340206186
30. 957.2222222
31. 56.28813559
32. 104.3406593
33. 7.324324324
34. 16.88172043
35. 1192.75
36. 1157.571429
37. 2337.75
38. 83.11594203
39. 104.043956
40. 134.5
41. 25.19791667
42. 7.584615385
43. 61.48611111
44. 16.21875
45. 90.08163265
46. 109.8666667
47. 152.8703704
48. 19.89230769
49. 286.7777778
50. 153.2765957
51. 57.37804878
52. 83.56164384
53. 407.8333333
54. 209.1666667
55. 9413
56. 103.3544304
57. 97.2244898
58. 108.956044
59. 95.45454545
60. 66.48484848

Page 105:

1. 169.8
2. 287.1304348
3. 277
4. 11.75675676
5. 67.26086957
6. 107.125
7. 3.369047619
8. 1549
9. 9.956521739
10. 80.45
11. 54.72463768
12. 18.15942029
13. 30.66304348
14. 26.20895522
15. 92.07692308
16. 122.0779221
17. 1014.285714
18. 41.25
19. 51.3625
20. 99.36666667
21. 156.0714286
22. 77.88541667
23. 4.413333333
24. 123.3731343
25. 64.27586207
26. 23.02222222
27. 11.88659794
28. 167.2758621
29. 58.48571429
30. 98.97674419
31. 124.1044776
32. 64.15
33. 64.46153846
34. 18.33333333
35. 30.33870968
36. 52.68292683
37. 76.71111111
38. 112.0645161
39. 129.2222222
40. 170.6964286
41. 117.8125
42. 251.7647059
43. 0.086021505
44. 19.42857143
45. 1782.666667
46. 184
47. 47.83116883
48. 273.1818182
49. 78.96774194
50. 246.5714286
51. 73.90697674
52. 46.45833333
53. 97.48076923
54. 29.03846154
55. 15.675
56. 73.38157895
57. 33.64179104
58. 218.2222222
59. 87.57142857
60. 38.11428571

Page 106:

1. 58.83950617
2. 81.04166667
3. 81.86904762
4. 155.2745098
5. 52.95454545
6. 0.03
7. 138.64
8. 102.4637681
9. 13.23958333
10. 129.1176471
11. 87.83098592
12. 73.51851852
13. 47.95959596
14. 90.08695652
15. 60.48051948
16. 54.54054054
17. 140.8823529
18. 212.7045455
19. 771.3333333
20. 44.125
21. 319.7241379
22. 20.12698413
23. 78.30769231
24. 1159
25. 659.7142857
26. 92.38383838
27. 143.2
28. 194.5217391
29. 371.3333333
30. 45.86597938
31. 447.8461538
32. 25.49180328
33. 119.5319149
34. 99.29
35. 355.4444444
36. 191
37. 358.6666667
38. 163.3333333
39. 74.375
40. 261.5454545
41. 180.9811321
42. 33.60294118
43. 110.7037037
44. 14.58974359
45. 23.56179775
46. 48.77777778
47. 11.19191919
48. 74.09722222
49. 57.91666667
50. 154.4761905
51. 1955.6
52. 32.67058824
53. 62.56338028
54. 235.09375
55. 96.72857143
56. 128.1964286
57. 72.75
58. 176.0980392
59. 481.0769231
60. 239.68

Page 107:

1. 109.2380952
2. 6.235955056
3. 215.08
4. 10.26262626
5. 25.92134831
6. 93.33
7. 24.61764706
8. 109.625
9. 3.070707071
10. 211.4468085
11. 345.6
12. 224.0487805
13. 73.37234043
14. 134.1707317
15. 105.45
16. 479.0714286
17. 78.08333333
18. 575.7058824
19. 83.6
20. 149
21. 3247
22. 63.52631579
23. 19.07317073
24. 102.984127
25. 213.1818182
26. 13.40206186
27. 104.5443038
28. 75.11111111
29. 4238
30. 15.61818182
31. 107.7303371
32. 149.3508772
33. 72.69230769
34. 391.3333333
35. 114.8974359
36. 32.10526316
37. 231.7
38. 30
39. 15.62318841
40. 174.106383
41. 985
42. 87.7173913
43. 5.407407407
44. 153.2083333
45. 23.96
46. 51.32653061
47. 33.953125
48. 18.71428571
49. 1125.5
50. 14.96
51. 9.142857143
52. 123.9324324
53. 11.62711864
54. 66.56410256
55. 118.9090909
56. 20.5212766
57. 898.3636364
58. 56.6119403
59. 31.29787234
60. 165.4285714

Page 108:

1. 26.21917808
2. 10.48837209
3. 7.632352941
4. 228.4375
5. 322.2666667
6. 128.8269231
7. 255.8857143
8. 161.6428571
9. 194.1521739
10. 568.625
11. 143.8888889
12. 95.05555556
13. 254.8666667
14. 227.65625
15. 69.64197531
16. 92.04545455
17. 297.88
18. 209.5217391
19. 187.9
20. 476.6666667
21. 94.12643678
22. 255.5135135
23. 33.31944444
24. 155.6086957
25. 70.13043478
26. 94.98765432
27. 122.037037
28. 229.5625
29. 136.6615385
30. 17.62318841
31. 89.88505747
32. 7.75
33. 349.9411765
34. 33.47368421
35. 211.9666667
36. 110.8030303
37. 103.7021277
38. 189.3333333
39. 10.75342466
40. 138.296875
41. 14.1547619
42. 2326.5
43. 219.0689655
44. 78.91803279
45. 132.6388889
46. 64.64835165
47. 1101.125
48. 5.762886598
49. 157.2244898
50. 102.5428571
51. 78.97826087
52. 137.1836735
53. 119.5769231
54. 18.10909091
55. 48.98888889
56. 71.62857143
57. 17.09183673
58. 152.0769231
59. 532.1818182
60. 38.30769231

Page 109:

1. 288.75
2. 30.30379747
3. 117.509434
4. 7049
5. 11.78571429
6. 98.02439024
7. 136.3870968
8. 18.54736842
9. 105.537037
10. 366.75
11. 127.7446809
12. 69.81081081
13. 114.0481928
14. 75.17283951
15. 117.3283582
16. 68.52631579
17. 82.48648649
18. 511.6666667
19. 91.2027027
20. 161.2173913
21. 316.5263158
22. 16.90425532
23. 17.23076923
24. 98.44047619
25. 86.24615385
26. 149.3157895
27. 22.36666667
28. 6.602564103
29. 92.10416667
30. 74.11764706
31. 49.68
32. 85.53846154
33. 41.10810811
34. 174.4489796
35. 18.88636364
36. 98.40740741
37. 42
38. 254.6
39. 52.5942029
40. 111.3448276
41. 192.3421053
42. 4.603174603
43. 80.30769231
44. 974.2857143
45. 4.288461538
46. 198.7142857
47. 343.7692308
48. 304.1
49. 94.87931034
50. 244.6470588
51. 1.795918367
52. 123.7066667
53. 491.3888889
54. 20.25806452
55. 33.91525424
56. 231.3157895
57. 187.7804878
58. 7.586956522
59. 109.2068966
60. 319.2

Page 110:

1. 65.27272727
2. 3186
3. 358.7391304
4. 62.70175439
5. 68.26530612
6. 58.42307692
7. 19.55421687
8. 9.333333333
9. 127.5294118
10. 181.8703704
11. 868.6666667
12. 440.1
13. 54.05479452
14. 61.14492754
15. 86.89230769
16. 861.5
17. 329.9230769
18. 44.46341463
19. 84.86315789
20. 133.7285714
21. 61.41176471
22. 42.53846154
23. 26.7704918
24. 486.7368421
25. 3.16
26. 1151.333333
27. 269.6538462
28. 210.2105263
29. 85.10714286
30. 365.1875
31. 45.40860215
32. 13.3125
33. 613.2
34. 0.395348837
35. 248.1875
36. 120.0789474
37. 150.9259259
38. 57.14285714
39. 93.59036145
40. 114.6756757
41. 75.50588235
42. 97.2
43. 219.6764706
44. 131.5853659
45. 51.76595745
46. 162.8461538
47. 281.5714286
48. 115.8076923
49. 18.66666667
50. 291.3333333
51. 130
52. 580.5625
53. 110.2105263
54. 501.8181818
55. 17.78873239
56. 109.8474576
57. 213.1111111
58. 531.9090909
59. 97.20895522
60. 24.55172414

Page 111:

1. 146.5740741
2. 147.7313433
3. 131.5238095
4. 17.3030303
5. 135.9482759
6. 930.6666667
7. 292.4193548
8. 172.2142857
9. 245.7941176
10. 179
11. 116.4078947
12. 96.66666667
13. 3922.5
14. 104.3478261
15. 71.90361446
16. 89.35632184
17. 600.5
18. 201.8163265
19. 112.0674157
20. 47.46938776
21. 67.075
22. 679.9285714
23. 5.054945055
24. 80.01111111
25. 54.73846154
26. 48.8
27. 45.28
28. 83.34482759
29. 7.583333333
30. 202.9411765
31. 47.83529412
32. 97.18918919
33. 19.91666667
34. 130.8
35. 212.45
36. 190.2608696
37. 46.04411765
38. 97.83333333
39. 217.7209302
40. 21.77173913
41. 27.18181818
42. 20.05376344
43. 92.48888889
44. 195.1538462
45. 156.877551
46. 789
47. 173
48. 58.52727273
49. 1023
50. 113.4186047
51. 193.8108108
52. 24.13846154
53. 34.42424242
54. 252.4285714
55. 61.47222222
56. 68.77272727
57. 27.54285714
58. 165.3333333
59. 227.2439024
60. 19.90163934

Page 112:

1. 232.2093023
2. 107.3783784
3. 92.03125
4. 1896.2
5. 150.8823529
6. 110.5517241
7. 87.98958333
8. 13.56626506
9. 117.6666667
10. 29.44578313
11. 208.8372093
12. 7.794520548
13. 17.58536585
14. 22
15. 3786
16. 170.4210526
17. 3588.5
18. 1894
19. 184.6808511
20. 105.2571429
21. 360.3571429
22. 38.67777778
23. 409.6190476
24. 22.57575758
25. 74.27777778
26. 99.84313725
27. 245.7407407
28. 235.8787879
29. 94.85714286
30. 142.3137255
31. 466.5
32. 79.78846154
33. 64.23611111
34. 276.5483871
35. 261.2727273
36. 43.70149254
37. 19.15
38. 12.14473684
39. 104.4939759
40. 32.22857143
41. 157.8448276
42. 270.3571429
43. 852
44. 97.98507463
45. 347.125
46. 90.03278689
47. 722.4615385
48. 8.522222222
49. 22.95918367
50. 216.0681818
51. 78.41414141
52. 79.21111111
53. 130.1111111
54. 1736.75
55. 12.12676056
56. 29.14864865
57. 507.7333333
58. 99.4
59. 53.89230769
60. 177.5

Page 113:

1. 94.46428571
2. 104.6315789
3. 15.53125
4. 126.5
5. 73.39795918
6. 94.83098592
7. 58.78571429
8. 76.85294118
9. 82.75789474
10. 351.35
11. 35.51162791
12. 202.8723404
13. 189.02
14. 283.84
15. 539.4117647
16. 140.84375
17. 346.1111111
18. 48.60714286
19. 69.54666667
20. 34.67924528
21. 194.7272727
22. 25.68181818
23. 134.4210526
24. 92.41666667
25. 14.72727273
26. 53.1025641
27. 47.52542373
28. 134.1111111
29. 187.66
30. 822.5
31. 257.5882353
32. 154.9354839
33. 7.520547945
34. 65.45714286
35. 89.43010753
36. 220.7777778
37. 120.7662338
38. 20.28735632
39. 56.49438202
40. 194.8333333
41. 168.9347826
42. 29.78494624
43. 83.07317073
44. 48.23333333
45. 85.35353535
46. 218.1190476
47. 2330
48. 16.38461538
49. 211.673913
50. 248.8636364
51. 544.8666667
52. 349.8636364
53. 48.21212121
54. 84.28571429
55. 202.3571429
56. 96.57534247
57. 13.625
58. 332.5625
59. 88.26153846
60. 48.37349398

Page 114:

1. 739.5833333
2. 175.7735849
3. 25.9375
4. 907.7142857
5. 59.03
6. 67.546875
7. 97.69333333
8. 182.2666667
9. 28.26865672
10. 25.41025641
11. 164.8148148
12. 41.55882353
13. 813.5
14. 74.16304348
15. 46.86538462
16. 265.4848485
17. 3063.5
18. 155.6122449
19. 125.5517241
20. 1577464789
21. 170.68
22. 49.6
23. 19.41935484
24. 18.75609756
25. 130.1509434
26. 82.91304348
27. 103.6
28. 64.44565217
29. 86.125
30. 114.3218391
31. 60.8490566
32. 1507.333333
33. 2019
34. 20.13636364
35. 145.6764706
36. 88.62068966
37. 51.68235294
38. 123.987013
39. 83.26262626
40. 244.3684211
41. 2.412698413
42. 311.96
43. 95.28915663
44. 60.88235294
45. 37.32954545
46. 269.3666667
47. 17.22
48. 70.62195122
49. 108.3333333
50. 194.3333333
51. 150.3921569
52. 134.25
53. 131.0638298
54. 147.1632653
55. 65.01960784
56. 110.6144578
57. 56.95789474
58. 8.694444444
59. 16.16049383
60. 59.68421053

Page 115:

1. 99.23863636
2. 1.084210526
3. 251.25
4. 751
5. 17.02380952
6. 866.3636364
7. 187.4318182
8. 107.5581395
9. 79.93939394
10. 90.625
11. 4.846153846
12. 157.9791667
13. 57.42253521
14. 49.33
15. 813.125
16. 206.25
17. 89.36
18. 145.1111111
19. 29.94252874
20. 137.4098361
21. 86.95238095
22. 104
23. 318.5
24. 520.2666667
25. 16.91549296
26. 117.9285714
27. 6.365591398
28. 344.75
29. 35
30. 325.5
31. 3231
32. 267.9
33. 97.04166667
34. 98.475
35. 55
36. 98.07894737
37. 1535.2
38. 34.05555556
39. 137.2647059
40. 39.30434783
41. 414
42. 32.37931034
43. 42.4
44. 462.4615385
45. 47.57692308
46. 20.14285714
47. 110.6
48. 3.337662338
49. 159.0333333
50. 48.72857143
51. 109.9830508
52. 455.0833333
53. 118.7532468
54. 118.5555556
55. 45.14545455
56. 110.4375
57. 33.12658228
58. 132.6363636
59. 83.06849315
60. 181.9130435

Page 116:

1. 63.35365854
2. 110.5125
3. 98.56
4. 5.470588235
5. 18.17948718
6. 478.75
7. 30.42424242
8. 35.32941176
9. 97.25609756
10. 239.1351351
11. 224.4285714
12. 452.1428571
13. 18.50526316
14. 13.02857143
15. 29.54545455
16. 175
17. 1174.142857
18. 16.0625
19. 85.56790123
20. 143.9444444
21. 186.1666667
22. 835.75
23. 78.08695652
24. 1131.2
25. 42.828125
26. 32.89655172
27. 23.30487805
28. 83.70909091
29. 30.47368421
30. 264.8823529
31. 41.64705882
32. 62.92592593
33. 213.8947368
34. 187
35. 2.441860465
36. 386.56
37. 47.66666667
38. 51.3559322
39. 217.8717949
40. 294.4193548
41. 6.340206186
42. 251.1363636
43. 138
44. 102.0833333
45. 18.64516129
46. 16.95555556
47. 40.98809524
48. 8.505154639
49. 87.27956989
50. 137.8
51. 106.7093023
52. 64.6835443
53. 1311.4
54. 47.20689655
55. 17.37837838
56. 91.26923077
57. 101.1612903
58. 154.9130435
59. 951.5
60. 38.94186047

Page 117:

1. 273.4
2. 292.6818182
3. 101.2307692
4. 75.03
5. 571.3529412
6. 81.0625
7. 98.26744186
8. 55.76811594
9. 52.84375
10. 43.80434783
11. 165.75
12. 181.9333333
13. 3.795918367
14. 135.7727273
15. 32.7
16. 217.4545455
17. 966.3333333
18. 50.11
19. 1801.4
20. 76.75471698
21. 1177.333333
22. 99.82
23. 110.2111111
24. 135.75
25. 102.8378378
26. 141.2333333
27. 92.36666667
28. 7.888888889
29. 122.2580645
30. 295.1428571
31. 35.69148936
32. 255.4666667
33. 272.5666667
34. 62.14942529
35. 97.56140351
36. 136.9
37. 82.77941176
38. 268.32
39. 35.10309278
40. 203.4166667
41. 197.3829787
42. 101.5714286
43. 43
44. 98.95833333
45. 28.89830508
46. 104.4307692
47. 53.50549451
48. 157.3064516
49. 54.73626374
50. 646.5384615
51. 686.6363636
52. 119.056338
53. 56.8125
54. 70.54
55. 59.83673469
56. 46
57. 79.65789474
58. 112.4074074
59. 194.0285714
60. 439.2380952

Page 118:

1. 707
2. 173.2765957
3. 139.3793103
4. 280.5428571
5. 142.3636364
6. 348
7. 401.4285714
8. 191.7567568
9. 77.36666667
10. 53.23529412
11. 67.08235294
12. 66.76056338
13. 61.74698795
14. 248.5483871
15. 270.3529412
16. 361.3809524
17. 119.5714286
18. 63.63013699
19. 63.67692308
20. 36.42045455
21. 88.03333333
22. 547.1666667
23. 114.4285714
24. 2136
25. 27.78350515
26. 434.3076923
27. 68.83333333
28. 72.11111111
29. 46.93846154
30. 102.90625
31. 16.70786517
32. 20.17857143
33. 21.46341463
34. 68.2804878
35. 8.446808511
36. 75.73563218
37. 179.85
38. 18.11842105
39. 171.6111111
40. 41.47368421
41. 280.75
42. 118.5428571
43. 30.39583333
44. 128
45. 86.53333333
46. 57.52173913
47. 234.2
48. 80.33333333
49. 38.26262626
50. 125.7627119
51. 31.56451613
52. 66.65625
53. 10.22058824
54. 41.55555556
55. 41.71830986
56. 140.469697
57. 84.69230769
58. 73.21590909
59. 122.72
60. 46.04761905

Page 119:

1. 208.4615385
2. 127.575
3. 32.55294118
4. 68.21
5. 43.77922078
6. 2839.5
7. 42.69879518
8. 131.2
9. 55.88235294
10. 4.516129032
11. 134.8985507
12. 6.761904762
13. 3.363636364
14. 97.25
15. 344.4285714
16. 72.24242424
17. 140.4307692
18. 2192.5
19. 210.0645161
20. 118.5
21. 119.2222222
22. 556.4
23. 173.95
24. 31.50877193
25. 319.5517241
26. 90.41052632
27. 1.086956522
28. 67.2371134
29. 74.05
30. 244.030303
31. 0.329113924
32. 57.3030303
33. 88.52830189
34. 25.5060241
35. 59.35
36. 103.5
37. 185.7027027
38. 37.37209302
39. 21.82417582
40. 55.43529412
41. 33.85245902
42. 17.84285714
43. 76
44. 313.1666667
45. 582.5555556
46. 37.15053763
47. 70.77380952
48. 51.96
49. 87.34090909
50. 23.20454545
51. 12.47945205
52. 286.25
53. 91.24285714
54. 48.71276596
55. 102.2105263
56. 128.852459
57. 86.27027027
58. 176.5294118
59. 987.4
60. 90.49333333

Page 120:

1. 8546
2. 70.18421053
3. 41.925
4. 203.8478261
5. 97.43589744
6. 127.8333333
7. 73.23863636
8. 86.40506329
9. 88.61643836
10. 21.81355932
11. 127.75
12. 126.3939394
13. 769.3333333
14. 111.5
15. 34.54166667
16. 17.45762712
17. 165.2142857
18. 39.87804878
19. 169.5
20. 5.168421053
21. 72.58928571
22. 81.01587302
23. 105.3571429
24. 496.5
25. 72.47826087
26. 63.07692308
27. 70.97435897
28. 66.79545455
29. 231.5277778
30. 56.96969697
31. 32.01098901
32. 8.5
33. 25.52173913
34. 544.6470588
35. 15.5
36. 111.2244898
37. 610.4166667
38. 109.375
39. 6.732394366
40. 84.53488372
41. 24.80519481
42. 4359
43. 236.3214286
44. 12.74698795
45. 28.83606557
46. 40.94642857
47. 70.27777778
48. 96.42222222
49. 46.21428571
50. 148.8679245
51. 24.3559322
52. 3034
53. 56.70238095
54. 453.3181818
55. 38.92753623
56. 1.71
57. 102.6666667
58. 49.84057971
59. 73.41304348
60. 1610.8

Page 121:

1. 58.39705882   2. 97   3. 66.70422535   4. 107.4464286   5. 49.79591837   6. 33.81914894   7. 501.2666667   8. 79.88461538   9. 22.96875   10. 185.7777778
11. 127.2439024   12. 83.06521739   13. 41.82926829   14. 176.8222222   15. 104.7126437   16. 13.10344828   17. 216.3488372   18. 58.71428571   19. 22.77173913   20. 123.0138889
21. 10.15584416   22. 92.80769231   23. 18.9   24. 88.85714286   25. 141.3181818   26. 302.92   27. 7.111111111   28. 933   29. 957.1111111   30. 0.676470588
31. 108.0363636   32. 284.5806452   33. 236.6944444   34. 108.8426966   35. 7.432432432   36. 705.3333333   37. 4.371428571   38. 89.25   39. 34.12222222   40. 2196.5
41. 46.56565657   42. 287.7666667   43. 234.7142857   44. 164.4181818   45. 163.6486486   46. 547.6666667   47. 51.93103448   48. 5753   49. 19.45652174   50. 79.40909091
51. 46.01492537   52. 109.9135802   53. 371.5   54. 97.3880597   55. 87.74545455   56. 24.10126582   57. 252.6363636   58. 72.41414141   59. 5.159574468   60. 75.35555556

Page 122:

1. 76.39325843   2. 95.26530612   3. 102.7142857   4. 42.69333333   5. 100.75   6. 152.8125   7. 114.5945946   8. 74.47727273   9. 95.12   10. 94.2173913
11. 313.2727273   12. 95.88421053   13. 80   14. 14.47058824   15. 37.93650794   16. 218.5882353   17. 21.20987654   18. 54.13043478   19. 26.73684211   20. 177.3513514
21. 736.1666667   22. 159.76   23. 139.1578947   24. 271.6666667   25. 1821   26. 265.030303   27. 17.25   28. 78.14705882   29. 43.5   30. 35.10810811
31. 137.8169014   32. 3.92   33. 302.5454545   34. 106.3207547   35. 38.88095238   36. 3066.333333   37. 121.2222222   38. 49.10204082   39. 76.02040816   40. 705
41. 537.875   42. 953.375   43. 32.09615385   44. 110.03125   45. 231.4418605   46. 33.90196078   47. 96.19642857   48. 32.17910448   49. 246.03125   50. 29.85714286
51. 82.06122449   52. 127.45   53. 2008.25   54. 72.5483871   55. 102.3448276   56. 416.6666667   57. 26.94623656   58. 258.2   59. 183.6111111   60. 173.6923077

Page 123:

1. 27.64583333   2. 49.37931034   3. 1831   4. 19.33333333   5. 210.3478261   6. 85.03157895   7. 276.8235294   8. 39.63636364   9. 50.01388889   10. 185.7708333
11. 772   12. 178.7173913   13. 108.8688525   14. 120.7027027   15. 112.6   16. 979.375   17. 464.0588235   18. 23.19148936   19. 280.4166667   20. 104.2068966
21. 10.125   22. 47.5   23. 56.98245614   24. 91.52173913   25. 123.5853659   26. 195.6315789   27. 100.0357143   28. 43.87640449   29. 294.5   30. 96.07407407
31. 296.0769231   32. 311.8888889   33. 79.175   34. 52.14285714   35. 237.6538462   36. 54.53225806   37. 34.91566265   38. 172.7142857   39. 218.85   40. 162.1590909
41. 98.30666667   42. 162.7368421   43. 93.89361702   44. 131.7755102   45. 776.0909091   46. 105.0769231   47. 213.3555556   48. 81.79452055   49. 2.06122449   50. 71.5106383
51. 575.7142857   52. 265.4444444   53. 34.55555556   54. 253.7826087   55. 129.6315789   56. 74.63333333   57. 107.1764706   58. 101   59. 86.64705882   60. 95.2804878

Page 124:

1. 194.962963   2. 82.40425532   3. 80.21875   4. 275.5   5. 74.34693878   6. 3.690721649   7. 1047.125   8. 89.29166667   9. 761.375   10. 205.9210526
11. 97   12. 101.6290323   13. 21.88659794   14. 141.8923077   15. 1289.285714   16. 193.9387755   17. 129.95   18. 46.67088608   19. 46.14285714   20. 37.40909091
21. 69.36842105   22. 224.097561   23. 542.7058824   24. 79.02941176   25. 170.64   26. 67.22680412   27. 69.5483871   28. 807   29. 104.8902439   30. 71.08510638
31. 39.18181818   32. 7.03125   33. 73.43859649   34. 21.44827586   35. 184.75   36. 142.2857143   37. 285.4   38. 169.9122807   39. 240.804878   40. 37.6025641
41. 91.86   42. 64.20987654   43. 687   44. 46.02352941   45. 154.8888889   46. 58.7   47. 24.30487805   48. 265.1111111   49. 182.2173913   50. 24.55434783
51. 62.90243902   52. 101.6666667   53. 154.32   54. 48.41935484   55. 106.5142857   56. 350.4   57. 102.4210526   58. 127   59. 77.81111111   60. 0.384615385

Page 125:

1. 44.52941176   2. 71.01754386   3. 41.04347826   4. 164.6206897   5. 94.28571429   6. 1.415730337   7. 41   8. 218.7209302   9. 134.2068966   10. 223.047619
11. 47.375   12. 12.71910112   13. 118.3142857   14. 889.5   15. 63.58064516   16. 315.125   17. 137.4230769   18. 156.0512821   19. 232.375   20. 1096.166667
21. 11.08955224   22. 88.8961039   23. 59.74226804   24. 34.35555556   25. 189.8947368   26. 113.1494253   27. 10.0163934   28. 81.86458333   29. 4.930555556   30. 82.5
31. 578.4   32. 82   33. 108.5897436   34. 125.9552239   35. 67.64285714   36. 137.952381   37. 26.75471698   38. 1.848837209   39. 61.93243243   40. 136.3703704
41. 89.54320988   42. 124.3157895   43. 139.625   44. 74.24324324   45. 3.15   46. 113.2352941   47. 38.92941176   48. 53.7032967   49. 18.1627907   50. 189.1764706
51. 316.8   52. 105.0240964   53. 309.34375   54. 99.03125   55. 40.5   56. 4.107692308   57. 232.3636364   58. 511.0714286   59. 79.62765957   60. 455.1

Page 126:

1. 25.84042553   2. 6.026666667   3. 61.34210526   4. 139.2631579   5. 98.40983607   6. 57.19607843   7. 137.8095238   8. 104.1   9. 37.30612245   10. 356.1538462
11. 44.45   12. 54.97142857   13. 524.4705882   14. 20.96   15. 17.28125   16. 1007.75   17. 827.9   18. 68.85   19. 410.8333333   20. 116.8941176
21. 480.65   22. 163.9833333   23. 684.5714286   24. 68.05952381   25. 1.372093023   26. 59.63953488   27. 125.2222222   28. 1102.625   29. 74.56756757   30. 66.87878788
31. 175.9019608   32. 51.84375   33. 856.2857143   34. 252.90625   35. 36.38461538   36. 908.5   37. 75.95555556   38. 128.0147059   39. 513.125   40. 174.3043478
41. 57.93902439   42. 136.877193   43. 90.89010989   44. 286.2413793   45. 71.28571429   46. 102.9   47. 66.85714286   48. 819.7   49. 203.8125   50. 56.63636364
51. 4878   52. 301.7142857   53. 16.31914894   54. 179.4210526   55. 516   56. 15.33684211   57. 74.18390805   58. 184.6363636   59. 129.8709677   60. 49.33766234

Page 127:

1. 23.15
2. 25.27631579
3. 68.88135593
4. 13.02777778
5. 32.54166667
6. 39.57352941
7. 81.96296296
8. 6.638297872
9. 0.090909091
10. 41.67346939
11. 28.34065934
12. 74.20987654
13. 70.09375
14. 135.8813559
15. 322.5882353
16. 22.88732394
17. 740.2307692
18. 963.3333333
19. 40.05
20. 48.51020408
21. 88.29090909
22. 82.375
23. 105.6666667
24. 74.17391304
25. 101.0689655
26. 48.46666667
27. 201.3823529
28. 177.7674419
29. 109.027027
30. 2865
31. 4236
32. 76.14117647
33. 144.5245902
34. 15.88636364
35. 150.953125
36. 14.67741935
37. 300.1481481
38. 120.3333333
39. 337.4117647
40. 109.76
41. 273.7
42. 87.89873418
43. 3.361702128
44. 49.34693878
45. 198.7857143
46. 12.3625
47. 27.82758621
48. 11.72727273
49. 734.3333333
50. 212.0277778
51. 300.5806452
52. 108.6153846
53. 321.5789474
54. 117.5875
55. 102.9342105
56. 73.11904762
57. 167.8333333
58. 443.5882353
59. 8.695652174
60. 44.60869565

Page 128:

1. 73.77272727
2. 149.7674419
3. 4.528735632
4. 37.45283019
5. 92.82051282
6. 248.7368421
7. 117.875
8. 55.63736264
9. 184.3653846
10. 111.7708333
11. 215.3333333
12. 104.2682927
13. 63.89189189
14. 275.3571429
15. 670.5
16. 30.6835443
17. 73.14285714
18. 72.625
19. 176.3953488
20. 76.17647059
21. 447.4545455
22. 33.27586207
23. 2341
24. 115.0322581
25. 337
26. 86.05263158
27. 254.7272727
28. 47.46153846
29. 202.9615385
30. 16.30188679
31. 37.19444444
32. 219.2954545
33. 84.35087719
34. 524.4666667
35. 143.5714286
36. 95.95833333
37. 181.2
38. 161.1666667
39. 38.53125
40. 25.5
41. 572.5
42. 47.29487179
43. 131.6451613
44. 119.95
45. 96.66666667
46. 98.6375
47. 205.2857143
48. 19.95714286
49. 85.59322034
50. 556.3636364
51. 194.8809524
52. 12.38709677
53. 42.04545455
54. 197.4583333
55. 141.4186047
56. 154.983871
57. 226.6842105
58. 78.76190476
59. 998
60. 326.0555556

Page 129:

1. 727.6666667
2. 9.97260274
3. 76.89552239
4. 112.3095238
5. 46.25
6. 25
7. 143
8. 89.64285714
9. 23.53731343
10. 96.96153846
11. 17.72058824
12. 64.2
13. 1082.5
14. 45.56666667
15. 85.74390244
16. 91.04545455
17. 739.3333333
18. 41.87368421
19. 5363
20. 89.18461538
21. 98.37974684
22. 37.97938144
23. 108.9259259
24. 96.89285714
25. 91.46753247
26. 57.02272727
27. 62.74736842
28. 247.8235294
29. 709.125
30. 106.5319149
31. 335.1666667
32. 44.76056338
33. 383.04
34. 710.1666667
35. 63
36. 52.70833333
37. 227
38. 75.08421053
39. 131.1129032
40. 3915
41. 21.56179775
42. 67.14583333
43. 27.83950617
44. 118.0961538
45. 8.852941176
46. 347.1428571
47. 338.2222222
48. 21.31395349
49. 9679
50. 108.2191781
51. 89.38235294
52. 57.46236559
53. 105.9310345
54. 124.5733333
55. 45.59375
56. 494.5333333
57. 104.258427
58. 298.0666667
59. 2645.5
60. 479.9

Page 130:

1. 253
2. 142.76
3. 161.375
4. 59.83146067
5. 49.38461538
6. 136.1014493
7. 150.34375
8. 72.47826087
9. 214.8666667
10. 4766.5
11. 629.8333333
12. 54.94915254
13. 3981
14. 17.67021277
15. 17.475
16. 43.34375
17. 4508.5
18. 352.4545455
19. 61.1
20. 49.81578947
21. 96.43478261
22. 74.88461538
23. 97.46296296
24. 40.92682927
25. 297.9565217
26. 95.81818182
27. 205.96875
28. 73.91860465
29. 1398.25
30. 116.6976744
31. 163.7358491
32. 182.1304348
33. 141.4090909
34. 86.1369863
35. 70.01190476
36. 49.54545455
37. 134.9090909
38. 20.9
39. 147.78125
40. 21.16326531
41. 203.825
42. 31.91489362
43. 3974
44. 51.74074074
45. 75.47252747
46. 115.4354839
47. 48.18888889
48. 115.6111111
49. 123.6410256
50. 8.808823529
51. 131.2878788
52. 91.38095238
53. 34.47058824
54. 110.7924528
55. 38.51162791
56. 4244
57. 170.1372549
58. 94.65656566
59. 4.130434783
60. 9.230769231

Page 131:

1. 191.9230769
2. 1116.875
3. 135.7735849
4. 3.032786885
5. 124.7
6. 308.8
7. 99.30434783
8. 1293.333333
9. 383.9166667
10. 41.84
11. 1422.285714
12. 165.0555556
13. 63.32967033
14. 52.71794872
15. 7.102564103
16. 63.02150538
17. 21.47058824
18. 9.88
19. 138.2142857
20. 34
21. 72.93243243
22. 42.50666667
23. 242.2666667
24. 374
25. 488.6111111
26. 126.6206897
27. 128.9777778
28. 191.7058824
29. 71.65217391
30. 264.3870968
31. 25.02272727
32. 78.92063492
33. 20.22033898
34. 132.1466667
35. 284.0555556
36. 81.76744186
37. 26.43589744
38. 65.89247312
39. 58.55
40. 14.40740741
41. 152
42. 350.0526316
43. 538.1111111
44. 111.5
45. 100.9318182
46. 77.65656566
47. 9.270588235
48. 177.9591837
49. 16.8
50. 128.8857143
51. 48.83076923
52. 506.4
53. 103.4651163
54. 114.7380952
55. 49.05194805
56. 127.6216216
57. 124.7619048
58. 28.4494382
59. 130.362069
60. 261.0666667

Page 132:

1. 3.486842105
2. 44.54545455
3. 43.46753247
4. 3216.5
5. 67.15686275
6. 53.20454545
7. 91.83544304
8. 41.86813187
9. 110.6190476
10. 18.25
11. 573
12. 55.79104478
13. 6.74137931
14. 79.86868687
15. 538.1875
16. 70.37735849
17. 746.8333333
18. 688.1818182
19. 442.8
20. 25
21. 30.43589744
22. 333.9090909
23. 42.42372881
24. 258.8571429
25. 36.47222222
26. 62.64473684
27. 1039.6
28. 188.9375
29. 25.64102564
30. 2009.75
31. 24.97058824
32. 63.5
33. 168.6136364
34. 18.94666667
35. 60.09589041
36. 117.4235294
37. 216.3181818
38. 1.584415584
39. 95.8313253
40. 330.6
41. 4.1
42. 392.7083333
43. 1.555555556
44. 63.25925926
45. 51.1025641
46. 312.6666667
47. 220.8222222
48. 47.18867925
49. 52.775
50. 12.34408602
51. 73.5
52. 22.20987654
53. 107.0941176
54. 225.7857143
55. 5.75
56. 85.81012658
57. 35.72368421
58. 90.13978495
59. 38.7032967
60. 81.11904762

Page 133:

1. 99.38947368   2. 184.7435897   3. 2.261538462   4. 280.5   5. 193.9411765   6. 107.8783784   7. 137.7090909   8. 170.3529412   9. 3300.333333   10. 53.66666667
11. 95.31506849   12. 173   13. 134.75   14. 65.2371134   15. 140.5   16. 85.22222222   17. 3319   18. 261.625   19. 9.509433962   20. 80.703125
21. 85.67857143   22. 376.4166667   23. 4.657894737   24. 100.5121951   25. 88.65116279   26. 105.1445783   27. 156.52   28. 22.88461538   29. 301.3125   30. 124.6944444
31. 90.79   32. 33.35955056   33. 65.78947368   34. 1289.333333   35. 57.42857143   36. 44.76404494   37. 51.6779661   38. 165.3846154   39. 143.3947368   40. 273.9615385
41. 129.4166667   42. 77.04166667   43. 475.7368421   44. 67.6   45. 890.7272727   46. 43   47. 39.97701149   48. 42.42105263   49. 36.06   50. 196.6190476
51. 62.54285714   52. 112.9038462   53. 87.57142857   54. 63.91111111   55. 20.48571429   56. 58.21518987   57. 46.49425287   58. 653.9166667   59. 5.546391753   60. 58.93548387

Page 134:

1. 96.95774648   2. 6.438356164   3. 79.20930233   4. 253.3333333   5. 66.93548387   6. 76.36363636   7. 80.25   8. 95.91666667   9. 75.6741573   10. 1157.25
11. 390.75   12. 255.25   13. 1106.125   14. 18.13043478   15. 168.8043478   16. 43.92405063   17. 89.35   18. 313.7142857   19. 14.96   20. 303.6363636
21. 68.46153846   22. 164.5344828   23. 428.9166667   24. 107.1785714   25. 112.3076923   26. 499.3529412   27. 121.1168831   28. 626   29. 59.21176471   30. 157.4583333
31. 87.72941176   32. 99.38888889   33. 119   34. 38.65217391   35. 54.21052632   36. 107.0909091   37. 27.37222222   38. 282.7777778   39. 17.50505051   40. 38.8
41. 52.890625   42. 44   43. 68.54237288   44. 244.2173913   45. 51.47368421   46. 120.7222222   47. 552   48. 130.8428571   49. 70.02702703   50. 157.6938776
51. 263.7428571   52. 1554.666667   53. 48.58947368   54. 770.2857143   55. 18.71717172   56. 7949   57. 166.98   58. 24.69642857   59. 48.13924051   60. 78.33

Page 135:

1. 81.58571429   2. 5.931034483   3. 54.57142857   4. 156.6290323   5. 110.8679245   6. 78.34545455   7. 117.5714286   8. 2004.333333   9. 53.77142857   10. 96.3
11. 86.81081081   12. 1588.333333   13. 234.6341463   14. 37.37037037   15. 172.4   16. 750.5555556   17. 26.57575758   18. 78.89189189   19. 623.5   20. 100
21. 316.5217391   22. 32.88888889   23. 62.83928571   24. 943.2857143   25. 125.0625   26. 98.46464646   27. 326.3888889   28. 1714.666667   29. 61.53846154   30. 51.03157895
31. 35.3   32. 2217   33. 71.12643678   34. 77.15517241   35. 4939.5   36. 46.6   37. 523.7857143   38. 142.1833333   39. 223.8787879   40. 18.91919192
41. 47.42592593   42. 285   43. 77.73493976   44. 125.9   45. 72.375   46. 24.18604651   47. 113.3783784   48. 350.9166667   49. 79.17708333   50. 9.552238806
51. 33.86419753   52. 104.9452055   53. 173.4363636   54. 16.34848485   55. 21.24358974   56. 104.6034483   57. 135.2777778   58. 98.76923077   59. 171.3043478   60. 166.2241379

Page 136:

1. 443.25   2. 73.75   3. 64.5257732   4. 33.41891892   5. 61.35820896   6. 66.09183673   7. 118.5641026   8. 75.98795181   9. 58.10294118   10. 145.56
11. 45.5625   12. 36.71428571   13. 495.7368421   14. 102.78125   15. 64.6   16. 219.0232558   17. 97.44444444   18. 24.27956989   19. 12.33   20. 11
21. 4054   22. 419.3   23. 6234   24. 118.9027778   25. 103.6052632   26. 247.5   27. 317.7931034   28. 102.2040816   29. 125.721519   30. 166.0178571
31. 443.1333333   32. 111.5882353   33. 278.4285714   34. 249.9259259   35. 42.22535211   36. 862.8571429   37. 216.6   38. 34   39. 11.67857143   40. 413.6666667
41. 1014.428571   42. 72.65517241   43. 1973.75   44. 71.94117647   45. 148.21875   46. 613.6666667   47. 71.55769231   48. 62.03508772   49. 170   50. 91.85714286
51. 2295   52. 42.52083333   53. 93.41666667   54. 499.9444444   55. 115.8548387   56. 339.0833333   57. 16.07608696   58. 82.21848739   59. 55.44791667   60. 714.5

Page 137:

1. 80.65753425   2. 195.5769231   3. 106.6195652   4. 81.61904762   5. 1080.6   6. 27.73239437   7. 23.71929825   8. 57.48484848   9. 23   10. 134.9166667
11. 164.9491525   12. 160.137931   13. 193.24   14. 70.56862745   15. 334.05   16. 68.48101266   17. 11.74712644   18. 3.875   19. 121.7083333   20. 281.35
21. 292.5   22. 67.50526316   23. 37.78688525   24. 63.8   25. 134.1538462   26. 41.44615385   27. 6.082352941   28. 57.48863636   29. 1.108695652   30. 156.4736842
31. 117.3918919   32. 93.38372093   33. 35.33928571   34. 103.08   35. 124.0454545   36. 19.07575758   37. 5.467467467   38. 73.77380952   39. 96.70454545   40. 10.89583333
41. 422.875   42. 285.5   43. 62.29166667   44. 78.33333333   45. 177.24   46. 84.28205128   47. 1141   48. 162.6595745   49. 142.8846154   50. 110.2295082
51. 114.2647059   52. 2429   53. 13.92982456   54. 699.4   55. 56.71929825   56. 87.02777778   57. 21.84090909   58. 351.7   59. 786.4   60. 57.71428571

Page 138:

1. 69.27586207   2. 28.49315068   3. 85.26666667   4. 76.6875   5. 662   6. 92.49275362   7. 443.5   8. 16.34285714   9. 150.4468085   10. 1010
11. 70.49206349   12. 88.05263158   13. 238.5454545   14. 38.57647059   15. 558.125   16. 284.2   17. 90.1969697   18. 296.5172414   19. 105.9777778   20. 100.9090909
21. 305.7419355   22. 205.2424242   23. 100.8148148   24. 2947   25. 201.4   26. 184.75   27. 119.2804878   28. 1640   29. 11.62365591   30. 300.483871
31. 2.524590164   32. 69.0875   33. 61.86734694   34. 128.4285714   35. 90.16129032   36. 2.242424242   37. 51.97142857   38. 2.775510204   39. 64.31818182   40. 238.4473684
41. 62.40677966   42. 94.86170213   43. 108.0357143   44. 479.5714286   45. 7.589285714   46. 93.078125   47. 96.8028169   48. 97.30769231   49. 226.1333333   50. 91.0125
51. 121.7058824   52. 151.7884615   53. 121.9210526   54. 133.5689655   55. 19.34883721   56. 94.28409091   57. 177.5555556   58. 2.53968254   59. 119.775   60. 137.0555556

Page 139:

1. 2.523255814
2. 147.745098
3. 15.16455696
4. 263.875
5. 25.325
6. 87.08510638
7. 49.56626506
8. 521.9375
9. 134.5
10. 106.9795918
11. 377.4545455
12. 18.96
13. 12.3125
14. 63.98
15. 153.68
16. 88.03658537
17. 95.73333333
18. 367.2692308
19. 62.69333333
20. 8.56097561
21. 192.5294118
22. 129.9107143
23. 66.29545455
24. 51.32307692
25. 85
26. 6.425925926
27. 305.0416667
28. 66.74390244
29. 108.1566265
30. 37.02272727
31. 9.8
32. 14.60638298
33. 40.32291667
34. 1.632022472
35. 104.4691358
36. 151.5
37. 111.8255814
38. 72.43137255
39. 227.95
40. 435
41. 64.29166667
42. 9.144444444
43. 55.22093023
44. 261.5384615
45. 1664.333333
46. 0.154929577
47. 4971
48. 225.972973
49. 61.26666667
50. 562.8
51. 27.37234043
52. 128.5263158
53. 337.1363636
54. 51.37878788
55. 87.94029851
56. 32.76595745
57. 515.0769231
58. 15.8
59. 100.0571429
60. 67.96428571

Page 140:

1. 3.228070175
2. 84.21212121
3. 152.38
4. 36.38095238
5. 136.8947368
6. 58.92307692
7. 118.4745763
8. 602.625
9. 65.40425532
10. 96.23076923
11. 162.1296296
12. 23.46835443
13. 139.3269231
14. 51.05
15. 53.8
16. 23.36708861
17. 59.15068493
18. 14.05405405
19. 442.7857143
20. 6.571428571
21. 284.34375
22. 94.92537313
23. 43.88541667
24. 46.38571429
25. 131.6575342
26. 54.6746988
27. 72.59615385
28. 347.16
29. 155.7
30. 38.01449275
31. 114.3823529
32. 67.72043011
33. 348.9
34. 435.3333333
35. 180.75
36. 24.97560976
37. 38.28571429
38. 34.22222222
39. 31.54411765
40. 195.1428571
41. 129.5652174
42. 114.1666667
43. 162.9830508
44. 100.4333333
45. 145.0677966
46. 53.45
47. 98.56321839
48. 350.7083333
49. 64.29113924
50. 131.673913
51. 33.21126761
52. 265.6875
53. 183.9285714
54. 9.712643678
55. 107.6891892
56. 179.1428571
57. 142.9375
58. 155.902439
59. 58.29545455
60. 51.62650602

Page 141:

1. 74.14754098
2. 872
3. 8509
4. 63.18987342
5. 2020
6. 100.8333333
7. 155.8
8. 71.21052632
9. 203.9473684
10. 261.9166667
11. 503.2857143
12. 79.85714286
13. 1124.625
14. 42.38235294
15. 19.90740741
16. 646.8333333
17. 33.04166667
18. 3912
19. 42.62295082
20. 932.3333333
21. 9.884210526
22. 101.3392857
23. 112.4487179
24. 42.72727273
25. 49.05882353
26. 52.75510204
27. 47.70526316
28. 84.44444444
29. 296.4615385
30. 136.2083333
31. 249.9047619
32. 188.6603774
33. 5.590361446
34. 447
35. 27.80851064
36. 14.16326531
37. 244.5909091
38. 72.65277778
39. 328.4444444
40. 118.5142857
41. 55.69135802
42. 261.0810811
43. 145.6585366
44. 38.82105263
45. 31.79032258
46. 600.4285714
47. 77.48314607
48. 184.7674419
49. 34.38636364
50. 82.30985915
51. 31.87692308
52. 474.2222222
53. 190.6
54. 263.5384615
55. 409.5
56. 103.5306122
57. 1508
58. 103.3
59. 40.17307692
60. 181.4772727

Page 142:

1. 4.663043478
2. 193.1794872
3. 16.27710843
4. 342.1818182
5. 204.9259259
6. 430
7. 49.76190476
8. 145.4791667
9. 16.4375
10. 49.31
11. 108.2926829
12. 60.97435897
13. 107.5882353
14. 1499
15. 244.0277778
16. 312.7647059
17. 91.29508197
18. 37.02
19. 107.3380282
20. 72.65263158
21. 95.40540541
22. 177.3571429
23. 2.307692308
24. 134.0434783
25. 104.6025641
26. 157.9130435
27. 43.14814815
28. 145.1666667
29. 74.12857143
30. 142.7017544
31. 2.180851064
32. 82.78571429
33. 172.755102
34. 206.8
35. 131.953125
36. 220.7435897
37. 82.04545455
38. 37.79411765
39. 133.5
40. 95.21428571
41. 22.92
42. 26.36470588
43. 157.5652174
44. 69.62318841
45. 233.24
46. 40.65671642
47. 90.62068966
48. 182.969697
49. 141.2
50. 480.5625
51. 714.6
52. 90.8
53. 396.4375
54. 97.54
55. 25.86538462
56. 1334.25
57. 156.6764706
58. 130.4473684
59. 173.3478261
60. 137.9076923

Page 143:

1. 147
2. 349.3043478
3. 330.75
4. 133.2142857
5. 208.2222222
6. 154.0789474
7. 781.625
8. 1725.6
9. 7.566666667
10. 133.9166667
11. 7.234375
12. 10.7
13. 60.30434783
14. 323.4166667
15. 873.4
16. 101.4366197
17. 66.24175824
18. 163.4
19. 97.63333333
20. 54.96296296
21. 1211.666667
22. 666.2142857
23. 20.65853659
24. 119.5205479
25. 8.734693878
26. 6.5
27. 77.17142857
28. 173.509434
29. 311
30. 6036
31. 81
32. 93.41176471
33. 88.58139535
34. 103.3333333
35. 54.38888889
36. 282.0909091
37. 42.28571429
38. 326
39. 774.5
40. 112.8076923
41. 12.22857143
42. 100.65625
43. 67.13043478
44. 154.28125
45. 83.24590164
46. 71.87058824
47. 81.79591837
48. 15.55737705
49. 412.2142857
50. 2256.5
51. 122.8947368
52. 121.375
53. 138.2428571
54. 240.1176471
55. 3733.5
56. 4.656716418
57. 92.22857143
58. 169.7560976
59. 297.1333333
60. 35.5

Page 144:

1. 1926.333333
2. 132.1904762
3. 0.546666667
4. 586.9285714
5. 68.42857143
6. 287.862069
7. 47.14457831
8. 93.0952381
9. 114.6410256
10. 23.54545455
11. 107.2727273
12. 170.0740741
13. 712.8333333
14. 392.2727273
15. 91.52542373
16. 58.26262626
17. 144.1076923
18. 20.38095238
19. 80.57692308
20. 271.4
21. 133.7446809
22. 43.59139785
23. 4121
24. 52.53488372
25. 14.9245283
26. 77.86792453
27. 283.0454545
28. 138.6363636
29. 1646.333333
30. 120.2
31. 6.329113924
32. 191.975
33. 466.5333333
34. 211.0681818
35. 4.322222222
36. 281.862069
37. 85.69565217
38. 91.45333333
39. 787.7777778
40. 141.7727273
41. 5070
42. 46.93548387
43. 3305.666667
44. 106.8695652
45. 135.9
46. 799.1111111
47. 294.5483871
48. 89.5
49. 70.76190476
50. 105.7681159
51. 35.23076923
52. 31.71875
53. 74.23913043
54. 35.02439024
55. 156.5818182
56. 6.956989247
57. 9.673469388
58. 96.69879518
59. 54.7
60. 48.84375

Page 145:

1. 205.5833333   2. 63.64150943   3. 59.3253012   4. 246.7714286   5. 84.92857143   6. 65.80263158   7. 50.5   8. 96.1884058   9. 64.60714286   10. 4.852631579
11. 6209   12. 73.01694915   13. 37.71428571   14. 219.21875   15. 272.6451613   16. 787.0833333   17. 701.3333333   18. 24.67777778   19. 1495.5   20. 140.3243243
21. 58.42857143   22. 7.364583333   23. 75.57471264   24. 55.17   25. 324.6470588   26. 7.86   27. 174.4230769   28. 80.92682927   29. 13.01075269   30. 174.55
31. 240.9428571   32. 90.75   33. 74.26666667   34. 84.07777778   35. 63.31428571   36. 33.63157895   37. 145.7333333   38. 309.64   39. 82.16176471   40. 29.24324324
41. 87.01204819   42. 64.53846154   43. 229.3170732   44. 147.2666667   45. 243.1515152   46. 146.0294118   47. 252.9230769   48. 144   49. 74.08333333   50. 100.3181818
51. 25.51086957   52. 107.0243902   53. 141.9642857   54. 11.16438356   55. 49.18181818   56. 82.05102041   57. 692.4615385   58. 159.6721311   59. 102.2739726   60. 133.0757576

Page 146:

1. 6.641304348   2. 85.19148936   3. 22.11235955   4. 7.114583333   5. 94.67901235   6. 62.13461538   7. 25.84848485   8. 102.75   9. 60.60416667   10. 167.2
11. 28.88888889   12. 32.89473684   13. 149.4827586   14. 27.54901961   15. 77.35294118   16. 533.0833333   17. 41.83333333   18. 195.7111111   19. 70.08510638   20. 79.71875
21. 80.30952381   22. 135.2666667   23. 6.277777778   24. 153.7936508   25. 901.2   26. 192.92   27. 41.2826087   28. 67.26785714   29. 86.72   30. 114.5666667
31. 105.967033   32. 71.63235294   33. 457.125   34. 1264.666667   35. 62.3375   36. 72.44303797   37. 88.1   38. 575.75   39. 47.6626506   40. 155.49206349
41. 81.75641026   42. 26.91071429   43. 32.42857143   44. 124.4883721   45. 242.4242424   46. 1501.75   47. 108.7733333   48. 323.7777778   49. 218.7419355   50. 44.33333333
51. 48   52. 22.52564103   53. 674.0714286   54. 70.69565217   55. 899.1   56. 7.727272727   57. 23.05882353   58. 66.61904762   59. 327.5   60. 23.85057471

Page 147:

1. 50   2. 64.421875   3. 91   4. 453.0555556   5. 108.4210526   6. 21.22105263   7. 39.60493827   8. 205.7173913   9. 106.4810127   10. 127.3506494
11. 60.71264368   12. 94.10638298   13. 45.34408602   14. 165.0357143   15. 105.0327869   16. 121.4625   17. 489.9411765   18. 26.6875   19. 154.7674419   20. 73.38709677
21. 79.81632653   22. 93.83333333   23. 138.7894737   24. 45.55555556   25. 169.8888889   26. 36.16393443   27. 3.710843373   28. 8.25   29. 61.0989011   30. 187.8095238
31. 64.54385965   32. 44.40322581   33. 141.3278689   34. 68.68478261   35. 601.0769231   36. 80.5   37. 32.20338983   38. 1089.666667   39. 345.6153846   40. 291.8181818
41. 188.2857143   42. 809.1666667   43. 130.6111111   44. 239.1666667   45. 707.5454545   46. 792.8571429   47. 992.625   48. 27.56818182   49. 64.35384615   50. 324.8461538
51. 26.09259259   52. 32.6   53. 95.675   54. 55.81707317   55. 954   56. 76.56521739   57. 367   58. 91.55714286   59. 125.32   60. 37.02325581

Page 148:

1. 39.35384615   2. 78.35   3. 214.7826087   4. 69.8028169   5. 208   6. 57.13043478   7. 162.5897436   8. 129.1071429   9. 150.755102   10. 171.9574468
11. 104.4054054   12. 99.50649351   13. 93.05050505   14. 169.6   15. 204.8333333   16. 1.657894737   17. 154.7619048   18. 96.64285714   19. 43.86538462   20. 54.73737374
21. 47.55421687   22. 107.8333333   23. 98.48235294   24. 66.14666667   25. 277.5   26. 44.3902439   27. 22.74725275   28. 24.42   29. 59.60759494   30. 7.572916667
31. 2570.5   32. 527.4615385   33. 65.63157895   34. 376.6153846   35. 295.3333333   36. 94.40206186   37. 143.125   38. 118.5394737   39. 432.3846154   40. 27.66666667
41. 177.8529412   42. 33.62857143   43. 81.25373134   44. 89.25263158   45. 46.49494949   46. 4.5   47. 19.62352941   48. 11.72   49. 54.41666667   50. 81.05479452
51. 195.2272727   52. 151.45   53. 191.5   54. 377.1   55. 203.3777778   56. 26.53658537   57. 70.35106383   58. 585.6428571   59. 1676   60. 124.8431373

Page 149:

1. 5.333333333   2. 363.1764706   3. 184.0294118   4. 139.4461538   5. 1787   6. 326.6071429   7. 91.94444444   8. 58.10526316   9. 292.1111111   10. 377.1304348
11. 4988   12. 67.85714286   13. 29.97058824   14. 128.9583333   15. 204.4545455   16. 2051.5   17. 798.8571429   18. 2.819444444   19. 121.7857143   20. 4322.5
21. 2304   22. 78.75903614   23. 108.5   24. 164.4117647   25. 17.53191489   26. 62.03076923   27. 206.5   28. 77.29787234   29. 31.35820896   30. 192.5333333
31. 162   32. 78.81318681   33. 204.8780488   34. 9.5   35. 119.483871   36. 135.4027778   37. 91.21333333   38. 146.9148936   39. 64.125   40. 63.01449275
41. 91.34210526   42. 698.125   43. 2254   44. 136.0769231   45. 13.02739726   46. 107.505618   47. 556.8333333   48. 44.82608696   49. 360   50. 454.8125
51. 835.1818182   52. 306.047619   53. 124.0615385   54. 537.25   55. 184.3333333   56. 8.838709677   57. 178.52   58. 71.19230769   59. 70.67676768   60. 1184

Page 150:

1. 98.01162791   2. 750.1   3. 421   4. 40.65116279   5. 553.9375   6. 15.75675676   7. 27.29896907   8. 1.551020408   9. 62.39285714   10. 24.67857143
11. 88.30612245   12. 254.5   13. 32.60227273   14. 13.42352941   15. 23.26027397   16. 362.6470588   17. 23.05714286   18. 14.6875   19. 245.6296296   20. 108.3736264
21. 207.1935484   22. 94.96296296   23. 316.8421053   24. 152.3571429   25. 49.8   26. 103.1034483   27. 110.974359   28. 6.868852459   29. 25.30434783   30. 198.122449
31. 181.5526316   32. 152.5   33. 32.22580645   34. 49.27   35. 34.44444444   36. 184.6829268   37. 371.7142857   38. 28.30508475   39. 47.01408451   40. 253.7333333
41. 364.7857143   42. 4917   43. 75.41052632   44. 84.28   45. 193.483871   46. 133.9607843   47. 11.5   48. 64.73584906   49. 243.96875   50. 60.94594595
51. 63.4   52. 78.11494253   53. 718   54. 1.390243902   55. 51.21276596   56. 120.6296296   57. 156.4651163   58. 102.8169014   59. 394.6521739   60. 41.40277778

Page 151:

1. 29.91954023 2. 2.393939394 3. 1780.666667 4. 613.875 5. 71.98113208 6. 420.6086957 7. 38.86363636 8. 0.276923077 9. 208.76 10. 50.84883721
11. 153.8461538 12. 133.96 13. 110.7674419 14. 84.4 15. 46.05050505 16. 567.5625 17. 28.89473684 18. 112.25 19. 180.125 20. 325.6
21. 50.21978022 22. 13.15 23. 198.48 24. 86.28125 25. 52.21428571 26. 151 27. 159.1296296 28. 141.5294118 29. 66.03076923 30. 551.7222222
31. 53.36904762 32. 124.4657534 33. 24.75324675 34. 369 35. 112.8474576 36. 14.86206897 37. 67 38. 117.2835821 39. 55.63043478 40. 0.557692308
41. 6.697674419 42. 111.575 43. 13.15384615 44. 61.84615385 45. 120.2727273 46. 76.46875 47. 17.33333333 48. 265.4666667 49. 131.4137931 50. 69.88059701
51. 30.1754386 52. 529.9230769 53. 311.5909091 54. 211.7142857 55. 134.6666667 56. 113.164557 57. 65.34736842 58. 291.5172414 59. 174.5 60. 1034.428571

Page 152:

1. 2546.5 2. 83.69230769 3. 24.34883721 4. 94.71428571 5. 153.1458333 6. 30.32631579 7. 175.255814 8. 33.45454545 9. 102.078125 10. 119.6909091
11. 151.031746 12. 106.7826087 13. 40.0989011 14. 512 15. 84.5 16. 160.3529412 17. 86.63636364 18. 1694.666667 19. 181 20. 81.15384615
21. 72.48571429 22. 85.14285714 23. 96.83 24. 304.8518519 25. 9.7 26. 80.78082192 27. 111.1176471 28. 1305.4 29. 9.76056338 30. 149.4482759
31. 15.21666667 32. 131.4615385 33. 5.387096774 34. 102.7912088 35. 45.44791667 36. 19.11111111 37. 55.91304348 38. 130.875 39. 46.39705882 40. 108.3898305
41. 89.10526316 42. 12.85416667 43. 100.2121212 44. 102.6428571 45. 49.12820513 46. 20.79310345 47. 106.8867925 48. 103.66 49. 246.2173913 50. 14.05263158
51. 134.9411765 52. 101 53. 979.4 54. 90.35897436 55. 168.0576923 56. 3.644444444 57. 77.89361702 58. 84.93333333 59. 130.7258065 60. 53.58064516

Page 153:

1. 381.1818182 2. 444 3. 8.676923077 4. 232.5714286 5. 55.45679012 6. 18.5 7. 11.66666667 8. 70.15053763 9. 332.2666667 10. 5596
11. 23.5 12. 118.3 13. 160.3928571 14. 4.846938776 15. 2261.75 16. 134.3676471 17. 10.04597701 18. 6.6875 19. 33.9245283 20. 90.25
21. 253.1666667 22. 3.34375 23. 64.07608696 24. 284.4 25. 654.3846154 26. 115.7719298 27. 313.7391304 28. 2.180327869 29. 2487.75 30. 433.8181818
31. 12.89473684 32. 118.7333333 33. 122.125 34. 87.44827586 35. 3.572916667 36. 7602 37. 97.79775281 38. 583.875 39. 274.15625 40. 153.8541667
41. 77.4047619 42. 750.9 43. 860.2222222 44. 330.7857143 45. 62.8974359 46. 60.55555556 47. 79.94117647 48. 134.2926829 49. 57.36538462 50. 175.6666667
51. 54.71764706 52. 27.29310345 53. 112.547619 54. 26.14130435 55. 65.0754717 56. 34.01176471 57. 75.74444444 58. 95.15189873 59. 17.64912281 60. 106.7931034

Page 154:

1. 128.2909091 2. 96.9 3. 297.173913 4. 49.75 5. 130.1935484 6. 142.5428571 7. 103.2647059 8. 1506.666667 9. 276.8695652 10. 4.493975904
11. 135.745098 12. 7.8125 13. 96.02 14. 12.85416667 15. 36.68115942 16. 54.01075269 17. 109.0540541 18. 910.8 19. 67.3655914 20. 92.84415584
21. 97.4375 22. 7404 23. 10.03225806 24. 53.51724138 25. 197.95 26. 50.34482759 27. 45.86813187 28. 57.03125 29. 201.8666667 30. 26.72727273
31. 572 32. 37.92 33. 164.4642857 34. 13.51666667 35. 71.45 36. 85.15254237 37. 138.6774194 38. 96.4 39. 106.9076923 40. 50.3015873
41. 5.027777778 42. 100.6341463 43. 91.27777778 44. 86.11864407 45. 1263 46. 239.4571429 47. 37.95918367 48. 16.89247312 49. 6.6625 50. 74.52702703
51. 69.21649485 52. 73.95918367 53. 17.72093023 54. 7.85106383 55. 23.33333333 56. 184.0980392 57. 88.3030303 58. 116.92 59. 5 60. 249.6410256

Page 155:

1. 114.0123457 2. 115.6585366 3. 110.6388889 4. 181.5625 5. 52.21052632 6. 71.825 7. 124.8679245 8. 210.7234043 9. 493.3684211 10. 745.4
11. 204.96875 12. 33 13. 135.875 14. 41.13684211 15. 11.82608696 16. 89.90909091 17. 2932.333333 18. 39.96202532 19. 101.1318681 20. 245.5806452
21. 7.81443299 22. 131.6901408 23. 1339 24. 8.166666667 25. 78.34020619 26. 165.3125 27. 82.11578947 28. 430.0526316 29. 150.56 30. 29.56818182
31. 87.86764706 32. 201.64 33. 25.125 34. 9.8 35. 52.96491228 36. 161.9 37. 1098 38. 8.121621622 39. 117.0483871 40. 354.8333333
41. 96.31578947 42. 144.358209 43. 45.84210526 44. 4.215909091 45. 42.04597701 46. 278.0454545 47. 31.91752577 48. 68.65957447 49. 195.2888889 50. 121.2236842
51. 109.7755102 52. 141.0857143 53. 1.6 54. 21.77358491 55. 33.72857143 56. 129.2898551 57. 135.5 58. 52.16949153 59. 57.84507042 60. 61.01149425

Page 156:

1. 90.15789474 2. 2955.666667 3. 98.44 4. 308.0588235 5. 42.59259259 6. 1129.142857 7. 22.1038961 8. 1070 9. 29.47368421 10. 55.74576271
11. 148.9848485 12. 38.97590361 13. 166.4285714 14. 78.70909091 15. 30.83333333 16. 439.2 17. 192.7317073 18. 144.1636364 19. 255.75 20. 47
21. 266.9666667 22. 20.75 23. 156.4285714 24. 1.641025641 25. 32.62921348 26. 82.71212121 27. 100.8023256 28. 44.02564103 29. 164.8510638 30. 17.63414634
31. 112.5789474 32. 98.65116279 33. 71.10714286 34. 300.0434783 35. 84.94565217 36. 65.43529412 37. 5.396226415 38. 380.5 39. 320.8148148 40. 1564
41. 83.9 42. 7.2 43. 14.02 44. 123.1267606 45. 72.075 46. 169.6122449 47. 139.1219512 48. 52.0952381 49. 21.58181818 50. 83.075
51. 25.74285714 52. 56.23809524 53. 84.31481481 54. 314.7666667 55. 189.5789474 56. 867.2 57. 133.7142857 58. 28.875 59. 157.0175439 60. 452.55

Page 157:

1. 58.41772152
2. 23.52564103
3. 155.2909091
4. 112.9054054
5. 143.5384615
6. 52.21818182
7. 2117.5
8. 180.125
9. 1.567567568
10. 87.52631579
11. 785.75
12. 374
13. 217.9285714
14. 144.8108108
15. 12.91666667
16. 83.80701754
17. 16.65517241
18. 55.56363636
19. 24.22093023
20. 4.522388806
21. 187.1590909
22. 1753.2
23. 574
24. 146.3492063
25. 538.6666667
26. 49.76363636
27. 1381
28. 47.1
29. 4.679245283
30. 89.93103448
31. 674
32. 26.31958763
33. 340.5
34. 117.9090909
35. 63.13953488
36. 2056.5
37. 138.8382353
38. 1936.25
39. 1220.6
40. 82.04255319
41. 7.927710843
42. 322.6470588
43. 66.35294118
44. 522.125
45. 2574.666667
46. 21.7804878
47. 303.2916667
48. 102.3186813
49. 74.33333333
50. 57.0952381
51. 164.1176471
52. 104.7777778
53. 5.116666667
54. 96.81521739
55. 43.06944444
56. 170.3076923
57. 51.56
58. 8.291666667
59. 687.8181818
60. 559.3076923

Page 158:

1. 234.4242424
2. 40.975
3. 64.48275862
4. 77.18032787
5. 75.57647059
6. 24.05714286
7. 92.93809524
8. 0.648648649
9. 219.6190476
10. 75.15789474
11. 96.53846154
12. 117.8333333
13. 273.6333333
14. 32.81355932
15. 86.36842105
16. 193.3636364
17. 125.2297297
18. 800.5
19. 161.4150943
20. 51.49473684
21. 20.40425532
22. 81.28947368
23. 80.37837838
24. 42.05154639
25. 157.2777778
26. 485.1111111
27. 21.4
28. 42.0625
29. 92.56
30. 145.6222222
31. 66.03921569
32. 9.719512195
33. 39.94594595
34. 12.1
35. 19.46153846
36. 443.125
37. 87.44791667
38. 90
39. 380
40. 228.2142857
41. 74.64444444
42. 67.31578947
43. 162.1153846
44. 120.483871
45. 90.44086022
46. 289.3684211
47. 111.0547945
48. 5.052631579
49. 19.4084507
50. 211.1666667
51. 99.80232558
52. 623.25
53. 2141
54. 27.16666667
55. 102.4716981
56. 290.1666667
57. 8458
58. 18.64583333
59. 218.8387097
60. 31.71428571

Page 159:

1. 1500.8
2. 110.1486486
3. 45.45555556
4. 1535.833333
5. 629.375
6. 102.7903226
7. 102.7118644
8. 128.2702703
9. 100.4347826
10. 147.7727273
11. 126.9090909
12. 453.7647059
13. 38.48214286
14. 20.22340426
15. 64.19444444
16. 243
17. 0.597402597
18. 206.4375
19. 28.2962963
20. 105.4615385
21. 62.18556701
22. 29.67708333
23. 94.28205128
24. 18.1641791
25. 6.636363636
26. 222.0512821
27. 25
28. 35.15
29. 898.8181818
30. 86.91071429
31. 126.3333333
32. 12.55421687
33. 31.6969697
34. 100.5106383
35. 91.48453608
36. 140.1666667
37. 94.23333333
38. 80.77
39. 680.5714286
40. 338.7
41. 429.9090909
42. 73.54054054
43. 199.8461538
44. 57.70588235
45. 68.46153846
46. 9456
47. 30.04166667
48. 47.10752688
49. 1635.333333
50. 69.46153846
51. 158.3148148
52. 285.9090909
53. 42.36904762
54. 59.07575758
55. 93.92982456
56. 56.07070707
57. 45.68131868
58. 26.84415584
59. 174.2439024
60. 21.3

Page 160:

1. 153.4888889
2. 107.7179487
3. 177.9811321
4. 72.45454545
5. 60.93589744
6. 120.225
7. 83.10810811
8. 89.70408163
9. 150.3684211
10. 2342.666667
11. 179.0980392
12. 16.86046512
13. 58.8452381
14. 104.8539326
15. 215.6285714
16. 26.63636364
17. 69.96875
18. 183.6222222
19. 195.4166667
20. 78.17142857
21. 53.2
22. 0.011494253
23. 1.694117647
24. 2.626666667
25. 86.96774194
26. 20.95918367
27. 148.6666667
28. 55.9625
29. 23.94366197
30. 637.5
31. 54.44329897
32. 136.5405405
33. 51.77272727
34. 222.625
35. 9875
36. 15.19387755
37. 10.05050505
38. 334.6551724
39. 8089
40. 74.24390244
41. 497.2
42. 184.3333333
43. 160.2258065
44. 87.84090909
45. 111.4090909
46. 369.65
47. 0.525
48. 63.27272727
49. 57.28571429
50. 27.17073171
51. 185.5555556
52. 200.9411765
53. 33.67241379
54. 60.80769231
55. 3.02173913
56. 190.7209302
57. 120.5
58. 24.03030303
59. 476.9333333
60. 99.31372549

Page 161:

1. 52.83333333
2. 62
3. 119.1044776
4. 101.5176471
5. 94.85897436
6. 30.87012987
7. 45.93548387
8. 103.2931034
9. 160.0454545
10. 303.5862069
11. 88.12244898
12. 44.16666667
13. 354.9411765
14. 92.33333333
15. 112.527027
16. 56.55434783
17. 238.9411765
18. 192.8333333
19. 95.04761905
20. 174.6818182
21. 14.86813187
22. 1194.5
23. 60.675
24. 68.89010989
25. 113.0581395
26. 32.44827586
27. 8.4
28. 173.5333333
29. 238.2571429
30. 303.3333333
31. 63.40540541
32. 46.72043011
33. 127.2391304
34. 173.9545455
35. 89.19444444
36. 108.3214286
37. 4.142857143
38. 63.18518519
39. 47.12244898
40. 78
41. 30.09589041
42. 903.9090909
43. 108.75
44. 212
45. 56.88636364
46. 151.95
47. 11.36046512
48. 64.36206897
49. 70.12068966
50. 92.13333333
51. 29.61
52. 212.3888889
53. 120.3333333
54. 83.4
55. 117.1153846
56. 68.30666667
57. 105.1904762
58. 184.0588235
59. 63.85227273
60. 1000.75

Page 162:

1. 75.68085106
2. 10.4025974
3. 50.78409091
4. 87.22077922
5. 37.11904762
6. 69.87234043
7. 90.23214286
8. 84.40860215
9. 231.7906977
10. 61.05263158
11. 61.02380952
12. 8.659574468
13. 141.3548387
14. 250.5238095
15. 31.36231884
16. 89.375
17. 151.5333333
18. 28
19. 102.40625
20. 33.05319149
21. 551.1428571
22. 83.98876404
23. 50.85
24. 333.7777778
25. 30.71621622
26. 277.35
27. 48.73170732
28. 467.0833333
29. 97.03846154
30. 130
31. 74.19354839
32. 481.3333333
33. 315.7272727
34. 30.94186047
35. 15
36. 749.3846154
37. 85.33928571
38. 107.8070175
39. 105.3636364
40. 216.8421053
41. 490.4285714
42. 23.25531915
43. 103.8656716
44. 407.8095238
45. 61.94029851
46. 141
47. 69.32653061
48. 11.49253731
49. 48.06315789
50. 312.25
51. 73.32
52. 299.4642857
53. 39.52631579
54. 32.68181818
55. 185.7666667
56. 2166.5
57. 206.1470588
58. 129.3472222
59. 119.2758621
60. 45.43333333

Page 163:

1. 26.74137931 2. 2.0625 3. 13.27173913 4. 65.92592593 5. 151.3157895 6. 3.1 7. 28.52808989 8. 104.7613636 9. 105.4545455 10. 73.87058824
11. 31.86075949 12. 79.81132075 13. 257.3333333 14. 41.59090909 15. 172.5555556 16. 68.1875 17. 87.88297872 18. 49.421875 19. 66.68292683 20. 148
21. 70.14130435 22. 22.90816327 23. 6.936170213 24. 62.63157895 25. 27.86956522 26. 711.25 27. 46.21818182 28. 57.65060241 29. 88.77011494 30. 211
31. 861.8 32. 36.47674419 33. 25.58536585 34. 11.53448276 35. 146.6229508 36. 64.13636364 37. 17.82608696 38. 538.4117647 39. 128.2794118 40. 50.0625
41. 239.8965517 42. 48 43. 146.6170213 44. 309 45. 3.96 46. 208.8666667 47. 82.19148936 48. 43 49. 73.39325843 50. 116.654321
51. 32.8245614 52. 76.44680851 53. 43.58333333 54. 2271.25 55. 410.8333333 56. 16.46511628 57. 241.1219512 58. 24.575 59. 85.40677966 60. 159.5263158

Page 164:

1. 150.3090909 2. 47.16883117 3. 68.57831325 4. 67.48979592 5. 317.8181818 6. 84.70689655 7. 24.94444444 8. 92.70707071 9. 117.8378378 10. 195.725
11. 14 12. 209.1470588 13. 18.02857143 14. 124.3220339 15. 99.55696203 16. 77.68181818 17. 139.9310345 18. 70.78378378 19. 79.84042553 20. 104.8723404
21. 59.70212766 22. 143.625 23. 63.18390805 24. 190.6363636 25. 6.265822785 26. 519 27. 258.4193548 28. 1384.857143 29. 8.344827586 30. 282.3548387
31. 59.1 32. 212.25 33. 130.2142857 34. 85.67 35. 98.60869565 36. 38.54117647 37. 87.77906977 38. 471.375 39. 88.75 40. 79.90697674
41. 150.1935484 42. 65.93103448 43. 37.14634146 44. 17.30952381 45. 52.98571429 46. 105.4864865 47. 135.1964286 48. 116.1296296 49. 795.6666667 50. 628.2
51. 17.90789474 52. 1.05 53. 87.49253731 54. 336 55. 125.375 56. 186.5 57. 26.73770492 58. 28.61 59. 762.9090909 60. 102.0714286

Page 165:

1. 73.46875 2. 70.02061856 3. 116.8412698 4. 30.09090909 5. 397.3043478 6. 353.9166667 7. 97.69148936 8. 258.65 9. 109.8644068 10. 9.842105263
11. 532.8888889 12. 121.5189873 13. 180.9423077 14. 74.98275862 15. 22.08695652 16. 134.4383562 17. 17.66666667 18. 186.7358491 19. 43.19512195 20. 150.3888889
21. 67.16 22. 80.61764706 23. 531.4117647 24. 394.0555556 25. 52.51515152 26. 897.8571429 27. 146.4852941 28. 44.25925926 29. 67.55555556 30. 17.31372549
31. 53.46428571 32. 117.3188406 33. 22.7037037 34. 2.671232877 35. 22.89247312 36. 284.8888889 37. 98.8 38. 14.61904762 39. 47.83 40. 63.19178082
41. 1134.285714 42. 387.2173913 43. 3669.5 44. 59.58974359 45. 48.54285714 46. 261.862069 47. 396.0526316 48. 1088.375 49. 76.30645161 50. 68.2967033
51. 998.8333333 52. 424 53. 65.10869565 54. 648.1428571 55. 128.6081081 56. 71.35135135 57. 45.91176471 58. 92.31958763 59. 33.77777778 60. 16.30337079

Page 166:

1. 87.14814815 2. 3894 3. 35.53521127 4. 10.40625 5. 162.775 6. 59.34545455 7. 158.4 8. 67.68686869 9. 373.952381 10. 110.2380952
11. 1267.2 12. 134.6349206 13. 137.4666667 14. 38.33333333 15. 13 16. 29.8125 17. 186.3414634 18. 42.12727273 19. 57.66666667 20. 103.6022727
21. 35.95604396 22. 141.8148148 23. 85.05813953 24. 118.0952381 25. 95.71428571 26. 3.802631579 27. 21.08333333 28. 35 29. 1766.333333 30. 16.72972973
31. 451.8823529 32. 76.36986301 33. 348.2 34. 2955.5 35. 305.4666667 36. 185 37. 59.77419355 38. 602.8571429 39. 81.28571429 40. 206.7857143
41. 92.73195876 42. 11.15789474 43. 87.98076923 44. 186.3617021 45. 150.2666667 46. 22.72 47. 464.1 48. 289.9032258 49. 136.6438356 50. 102.7045455
51. 9.973684211 52. 18.20224719 53. 128.0454545 54. 663.2 55. 91.7254902 56. 173.3076923 57. 66.01219512 58. 12.16326531 59. 143.2142857 60. 76.33333333

Page 167:

1. 56.86956522 2. 54.40243902 3. 143.1492537 4. 17.05454545 5. 88.11702128 6. 59.43939394 7. 272.2727273 8. 191.675 9. 30 10. 109.1034483
11. 181.037037 12. 392.7916667 13. 149.8888889 14. 63.26506024 15. 98.16666667 16. 183.3333333 17. 44.48275862 18. 1062.571429 19. 80.48387097 20. 156.7857143
21. 42.30612245 22. 22.2745098 23. 99.46 24. 173.1666667 25. 63.2371134 26. 215 27. 46.03389831 28. 63.37362637 29. 13.48051948 30. 182.3636364
31. 56.45333333 32. 79.725 33. 88.56790123 34. 12.92045455 35. 107 36. 6.987341772 37. 3893 38. 29.93333333 39. 3159 40. 32.775
41. 252.8928571 42. 309.1666667 43. 63.55172414 44. 109.7191011 45. 245.5 46. 123.6071429 47. 537.5 48. 32.03061224 49. 103.3033708 50. 548.6666667
51. 219.7692308 52. 34.96629213 53. 512.3333333 54. 59.84210526 55. 296.64 56. 32.52830189 57. 109.9425287 58. 46.515625 59. 91.94318182 60. 39.14285714

Page 168:

1. 125.6825397 2. 176.6774194 3. 1322.333333 4. 92.98979592 5. 81.89473684 6. 51.22222222 7. 21.390625 8. 26.46428571 9. 281.8387097 10. 1698.5
11. 3.47826087 12. 151.7846154 13. 111.55 14. 94.7037037 15. 152.6129032 16. 57.65517241 17. 22.83333333 18. 978 19. 2874.333333 20. 150.4
21. 47.54945055 22. 7.486111111 23. 107.1627907 24. 2.805555556 25. 25.65116279 26. 288.45 27. 56.94545455 28. 104.2173913 29. 71.70114943 30. 279.4230769
31. 170.9111111 32. 74.1147541 33. 35.29411765 34. 97.31666667 35. 59.85416667 36. 30.86792453 37. 44.325 38. 99.38333333 39. 70.69662921 40. 268.1176471
41. 144.4615385 42. 225.1025641 43. 471.2857143 44. 79.11111111 45. 215.1351351 46. 1089 47. 259.1388889 48. 28.10447761 49. 100.1547619 50. 63.62857143
51. 50.75806452 52. 237.12 53. 91.36986301 54. 51.9382716 55. 47.87654321 56. 130.5138889 57. 70.6 58. 102.53125 59. 299.1 60. 221.6666667

Page 169:

1. 25.68253968
2. 12.45360825
3. 47.46
4. 149.6590909
5. 17.34444444
6. 93.2238806
7. 112.4722222
8. 2173
9. 67.39130435
10. 122.2615385
11. 68.76470588
12. 76.75641026
13. 234.4285714
14. 108.8
15. 144.1041667
16. 231.75
17. 36.86486486
18. 63.90322581
19. 75.44736842
20. 81.43
21. 25.32894737
22. 100.797619
23. 111.7848101
24. 55.61111111
25. 93.44736842
26. 128.5614035
27. 148.48
28. 49.12195122
29. 727.6666667
30. 21.42307692
31. 671.9230769
32. 116.125
33. 24.93333333
34. 236.1538462
35. 727
36. 107.1904762
37. 340.9411765
38. 689
39. 90.11111111
40. 29.59259259
41. 142.4693878
42. 67.73333333
43. 46.97468354
44. 59.75757576
45. 160.6326531
46. 256.9230769
47. 182.9583333
48. 32.26666667
49. 133.6338028
50. 77.42857143
51. 285.65625
52. 250.3235294
53. 47.58536585
54. 187.0666667
55. 65.66666667
56. 16.875
57. 127.8611111
58. 241.5
59. 175.25
60. 46.57894737

Page 170:

1. 284.3333333
2. 4.819148936
3. 120.2676056
4. 51.85454545
5. 326.9285714
6. 163.6206897
7. 217.7777778
8. 33.9
9. 68
10. 421.4285714
11. 23.28169014
12. 123.1967213
13. 62.34939759
14. 128.8701299
15. 30.5
16. 63.9047619
17. 479
18. 1067.6
19. 86.87323944
20. 95.61627907
21. 79.5
22. 149.5909091
23. 50.8125
24. 40.14130435
25. 157.04
26. 6.287878788
27. 38.07865169
28. 117.6451613
29. 33.94285714
30. 82.5
31. 89.70491803
32. 55.2
33. 242.6097561
34. 1013.222222
35. 161.787234
36. 115.4683544
37. 232.8461538
38. 161.7878788
39. 1.173913043
40. 62.2
41. 156.1698113
42. 27.75409836
43. 83.78125
44. 4.375
45. 371.3333333
46. 48.12345679
47. 35.57010309
48. 88.63265306
49. 63.83636364
50. 61.47916667
51. 169.9473684
52. 20.27272727
53. 205
54. 150.875
55. 246.4545455
56. 110.2941176
57. 72.06779661
58. 421.1428571
59. 227.0588235
60. 193.4468085

Page 171:

1. 136.0461538
2. 102.5438596
3. 43.18918919
4. 187.0810811
5. 206.1111111
6. 166.862069
7. 77.27586207
8. 108.1136364
9. 364.2
10. 232.666667
11. 50.85245902
12. 63.42
13. 79.5308642
14. 168.9122807
15. 102.6774194
16. 95.43076923
17. 2
18. 86.6122449
19. 26.38461538
20. 71
21. 58.43589744
22. 1407.166667
23. 105.8333333
24. 26.67741935
25. 117.4225352
26. 112.5263158
27. 764.5
28. 1582.333333
29. 90.62666667
30. 93.50877193
31. 92.76404494
32. 124.952381
33. 99.16326531
34. 92.29
35. 194.0232558
36. 70.66326531
37. 44.28571429
38. 30.43010753
39. 166.483871
40. 13.29411765
41. 56.48148148
42. 72.4
43. 71.37313433
44. 132.1162791
45. 43.34090909
46. 155.7454545
47. 57.68421053
48. 900.8
49. 561
50. 285.1111111
51. 93.01639344
52. 92.43939394
53. 97.31884058
54. 11.94252874
55. 0.896907216
56. 111.0980392
57. 330.4444444
58. 490.6
59. 4.3
60. 129.962963

Page 172:

1. 50.76829268
2. 53.88235294
3. 18.04081633
4. 94.10169492
5. 54.53623188
6. 30.20634921
7. 305.5
8. 706.4166667
9. 623.5333333
10. 105.6515152
11. 53.89473684
12. 416.375
13. 680.8
14. 123.4259259
15. 299.8484848
16. 150.4821429
17. 221.7241379
18. 214.25
19. 564.0666667
20. 391.6363636
21. 141.68
22. 163.9736842
23. 26.63333333
24. 33.40540541
25. 109.2592593
26. 108.4827586
27. 109.2307692
28. 90.72
29. 50.42105263
30. 13
31. 10.30120482
32. 360.625
33. 23.25
34. 112.8297872
35. 212.875
36. 123.3239437
37. 162.0212766
38. 89.56756757
39. 209.6666667
40. 153.6911765
41. 32.58139535
42. 185.1395349
43. 177.3333333
44. 50.31481481
45. 357.0869565
46. 102.3658537
47. 393
48. 37.87878788
49. 95.5
50. 51.5
51. 61.64383562
52. 112.76
53. 165.25
54. 179.75
55. 76.63636364
56. 123.0757576
57. 111.0571429
58. 108.7241379
59. 4.552083333
60. 8.408450704

Page 173:

1. 40.04166667
2. 331.6363636
3. 23.62244898
4. 184.9166667
5. 78.22222222
6. 304.5454545
7. 186.7804878
8. 92.10666667
9. 72.21052632
10. 185.9347826
11. 115.4
12. 27.91208791
13. 1.804347826
14. 42.2375
15. 17.31168831
16. 0.06097561
17. 117.3148148
18. 526.5
19. 75.35294118
20. 1342.25
21. 409.2727273
22. 97.31578947
23. 577.7333333
24. 1.546391753
25. 19.47126437
26. 20.38461538
27. 21.34482759
28. 65.57894737
29. 1398.5
30. 530.9166667
31. 7.866666667
32. 48.51111111
33. 66.0375
34. 206.173913
35. 269.4333333
36. 88.60714286
37. 378.5
38. 20.36
39. 46.55
40. 257.5555556
41. 73.75949367
42. 81.01265823
43. 50.25581395
44. 6929
45. 53.25423729
46. 1229.5
47. 298.2941176
48. 48.33333333
49. 78.45
50. 140.1333333
51. 208.5277778
52. 85.4
53. 93.04347826
54. 432
55. 47.74157303
56. 83.36764706
57. 264.6923077
58. 25.90909091
59. 1356
60. 93.5

Page 174:

1. 132.7903226
2. 996.8888889
3. 194.6153846
4. 29.67777778
5. 139.6567164
6. 75.23684211
7. 252.7352941
8. 171.3846154
9. 34.01923077
10. 166.4871795
11. 687.5454545
12. 82.32258065
13. 170.8055556
14. 299.8461538
15. 73.20895522
16. 65.47959184
17. 160.2413793
18. 276.1875
19. 133.3529412
20. 40.61728395
21. 126.8133333
22. 63.05714286
23. 166.7857143
24. 241.5806452
25. 32.75
26. 62.03529412
27. 175.5882353
28. 37.53448276
29. 42.2295082
30. 90.79452055
31. 2.724137931
32. 213.5
33. 125.4716981
34. 115.8076923
35. 124.8363636
36. 188.8695652
37. 39.64210526
38. 136.62
39. 209.6666667
40. 135.5797101
41. 6.314606742
42. 165.4418605
43. 121.0526316
44. 163.0357143
45. 4.483870968
46. 53.30208333
47. 257.8947368
48. 227.9615385
49. 131.0983607
50. 56.66666667
51. 20.95061728
52. 81.1
53. 218.5789474
54. 311.1666667
55. 69.83333333
56. 48.75806452
57. 199.6904762
58. 0.571428571
59. 198.84375
60. 175.5952381

Page 175:

1. 247.1388889
2. 3.959183673
3. 48.5890411
4. 677.2857143
5. 129.3333333
6. 62.83529412
7. 106.691358
8. 79.41573034
9. 86.86363636
10. 194.75
11. 71.56976744
12. 65.36
13. 210.4545455
14. 133.9333333
15. 35.82716049
16. 76.34939759
17. 326.7619048
18. 350.0434783
19. 121.9649123
20. 10.26136364
21. 420.8095238
22. 95.46153846
23. 7.272727273
24. 15.68539326
25. 43.26865672
26. 90.40860215
27. 54.23076923
28. 107.3815789
29. 274.625
30. 106.3188406
31. 111.15
32. 229.5833333
33. 42.72527473
34. 97.078125
35. 50.24444444
36. 55.44444444
37. 25.8
38. 132.9090909
39. 180.1538462
40. 47.8
41. 42.58333333
42. 14.46464646
43. 60.28125
44. 274
45. 122.9710145
46. 55.55294118
47. 70.73015873
48. 16.39393939
49. 19.67777778
50. 34.31818182
51. 25.84210526
52. 146.9242424
53. 57.27083333
54. 1672
55. 2245.333333
56. 42.38823529
57. 26.2972973
58. 113.5714286
59. 96.06976744
60. 341.8214286

Page 176:

1. 40.11956522
2. 202.0769231
3. 38.64285714
4. 60.16666667
5. 492.7
6. 49.29411765
7. 79.6
8. 116.6590909
9. 397.2380952
10. 44.32786885
11. 82.17391304
12. 1058.285714
13. 61.04285714
14. 161.6666667
15. 99.31313131
16. 19.83333333
17. 93.15909091
18. 37.14814815
19. 94.59493671
20. 344.6190476
21. 80.69444444
22. 216.3703704
23. 166.5405405
24. 205.0434783
25. 136.734375
26. 309.0555556
27. 99.64444444
28. 58.4
29. 599.5
30. 124.9459459
31. 100.9761905
32. 852.5
33. 232.1111111
34. 165.1764706
35. 33.22222222
36. 113.3676471
37. 75.72727273
38. 67.36923077
39. 130.7638889
40. 542.1666667
41. 2.835051546
42. 126.2954545
43. 19.30612245
44. 52.13483146
45. 16
46. 176.1111111
47. 90.97058824
48. 202.1
49. 32.52941176
50. 219.0512821
51. 1650
52. 40.08108108
53. 92.04545455
54. 70.38709677
55. 0.020618557
56. 20.34666667
57. 107.9428571
58. 146.0634921
59. 122.4090909
60. 117.2857143

Page 177:

1. 34.51111111
2. 70.04545455
3. 69.74418605
4. 55.47368421
5. 365.95
6. 213.9
7. 114.4146341
8. 49.60416667
9. 96.77922078
10. 40.59259259
11. 61.35697436
12. 32.8
13. 165.9245283
14. 31.94736842
15. 72.57608696
16. 563.25
17. 137.796875
18. 110.9649123
19. 115.8857143
20. 109.5
21. 6386
22. 55.64444444
23. 21.4
24. 73.96774194
25. 94.26315789
26. 63.18072289
27. 303.8571429
28. 10.95121951
29. 207.5882353
30. 29.36470588
31. 72.11940299
32. 42.01960784
33. 128.5714286
34. 148.325
35. 116.125
36. 193.3478261
37. 135.8888889
38. 23.96551724
39. 34.8125
40. 153.4347826
41. 645.4615385
42. 14.36585366
43. 206.8055556
44. 6.704225352
45. 437.75
46. 88.94186047
47. 573.625
48. 188.9705882
49. 206.625
50. 3111
51. 57.73684211
52. 53.7826087
53. 48.33333333
54. 1791
55. 435.1
56. 434.5
57. 55.33333333
58. 79.73626374
59. 100.1111111
60. 443.6666667

Page 178:

1. 129.0740741
2. 100.525
3. 215.1860465
4. 254.5
5. 131.5365854
6. 31.23076923
7. 64.90909091
8. 221.0810811
9. 116.3255814
10. 81
11. 53.921875
12. 442.5555556
13. 153.8571429
14. 228.8571429
15. 160.4444444
16. 126.15
17. 36.51219512
18. 24.83333333
19. 354.1363636
20. 9.211267606
21. 72.79381443
22. 456.8571429
23. 114.5694444
24. 42.68571429
25. 10.03030303
26. 138.4883721
27. 384.2307692
28. 824.8333333
29. 6276
30. 9.306818182
31. 35.85185185
32. 23.175
33. 6.734042553
34. 14.31168831
35. 336.7142857
36. 583.2222222
37. 167.7307692
38. 96.89285714
39. 84.42105263
40. 100.7272727
41. 96.50724638
42. 168.9056604
43. 2.631578947
44. 78.50649351
45. 325.5263158
46. 11.46575342
47. 1358
48. 28.88888889
49. 87.84210526
50. 290.2083333
51. 1650
52. 4.486842105
53. 64.64516129
54. 166.56
55. 38.19354839
56. 50.91752577
57. 129.8103448
58. 465.4117647
59. 9.925925926
60. 65.51612903

Page :									
1.	2.	3.	4.	5.	6.	7.	8.	9.	10.
11.	12.	13.	14.	15.	16.	17.	18.	19.	20.
21.	22.	23.	24.	25.	26.	27.	28.	29.	30.
31.	32.	33.	34.	35.	36.	37.	38.	39.	40.
41.	42.	43.	44.	45.	46.	47.	48.	49.	50.
51.	52.	53.	54.	55.	56.	57.	58.	59.	60.

Page :									
1.	2.	3.	4.	5.	6.	7.	8.	9.	10.
11.	12.	13.	14.	15.	16.	17.	18.	19.	20.
21.	22.	23.	24.	25.	26.	27.	28.	29.	30.
31.	32. **6970**	33.	34.	35.	36.	37.	38.	39.	40.
41.	42.	43.	44.	45.	46.	47.	48.	49.	50.
51.	52.	53.	54.	55.	56.	57.	58.	59.	60.

Page :									
1.	2.	3.	4.	5.	6.	7.	8.	9.	10.
11.	12.	13.	14.	15.	16.	17.	18.	19.	20.
21.	22.	23.	24.	25.	26.	27.	28.	29.	30.
31.	32. **÷ 54**	33.	34.	35.	36.	37.	38.	39.	40.
41.	42.	43.	44.	45.	46.	47.	48.	49.	50.
51.	52.	53.	54.	55.	56.	57.	58.	59.	60.

www.ingramcontent.com/pod-product-compliance
Lightning Source LLC
Chambersburg PA
CBHW062138160426
43191CB00014B/2317